JN449288

전기전자의 이해

유춘식 · 어익수 지음

敎友社

머리말

전기 및 전자공학은 우리 일상생활과 밀접한 관계가 있으며 모든 산업분야에 필요 불가결한 학문분야이다.

근년에 와서 모든 산업분야가 경이적인 발전을 이룩하고 있는데 이를 뒷받침해 준 것이 전기 및 전자공학이라 여겨진다.

따라서 전기 및 전자 학문 분야는 이것을 전공하는 학생들은 말할 것도 없고 다른 전공을 하는 공학도나 현장 기술자들도 꼭 필요한 분야가 되고 있다.

이 책은 이러한 요구에 부응하기 위해서 집필되었다.

이 책을 만드는데 있어 전기 및 전자 공학의 전 분야를 폭넓게 취급하였고 한글 전용을 원칙으로 했으며 한글로만 이해하기가 어려운 부분은 한문과 영문을 괄호 속에 추가하였다. 그리고 복잡한 수식은 가급적 피했으며 가능한 그림이나 표를 많이 넣어 이해하는데 도움이 되도록 하였다.

필자들로서는 다년간의 현장 실무 근무 및 대학에서의 강의 등을 통해 얻은 경험을 토대로 하고 많은 참고문헌을 인용함으로써 독자 여러분들에게 유익하고 좋은 길잡이가 되는 한 권의 책이 될 수 있도록 최선의 노력을 다했으나 설명이 세련되지 못한 점이나 내용이 불충분한 점 또는 오류 등이 없지 않으리라 생각된다.

이런 점들에 대해서는 독자 여러분의 기탄없는 충고를 바라며 후일 재판의 기회에 수정 및 보완함으로써 좀 더 완벽한 내용의 책이 될 수 있도록 하고자 한다.

마지막으로 여러 가지 어려운 여건 속에서도 출판을 맡아 주신 교우사 여러분께 충심으로 감사드린다.

2008년 7월

차 례

제4장 전자(電磁)에너지 변환기기 / 91

제5장 전력 발생과 전송 / 149

제6장 디지털논리 / 187

제7장 반도체소자와 제어회로 / 223

제8장 전기전자응용 / 271

제 1 장

전기전자의 기초

[1-1] 발전의 역사

기원전 약 600년경에 희랍의 철학자 탈레스(Thales)는 호박(琥珀; Amber)을 비벼서 종이를 끌어당기는 현상을 발견하고 이것을 마찰전기(摩擦電氣)라 하였으며 1752년 미국의 프랭클린(Benjamin Franklin)은 번개를 동반한 구름 사이에 연을 날려 구름에 +, −의 전기가 있음을 실험하여 피뢰침(避雷針)을 발명하였다.

1785년 프랑스의 쿨롱(C.A. Coulomb)은 정전기(靜電氣)와 자기(磁氣)의 흡인력과 반발력에 대한 쿨롱의 법칙을 발견하였으며, 1822년 프랑스의 암페어(A.M. Ampere)는 전류의 자기이론(磁氣理論)을, 그리고 1827년 독일의 옴(G.S. Ohm)은 옴의 법칙을 발표하였다.

또 1831년 영국의 패러데이(M. Faraday)는 전자유도작용(電磁誘導作用)을 실험을 통하여 발견하였고, 1864년 영국의 맥스웰(J.C. Maxwell)은 광(光)의 전자파설(電磁波說)을 예언함과 동시에 맥스웰 방정식을 발표하였으며, 1888년 독일의 헤르츠(H.R. Hertz)는 실험적으로 전자파(電磁波)의 존재를 확인함으로써 고전적인 전기전자공학의 탄생을 보게 되었다.

그 후 전기전자공학 분야는 눈부신 발전을 거듭하여 전자(電磁)에너지 변환장치인 전기기계, 전력의 발생 및 송배전(送配電) 분야, 전기전자 재료, 고전압 및 설비, 계측공학, 자동제어 등 여러 분야를 탄생시켰다.

그리고 진공관(眞空管), 트랜지스터(Transistor), 사이리스터(Thyristor) 등의 반도체소자(半導體素子)가 차례로 개발됨에 따라 전기전자공학 분야는 새로운 모습으로 제 2의 도약을 하게 되었다.

특히 집적회로(集積回路; Integrated circuit)의 출현은 컴퓨터의 소형경량화(小形輕量化)에 크게 기여하였으며 컴퓨터의 보급은 모든 공학과 산업분야 그리고 사회의 구조변화에 일대 혁신(革新)을 일으키게 되었다.

[1-2] MKS 단위계

길이에 미터[m], 질량에 킬로그램[kg], 시간에 초[sec]를 사용하는 단위계를 그 머리문자만 따서 MKS 단위계(MKS system of units)라 한다.

그리고 이 밖의 기본량(基本量)으로는 온도(溫度)가 있는데 이 MKS 단위계에서는 절대온도(絕對溫度)인 켈빈(Kelvin)온도를 사용하며, 전기적인 양의 표현을 위해서 전류의 단위인 암페어(Ampere)가 사용된다.

표 1-1은 이상 다섯 가지의 기본적인 양(量)을 나타낸다.

표 1-1 | 기본적인 양

양	기 호	단 위	약 자
길이	l	meter	m
질량	m	kilogram	kg
시간	t	second	sec
온도	τ	degree Kelvin	$^{\circ}$K
전류	i	ampere	A

MKS 단위계 외에 영국이나 미국에서 많이 사용되는 영국표준단위로서 길이(foot), 무게(pound), 시간(second) 등의 F.P.S 단위가 가끔 사용되는데 이들은 필요에 따라 MKS 단위로 바꾸어서 사용해야 한다.

[1-3] 십진표시법(十進表示法; Decimal notation)

실제로 어떤 양을 표시하는데 있어서 그 양(量)이 너무 크거나 혹은 너무 작으면 사용하는 데 불편이 많게 된다. 따라서 공학자나 과학자들은 이러한 양을 표현할 때 10진법(十進法)을 사용하며, 또 10의 몇 승인가를 나타내기 위해 적당한 **접두어(接頭語)**를 사용한다.

예를 들면, 10^6watt는 1megawatt 또는 MW, 그리고 10^{-6}farad는 1microfarad 혹은 1μF 등으로 간단하게 나타낼 수 있다. 이러한 표시 방법은 어떤 양을 간단하게 표시할 수 있으므로 편리하다. 그러므로 흔히 사용되는 접두어(接頭語)는 잘 기억해 두어야 한다.

표 1-2는 10의 누승(累乘)을 나타내는 접두어를 수록한 것이다. 여기서 양수의 누승에 대한 접두어는 그리스문자이고, 음수의 누승에 대한 접두어는 라틴어이다.

표 1-2 | 10의 누승을 나타내는 접두어

배 율	접두어(prefix)	약자(symbol)	배 율	접두어(prefix)	약자(symbol)
10^{12}	tera	T	10^{-2}	centi	c
10^{9}	giga	G	10^{-3}	milli	m
10^{6}	mega	M	10^{-6}	micro	μ
10^{3}	kilo	k	10^{-9}	nano	n
10^{2}	hecto	h	10^{-12}	pico	p
10^{1}	deka	da	10^{-15}	femto	f
10^{-1}	deci	d	10^{-18}	atto	a

[1-4] 사용되는 기본용어

회로(回路)의 정량적(定量的)인 해석과 전기전자공학에 관련된 내용을 설명하기 위해서는 사용되는 용어에 대한 정확한 정의(定義)가 필요하다.

따라서 분야별로 공부하는 과정 중 다시 언급이 되겠지만 여기서는 전하, 전류, 전압, 전력, 자속, 자속밀도, 전계의 세기, 힘, 에너지 등에 대하여 간단히 설명하고자 한다.

1. 전하(電荷; Charge)

물질이 가지고 있는 전기의 양을 전하라 한다. 정전하와 부전하가 있는데 전자는 그 전하와 같은 양의 전자(電子)가 부족한 상태이고, 후자는 전자의 양이 과잉된 상태이다. 기호는 Q, 단위는 쿨롱, [C]을 사용하며, 전하의 최소단위는 전자(電子)의 전하량(電荷量)인 1.602×10^{-19}이다.

㈜ ① 정전하는 +로 표시하고, 부전하는 −로 표시한다.
② 같은 종류의 전하 사이에는 반발력이 작용하고, 다른 종류의 전하 사이에는 흡인력이 작용한다.

2. 전류(電流; Current)

전하(電荷)의 이동을 전류라 한다.

이것은 어떤 단면적(斷面績) A를 단위 시간당 통과하는 전하량(電荷量)으로 나타내며 기호는 I, 단위는 암페어, [A]를 사용한다. 수식으로는

$$i = \frac{dq}{dt} [A] \qquad (1\text{-}1)$$

로 정의하고, 정전하(正電荷)가 이동하는 방향을 전류의 +방향으로 정하고 있다.

1 암페어(Ampere)란 초당 1쿨롱의 전하가 이동할 때의 전류이다.

3. 전압(電壓; Voltage)

두 점 간의 전위차(電位差) 또는 0 전위와 어느 한 점 사이의 전위차를 말한다. 기호는 V, 단위는 볼트, [V]를 사용한다.

전압을 수식으로는

$$v = \frac{dW}{dq} [V] \qquad (1\text{-}2)$$

단, W: 에너지[J],
q : 전하[C]

로 정의한다.

전위차(電位差)가 1[V]인 두 점을 통과하는 1[C]의 전하(電荷)는 1[J]의 에너지를 주거나 얻게 된다.

4. 전력(電力; Power or Electric power)

전류(電流)에 의해 단위 시간에 이루어지는 일의 양이다. 직류의 경우에 전압 V[V]를 가하여 I[A]의 전류가 흐르면

$$P = VI[\text{W}] \tag{1-3}$$

으로 되며, 단상 교류인 경우의 유효전력(有效電力; Effective power)은

$$P = VI \cos\phi[\text{W}] \tag{1-4}$$

단, V: 실효치 전압[V],
I: 실효치 전류[A],
$\cos\phi$: 역률

이고, 3상 교류인 경우에는

$$P = \sqrt{3}\, VI \cos\phi[\text{W}] \tag{1-5}$$

단, V: 선간전압[V],
I: 선전류[A]

이다. 그리고 무효전력(無效電力; Reactive power)은 단상(單相)의 경우

$$Q = VI \sin\phi[\text{VAR}] \tag{1-6}$$

이고, 3상(三相)의 경우

$$Q = \sqrt{3}\, VI \sin\phi[\text{VAR}] \tag{1-7}$$

단, Q: 무효전력[VAR],
$\sin\phi$: 무효율

이다. 기호는 P, 단위로는 [W]를 쓴다.

5. 자속(磁束; Magnetic flux)

단위 정자극(單位正磁極)에서 나오는 자력선(磁力線)을 하나의 묶음으로 생각하여 이 것을 자속(磁束; Magnetic flux)이라 한다. 자속은 자속밀도를 면적분(面積分)하여 구할 수 있으므로

$$\phi = \int B dA \,[\mathrm{Wb}] \tag{1-8}$$

단, ϕ : 자속[Wb],
A : 면적[m^2],
B : 자속밀도[Wb/m^2]

이다. 기호는 ϕ, 단위로는 웨버(Weber) 즉 [Wb]를 쓴다.

6. 자속밀도(磁束密度; Magnetic flux density)

자기현상을 양적으로 다루기 위해 쓰는 것으로서 단위 면적당의 자속으로 정의된다. 즉

$$B = \frac{\phi}{A} \,[\mathrm{Wb/m^2}] \tag{1-9}$$

단, B : 자속밀도[Wb/m^2],
ϕ : 자속[Wb],
A : 면적[m^2]

이다. 그리고 자계(磁界)의 세기와의 사이에는 다음과 같은 관계가 있다.

$$B = \mu H \,[\mathrm{Wb/m^2}] \tag{1-10}$$

단, μ : 투자율[H/m],
H : 자계의 세기[AT/m]

7. 전계와 전계의 세기

정전하 A의 옆에 정전하 B를 놓으면 이 B의 전하는 쿨롱의 법칙에 따라 전기력(電氣力)을 받게 된다. 이같이 전하(電荷)에 의해 전기력이 작용하는 공간을 **전계(電界; Electric field)**라 한다.

또, 전계 속에서 단위 정전하(單位正電荷)를 놓았을 때 이것에 작용하는 힘의 크기를 그 장소(공간)의 전계의 세기(Intensity of electric field)라 하고

$$E = 9 \times 10^9 \times \frac{Q}{\epsilon_s r^2} [\mathrm{V/m}] \qquad (1\text{-}11)$$

단, E : 전계의 세기,
Q : 전하[C],
ϵ_s : 비유전율,
r : 전하로부터의 거리[m]

로 나타낸다.

전계의 세기는 기호 E로 나타내고, 단위로는 [V/m]를 쓰고 있다. 전계는 크기와 방향을 가지므로 벡터량이다.

8. 힘(Force)

정지상태의 물체에 운동을 일으키게 하거나, 움직이고 있는 물체의 속도를 변화시키거나 또는 운동을 정지시키려고 작용하는 것으로 압력, 중력(重力), 인력(引力), 척력(斥力) 등이 있다.

힘은 기호 f로 나타내고 단위로는 뉴턴, [N]을 사용한다.

1[N]은 질량 1[Kg]인 물체에 1[m/sec^2]의 가속도(加速度)를 발생시키는 힘이다.

9. 에너지(Energy)

기본적인 물리량의 하나로서 일을 할 수 있는 능력(能力)을 **에너지(Energy)**라 한다. 에너지는 형태에 따라 운동에너지, 위치에너지, 열에너지, 압력에너지, 전기에너지, 화학

에너지, 원자력에너지 등 여러 가지로 구분된다.

1[N]의 힘을 받고 있는 물체를 힘과 반대 방향으로 1[m] 움직이는데 필요한 에너지를 1줄(Joule)이라 한다. 즉 1[J] = 1[N·m]이다.

표 1-3은 위에서 설명한 기본적인 용어를 요약한 것이다.

표 1-3 | 기본적인 용어의 요약

전 기 량	기호	정 의	단위	약자	비고
전하	q	물질이 가지고 있는 전기의 양	coulomb	C	A-sec
전류	i	단위 시간당 전하의 흐름	ampere	A	C/sec
전압	v	단위 전하당의 에너지	volt	V	W/A
전력	p	단위 시간당의 에너지	watt	W	J/sec
자속	ϕ	자속밀도의 면적분값	weber	Wb	$T\text{-}m^2$
자속밀도	B	단위 면적당의 자속	tesla	T	Wb/m^2
전계의 세기	E	단위 전하당 작용하는 힘의 크기	voit/meter	V/m	N/C
힘	f	인력(引力)과 척력(斥力)	newton	N	$Kg\text{-}m/sec^2$
에너지	W	일을 할 수 있는 능력	joule	J	N-m

[1-5] 실험법칙(實驗法則)

지금으로부터 약 200년 전에 실험적 관찰을 통하여 저항, 인덕턴스, 커패시턴스 등에 관한 법칙이 완성되었는데 그 내용은 다음과 같다.

1. 저항(Resistance)

그림 1-1은 실험에 의해 저항특성을 결정하는 것을 보여준다.

먼저 그림 1-1(a)에서 발전기(發電機)에 구리 막대를 도선(導線)으로 연결한 다음, 구리 막대에 전류 i를 공급하면서 오실로스코프(Oscilloscope)로 관찰하면 그림 1-1(b)가 얻어진다. 그리고 전류(i)와 전압(v)의 비(比)를 나타내면 그림 1-1(c)가 된다.

그림 1-1(c)로부터

$$v \cong Ri \tag{1-12}$$

단, R : 비례상수

의 관계식을 얻게 된다.

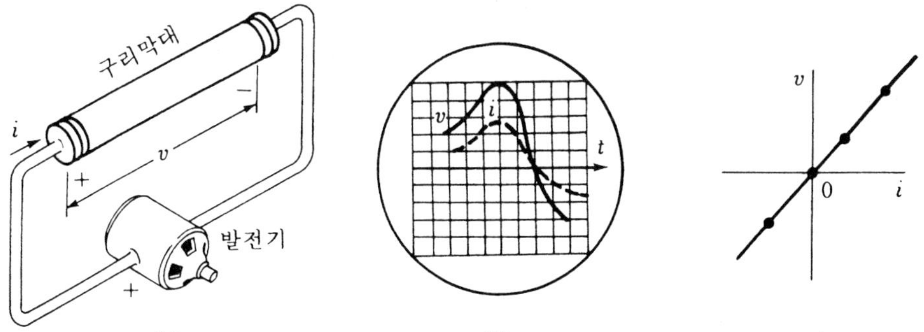

그림 1-1 | 실험에 의한 저항 특성의 결정

이 실험은 독일의 물리학자 옴(Georg Ohm)이 실시한 것으로, 기호 R은 도체에 전류를 흘렸을 때 전류의 흐름을 방해하는 전기적인 양, 즉 저항(抵抗; Resistance)이다.

전류에 대하여 표현하면

$$i \cong Gv \tag{1-13}$$

단, G : 비례상수

이 성립되는데, 이때의 비례상수 G는 컨덕턴스(Conductance)라 정의한다.

단위는 모(mho)라 읽고 [℧]로 나타낸다.

$$G = \frac{1}{R}$$

의 관계가 있다.

2. 인덕턴스(Inductance)

그림 1-2는 실험에 의해 인덕턴스의 특성을 결정하는 것을 보여준다.

그림 1-2(a)와 같이 발전기(發電機)에서 구리선(銅線)을 여러 번 나선형으로 감은 코일을 연결하고 전압을 걸면 그림 1-2(b)에서 보는 바와 같이 전류와 전압 특성곡선이 얻어진다.

여기서 정상전류(定狀電流)를 흐르게 하기 위해서는 낮은 전압이 필요하나 급격한 전류의 변화를 주려면 아주 높은 전압이 필요하게 된다. 이러한 실험을 통해서 시간에 대한 전류의 변화율과 전압은 그림 1-2(c)처럼 비례하게 되어

$$v \cong L\frac{di}{dt} \tag{1-14}$$

단, L : 비례상수

의 관계식이 얻어진다.

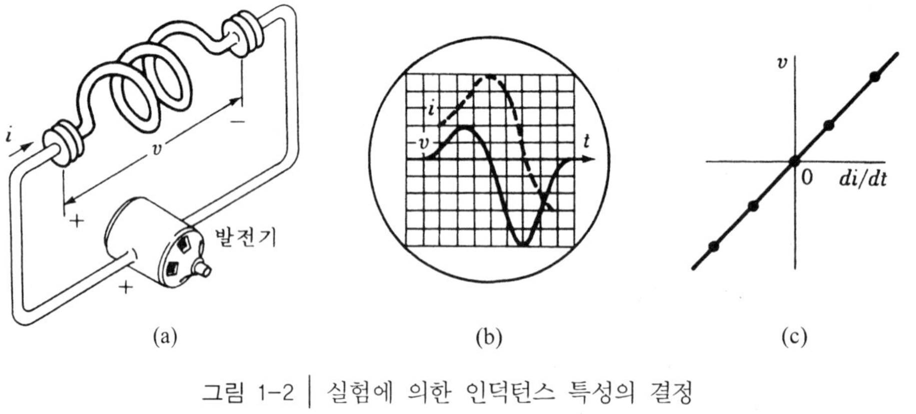

그림 1-2 | 실험에 의한 인덕턴스 특성의 결정

이 실험은 미국의 헨리(Joseph Henry)가 완성한 것으로, 비례상수 L을 인덕턴스라 하고 단위는 헨리(henry)라 하여 [H]로 나타낸다.

일반적으로 전선이나 코일(Coil)에는 그 주위나 내부를 통하는 자속(磁束)의 변화(變化)를 방해하는 성질이 있는데, 이런 성질을 인덕턴스(Inductance)라고 한다.

주) 1[sec] 동안에 1[A]의 전류가 변할 때 1[V]의 전압이 유기(誘起)되면 이때의 인덕턴스는 1[H]이다.

3. 커패시턴스(Capacitance)

그림 1-3(a)와 같이 구리(銅)로 만든 원판(圓板)을 서로 격리시켜 공기로 절연(絕緣)시킨 후 발전기(Generator)에 연결하고 전압을 인가하면 한쪽 원판에는 +전하(電荷)가, 마주보는 다른 쪽 원판에는 −전하가 축적된다. 이때 오실로스코프를 통해서 관찰한 전압과 전류의 파형은 그림 1-3(b)와 같이 되며, 이 실험을 통해서 시간에 대한 전압의 변화율 $\frac{dv}{dt}$와 전류 i와의 사이에는 그림 1-3(c)처럼 비례관계가 있게 된다.

즉

$$i \cong C\frac{dv}{dt} \tag{1-15}$$

단, C : 비례상수

여기서 비례상수 C를 커패시턴스(Capacitance)라 하며, 단위는 패러드(Farad)라 하고 [F]로 나타낸다.

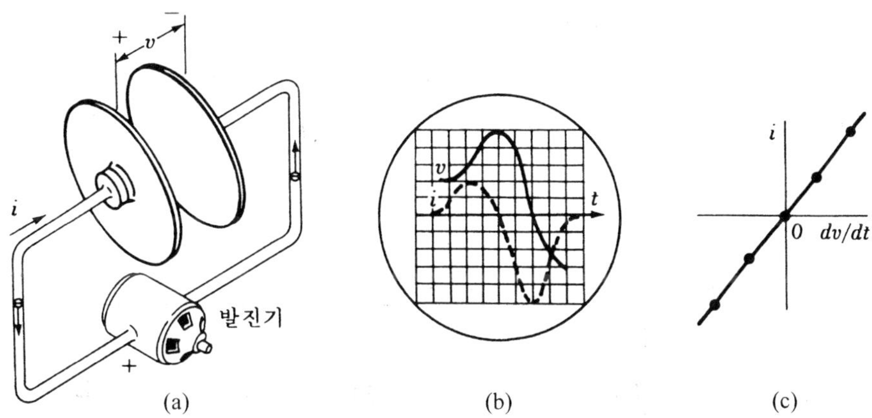

그림 1-3 | 실험에 의한 커패시턴스 특성의 결정

그런데 패러드(기호 F)는 너무 커서 실용적이 아니므로 실제로는 10^{-6}[F]인 마이크로 패러드(기호 μF)나 10^{-12}인 피코 패러드(기호 pF)를 사용하고 있다.

이상의 커패시턴스의 특성실험은 영국의 물리학자 패러데이(Michael Faraday)가 완성하였는데 이 방법 이외에 극판의 전하량(電荷量)과 극판 사이의 전압(電壓)을 측정하

여 관찰해 보면

$$q \cong Cv \tag{1-16}$$

단, q : 극판에 축적된 전하량[C],
C : 커패시턴스[F],
v : 극판 사이의 전압[V]

의 관계가 성립된다.

식 (1-16)을 시간에 대해 미분(微分)하면 식 (1-15)가 된다.

[1-6] 회로소자

회로소자(回路素子; Circuit element)는 실제 전기전자회로를 구성하고 있는 소자(일반적인 부품)로서 여기에는 저항, 코일, 콘덴서, 트랜지스터, 사이리스터 등 정수(定數)에 의해서 회로의 전기적 특성을 지배하는 것 등이 포함된다.

그림 1-4는 이상적인 저항, 인덕턴스, 커패시턴스 등의 세 가지 선형(線型)모델을 앞절의 실험에 근거하여 나타낸 것이며, 여기서 v의 부호가 +인 것은 어느 순간 위쪽 단자를 +로 본 것이다.

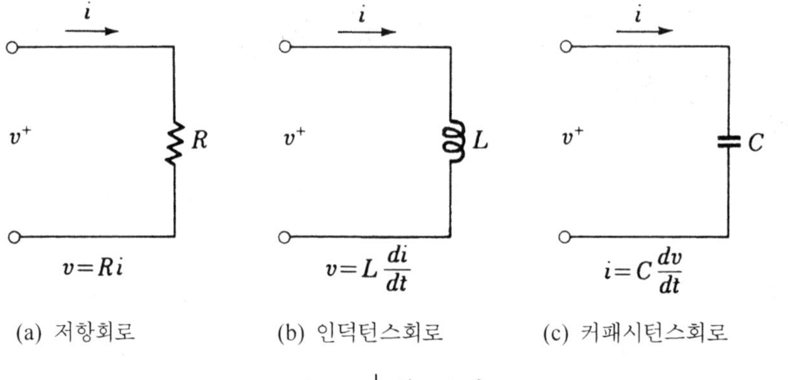

(a) 저항회로 (b) 인덕턴스회로 (c) 커패시턴스회로

그림 1-4 | 회로소자

1. 선형소자(線型素子) 내의 에너지 축적

가. 인덕턴스(Inductance)

인덕턴스만의 회로에서 $v = L\dfrac{di}{dt}$ 이며 $t = 0$일 때 $i = 0$이라 하면

$$\begin{aligned} W_L &= \int_0^T vidt = \int_0^T \left(L\frac{di}{dt}\right) \cdot i\,dt \\ &= \int_0^I L\,i\,di \\ &= \frac{1}{2}LI^2 \end{aligned} \tag{1-17}$$

단, W_L : 인덕턴스에 들어간 총 에너지[J]

(전력을 시간에 대해 적분한 것)

이다.

이 식 (1-17)의 의미는 인덕턴스에 들어간 총에너지가 최종 전류의 제곱에 비례하며, 비례상수는 $L/2$이라는 것이다.

또 에너지가 소모되는 것이 아니라 장(場)에 축적되었다가 다시 회로(回路)로 되돌아오는 특성을 갖는다.

인덕턴스는 자기적(磁氣的) 에너지 형태로 에너지를 축적할 수 있는 능력의 척도이다.

나. 커패시턴스(Capacitance)

커패시턴스만의 회로에서 $i = C\dfrac{dv}{dt}$ 이다. 여기서 $t = 0$일 때 $v = 0$이라 하면

$$\begin{aligned} W_C &= \int_0^T vidt = \int_0^T v \cdot \left(C\frac{dv}{dt}\right)dt \\ &= \int_0^V Cv\,dv \\ &= \frac{1}{2}CV^2 \end{aligned} \tag{1-18}$$

단, W_C : 커패시턴스의 총 입력에너지[J]

이다.

이 식도 인덕턴스에서와 같은 형태로 총 입력에너지는 최종 전압의 제곱에 비례하며, 비례상수는 $L/2$이다.

또 에너지가 소모되기보다는 전계(電界)의 형태로 에너지를 축적할 수 있는 능력의 척도이다.

다. 스프링(Spring)

$t=0$일 때 $f=0$이라고 가정하고 $x=Kf$라 하면

$$\begin{aligned} W_K &= \int_0^X f dx = \int_0^F f d(Kf) \\ &= \int_0^F Kf\,df \\ &= \frac{1}{2}KF^2 \end{aligned} \tag{1-19}$$

단, W_K : 스프링에 축적된 에너지[J]

K : 스프링의 탄성계수[m/N]

f : 힘[N]

이다.

여기서 K는 스프링이 위치에너지의 형태로 에너지를 축적할 수 있는 능력의 척도이다.

2. 선형소자에서의 에너지 소모

가. 저항(Resistance)

$t=0$일 때 $i=0$이라 하면 $v=Ri$이므로 저항기에 공급된 에너지는

$$\begin{aligned} W_R &= \int_0^T v\,i\,dt = \int_0^T (Ri)\cdot i\,dt \\ &= \int_0^T Ri^2\,dt \end{aligned} \tag{1-20}$$

이다. 그런데 공급된 총에너지를 구하려면 시간 t의 함수인 i를 알아야 하는데 특수한 경우 전류 $i = I$로서 일정한 전류를 생각하면

$$W_R = \int_0^T RI^2\,dt = RI^2\,T \tag{1-21}$$

이 된다.

실제로 저항기에서 공급에너지는 열의 형태로 소모되어 버리고 만다. 즉 가역변환(可逆變換)은 일어나지 않는 특징을 가지고 있다.

나. 마찰(Friction)

역학계(力學系)에서 자동차의 완충기는 마찰저항(摩擦抵抗)을 이용한 것이다. 이 완충기는 자동차가 나쁜 길을 주행할 때 생기는 진동을 흡수하는 역할을 한다. 이때

$$f = Du \tag{1-22}$$

단, f : 힘[N],
D : 마찰저항[N-sec/m],
u : 속도[m/sec]

의 관계가 있는데, 선형모델에서 $t = 0$일 때 $u = 0$이라고 하면

$$\begin{aligned} W_F &= \int_0^X f\,u\,dx = \int_0^T (Du)\cdot u\,dt \\ &= \int_0^T Du^2\,dt \\ &= Du^2\,T \end{aligned} \tag{1-23}$$

이 된다.

따라서 마찰에서는 속도의 제곱에 비례해서 비가역적(非可逆的)으로 에너지가 소모된다.

[1-7] 차원검사

공학적인 문제를 순서에 따라 풀 때 잘못된 방향으로 풀어나가면 쓸데없는 노력과 시간을 낭비하게 된다.

따라서 개략적인 계산을 해보는 추리과정(推理過程)과 계산기로 실제 문제와 유사하게 실험해 보는 모의시험과정(模擬試驗過程)을 가질 수도 있지만 **차원검사(次元檢査; Dimensional checking)** 과정은 매우 효과적이므로 많이 응용되고 있다.

모든 물리량들은 단위(單位) 즉 차원(次元)을 가지고 있으며 그 차원은 4가지의 기본량인 길이[L], 질량[M], 시간[T], 전하[Q] 등으로 구성된다.

예로서, 면적은 길이의 제곱이므로 [L^2]이고, 단위시간에 운동한 거리를 나타내는 속력은 MKS 단위계로 m/sec이므로 [LT^{-1}]이다. 또 힘은 kg·m/sec^2이므로 [MLT^{-2}]로 나타낼 수 있다. 여기서 같은 차원을 가진 물리량(物理量)들만이 서로 더하거나 뺄 수가 있으며 또 어떤 계(系)에 대한 특성식(特性式)이 주어져 있을 때 차원검사를 실시하여 각항이 동일한 차원을 가지지 않으면 틀린 식이 된다는 점을 유의하기 바란다.

표 1-4는 전자기량(電磁氣量)의 기호와 차원 및 단위를 나타낸다.

표 1-4 | 전자기량의 기호와 차원

양(Quantity)	기호(Symbol)	차원(Dimension)	단위(MKS)
힘(force)	F	MLT^{-2}	Newton, [N]
일(work)	W	L^2MT^{-2}	Joule, [J]
전력(power)	P	L^2MT^{-3}	Watt, [W]
전류(current)	i	$T^{-1}Q$	Amp, [A]
자속밀도(磁束密度)	B	$MT^{-1}Q^{-1}$	Tesla, [T]
자속(磁束)	ϕ	$L^2MT^{-1}Q^{-1}$	Weber, [Wb]
인덕턴스(inductance)	L	L^2MQ^{-2}	Henry, [H]
커패시턴스(capacitance)	C	$L^{-2}M^{-1}T^2Q^2$	Farad, [F]
주기(period)	τ	T	Second, [S]
주파수(frequency)	f	T^{-1}	Hertz, [Hz]

연습문제

문제 … 1 다음에 열거한 것들은 무엇의 단위인가?

① [Gauss] ② [Gilbert]

③ [Maxwell] ④ [Oersted]

정답 ① 자속밀도 ② 기자력 ③ 자속 ④ 자계의 세기

문제 … 2 [문제 1]에 열거한 단위들은 모두 CGS 전자단위계(電磁單位系)의 자기량(磁氣量)의 단위들이다. 각각을 MKS 단위계로 나타내라.

정답 ① $1[Gauss] = 10^{-4}[Wb/m^2]$ ② $1[Gilbert] = \frac{10}{4\pi}[AT]$

③ $1[Maxwell] = 10^{-8}[Wb]$ ④ $1[Oersted] = \frac{10^3}{4\pi}[AT/m^2]$

문제 … 3 다음 용어의 단위를 쓰라.

① 역기전력 ② 컨덕턴스

③ 전장의 세기 ④ 힘

정답 ① [V] ② [℧] ③ [N/C] ④ [N]

주) [℧]: mho, [N]: Newton

- 전장(電場)의 세기는 +1[C]당 받는 힘으로서

$$\left[\frac{N}{C}\right] = \left[\frac{N \cdot m}{C \cdot m}\right] = \left[\frac{J}{C \cdot m}\right] = \left[\frac{V}{m}\right]$$ 이다.

문제 … 4 1[N]이 10^5[dyne]이 됨을 증명하라.

풀이 $F = ma$에서

$$\begin{aligned} 1[N] &= 1[kg] \times 1[m/sec^2] = 1[kg \cdot m/sec^2] \\ &= 10^3[g] \times 10^2[cm/sec^2] \\ &= 10^5[g \cdot cm/sec^2] \\ &= 10^5[dyne] \end{aligned}$$

문제 … 5 5[erg]는 몇 [J]인가?

풀이 [erg]는 CGS 단위이고, [J]은 MKS 단위이다.

$W = F \cdot S$에서

$1[J] = 1[N] \times 1[m] = 10^5[dyne] \times 10^2[cm]$

$= 10^7[dyne \cdot cm] \times 10^7[erg]$

$\therefore\ 1[erg] = 10^{-7}[J]$

따라서 구하고자 하는 값은 다음과 같다.

$5[erg] = 5 \times 10^{-7}[J]$

문제 … 6 20[pF]는 몇 [F]인가?

풀이 $1[pF] = 1[\mu\mu F] = 10^{-12}[F]$

$\therefore\ 20[pF] = 20 \times 10^{-12}[F]$

$= 2 \times 10^{-11}[F]$

문제 … 7 65[μF]인 콘덴서에 100[V]의 전압을 걸어줄 때 콘덴서에 축적되는 에너지는 몇 [J]인가?

풀이 $Wc = \frac{1}{2}CV^2 = \frac{1}{2} \times (65 \times 10^{-6}) \times 100^2$

$= 0.325[J]$

문제 … 8 자계의 세기가 25[AT/m]일 때, 자속밀도가 0.05[Wb/m^2]인 물질의 투자율은 몇 [H/m]인가?

풀이 $B = \mu H \quad \therefore\ \mu = B/H = \frac{0.05}{25} = 0.002[H/m]$

문제 … 9 어떤 역학계(力學系)에서 다음과 같은 식

$$f = \frac{1}{2}M\frac{du}{dt} + Du + k\int udt$$

단, u : 속도 [m/sec],

k : 탄성계수(彈性係數) [m/N]

을 얻었다고 했을 때 ① D의 단위를 구하고 ② 주어진 식의 차원(次元)을 확인하라.

풀이 ① 좌변에 f는 힘이므로 차원은 [MLT^{-2}]이다.

따라서 나머지 우변의 각 항들도 힘의 차원이 되어야 한다.

그러므로 [D][LT^{-1}] = [MLT^{-2}]이고

$$[D] = \frac{[MLT^{-2}]}{[LT^{-1}]} = [MT^{-1}]$$이다.

구하고자 하는 D의 단위는 MKS 단위계로 나타내면 [Kg/Sec]이다.

② 우변의 제 1항의 차원은 $[M][LT^{-1}]/[T] = [MLT^{-2}]$이므로 힘의 차원이고, 우변의 마지막 항의 차원은 $[L/(MLT^{-2})][LT^{-1}][T] = [M^{-1}LT^{2}] \fallingdotseq [MLT^{-2}]$이므로 힘의 차원이 아니다. 따라서 주어진 식은 틀렸음을 알 수 있다.

문제 … 10 100[mH]의 인덕턴스에 $i = 5e^{-5t}$[A]인 전류를 흘릴 때 $i=0$인 순간 L의 양단 전압은 몇 [V]인가?

풀이
$$v_L = L\frac{di}{dt} = (100 \times 10^{-3})\frac{d}{dt}(5e^{-5t})$$
$$= -2.5e^{-5t}$$
$$\therefore\ v(t) = v(0) = -2.5[V]$$

제 2 장

전기와 자기

[2-1] 정전기(靜電氣)

1. 대전과 전하

유리봉과 견포(絹布)를 서로 마찰하면 유리봉은 가벼운 물체를 끌어당기게 된다. 이것은 마찰에 의한 전기 즉 마찰전기(摩擦電氣)가 생성되었기 때문이다. 물체가 전기를 갖게 되는 것을 **대전(帶電; Electrification)**했다고 하며, 대전체(帶電體)가 가지고 있는 전기량을 **전하(電荷; Charge)**라 부른다.

전하에는 정전하(正電荷; Positive charge)와 부전하(負電荷; Negative charge)가 있다.

실험에 의하면 같은 종류의 대전체는 서로 반발하고, 다른 종류의 대전체는 서로 흡인한다. 임의의 서로 다른 물질을 마찰하면 왼편 물질이 정(+)으로 대전되고, 오른편 물질은 부(−)로 대전된다.

⊕ 석면, 모피, 유리, 운모, 종이, 견포, 목재, 파라핀, 고무, 호박, 에보나이트 ⊖

2. 정전유도

그림 2-1에서처럼 (+)로 대전된 물체를 이것과 절연된 도체에 가까이 가져가면, 대전된 물체에 가까운 도체 부분에는 −전하(負電荷)가 생기고, 반대부분에는 +전하(正電荷)

가 생긴다.

이러한 현상을 **정전유도(静電誘導; Electrostatic induction)**라 한다. 이때 도체의 양쪽에 나타난 부전하와 정전하의 양은 서로 같다. 그리고 정전유도로부터 도체에 생긴 전하는 대전된 물체를 멀리하면 즉시 소멸한다.

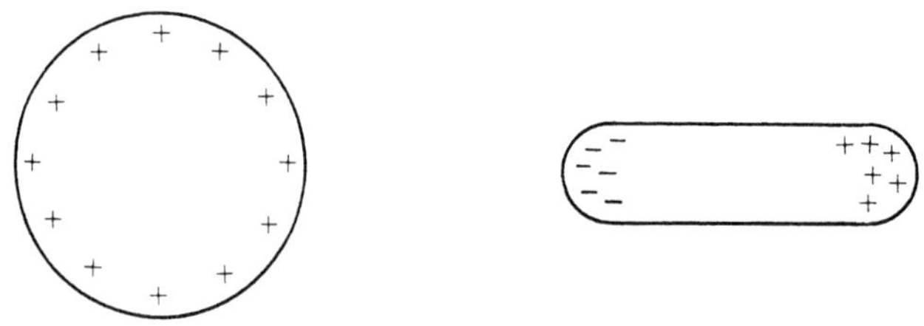

그림 2-1 | 정전유도현상

3. 쿨롱의 법칙

대전(帶電)된 두 물체를 서로 접근시키면 이들 도체가 가지고 있는 전하 때문에 흡인력(吸引力) 또는 반발력(反撥力)이 작용한다. 프랑스의 과학자 쿨롱(Coulomb)은 실험에 의해 두 개의 대전체 사이에 작용하는 힘은 양쪽 전하량(電荷量)의 곱에 비례하고, 거리의 제곱(自乘)에 반비례한다는 사실을 발견하였다.

이것을 식으로 표시하면 MKS 단위계에서 식 (2-1)과 같이 된다.

$$F = k\frac{Q_1 Q_2}{r^2}\,[\mathrm{N}] \tag{2-1}$$

단, F : 작용하는 힘[N],

k : 비례상수

Q_1, Q_2 : 두 대전체의 전하량[C],

r : 거리[m]

식 (2-1)의 관계를 **전계(電界)**에서의 **쿨롱의 법칙(Coulomb's law)**이라 한다.

진공 중에서는 $k = \frac{1}{4\pi\epsilon_0}$로서 쿨롱의 법칙은

$$F = \frac{1}{4\pi\epsilon_0} \cdot \frac{Q_1 Q_2}{r^2} [\mathrm{N}] \tag{2-2}$$

로 표시된다.

여기서 ϵ_0는 진공의 유전율(Space permittivity)이며, $\epsilon_0 = \frac{10^7}{4\pi C^2}$의 값을 가지므로 이것을 식 (2-2)에 대입하면 진공 중에서 작용하는 힘은

$$F = 9 \times \frac{Q_1 Q_2}{r^2} [\mathrm{N}] \tag{2-3}$$

이 된다.

위에서 C는 광속(光速)이며, $C = 3 \times 10^8 [\mathrm{m/s}]$이다. 진공 이외의 매질 중에서는 $k = \frac{1}{4\pi\epsilon}$로서

$$F = \frac{1}{4\pi\epsilon} \cdot \frac{Q_1 Q_2}{r^2} \ [\mathrm{N}] \tag{2-4}$$

단, ϵ : 매질의 유전율(誘電率; Permittivity)

의 관계가 있다. 또 유전체의 비유전율(比誘電率; Relative permittivity) $\epsilon_s \, (= \epsilon / \epsilon_0)$를 사용하면 진공 이외의 매질 중에서의 쿨롱의 힘은 다음 식과 같이 된다.

$$F = 9 \times 10^9 \frac{Q_1 Q_2}{\epsilon_s r^2} [\mathrm{N}] \tag{2-5}$$

ϵ_s는 1보다 큰 정수(定數)로서 그 값은 표 2-1과 같다.

표 2-1 | 유전체의 비유전율

유 전 체	ϵ_s	유 전 체	ϵ_s
공기	1.000586	수정	3.5 ~ 3.6
종이	2.0 ~ 2.6	유리	3.8 ~ 10
파라핀	1.9 ~ 2.5	베이크라이트	5.1 ~ 9.9
기름	2.1 ~ 2.4	운모	2.5 ~ 6.6
호박(琥珀)	2.9	물	75 ~ 81

4. 전계

전하에 의해 전기적인 힘이 미치는 공간을 **전계(電界; Electric field)** 혹은 **전기장(電氣場)**이라 한다.

그리고 $+1$[C]의 전하를 전계 내의 한 점에 놓았을 때 그 전하가 받는 전기력의 크기를 전계의 세기(Intensity of electric field) 또는 전기장의 세기라 하며, 그 힘의 방향을 전계의 방향이라 한다.

그림 2-2와 같이 진공 중에 있는 Q[C]의 전하로부터 r[m] 거리에 있는 점 P에 1[C]의 전하를 두었을 때 이 점에 작용하는 힘은

$$F = \frac{1}{4\pi\epsilon} \cdot \frac{Q_1 \times 1}{r^2} \text{ [N]} \tag{2-6}$$

이며, P점의 전계의 세기는 다음과 같이 된다.

$$E = \frac{1}{4\pi\epsilon} \cdot \frac{Q}{r^2} = 9 \times 10^9 \frac{Q}{r^2} \text{[V/m]} \tag{2-7}$$

단, E: 전계의 세기[V/m]

비유전율 ϵ_s인 매질 중에서의 전계의 세기는

$$E = \frac{1}{4\pi\epsilon} \cdot \frac{Q}{r^2} = 9 \times 10^9 \frac{Q}{\epsilon_s \cdot r^2} \text{[V/m]} \tag{2-8}$$

이 된다.

전계의 세기가 E[V/m]인 곳에서 Q[C]의 전하를 놓으면

$$F = QE \text{[N]} \tag{2-9}$$

의 힘을 전계의 방향으로 받게 된다.

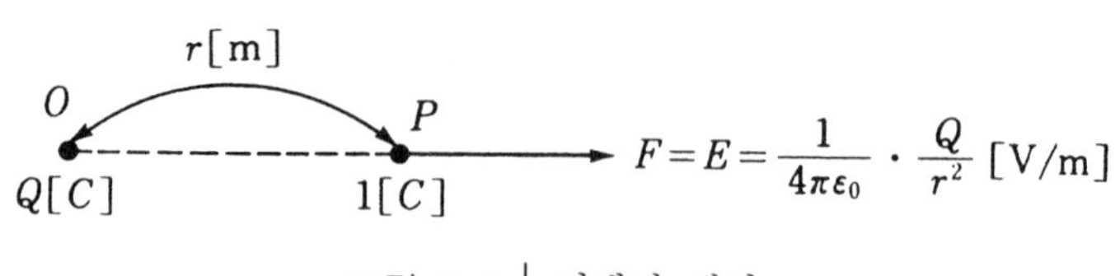

그림 2-2 | 전계의 세기

5. 전위

전계 내에 있는 정전하(正電荷)는 전계와 같은 방향으로 힘을 받으므로 전계와 반대방향에 있는 점 B에서 점 A까지 이동시키려면 일을 해야 한다.

일반적으로 단위 정전하를 무한원점(無限遠點)으로부터 전계 내의 어느 한 점까지 이동시키는데 소요되는 일을 그 점의 **전위(電位; Electric potential)**라 하며 식 (2-10)으로 정의한다.

$$V = -\int_{\infty}^{r} E\,dl\,[\mathrm{V}] \tag{2-10}$$

단, V : 전위[V],
dl : 거리의 미소선분[m]

여기서 +1[C]의 전하를 이동시키는데 요하는 일이 1[J]이라고 하면 전위는 1[V]가 된다.

즉 1[V] = 1[J/C]이다.

Q[C]의 전하를 가진 대전체로부터 r[m]의 거리에 있는 점 P에서의 전위 V는

$$V = 9\times 10^9 \cdot \frac{Q}{r}\,[\mathrm{V}] \tag{2-11}$$

이며, n개의 점전하가 분포되어 있는 경우의 전위는

$$V = \frac{1}{4\pi\epsilon_0}\sum_{i=1}^{n}\frac{Q_i}{r_i} = 9\times 10^9 \sum_{i=1}^{n}\frac{Q_i}{r_i}\,[\mathrm{V}] \tag{2-12}$$

가 된다.

주) ① 전위의 기준점은 통상 대지 또는 무한원점이다.
② 전하로부터 무한원점의 전위를 영(0)으로 하며, 보통 대지도 영으로 한다.

6. 정전용량

두 개의 도체를 서로 맞대고, 이 도체 사이에 절연체를 끼워서 도체 사이에 V[V]의 전압을 인가하면 도체에는 각각 $+Q$[C], $-Q$[C]의 전하가 대전된다.

이렇게 전하를 축적할 목적으로 만든 것이 콘덴서(蓄電器; Condenser) 또는 커패시터(Capacitor)이다.

실험에 의하면 다음 식 (2-13)이 성립한다.

$$Q = CV[\mathrm{C}] \tag{2-13}$$

$$\therefore \ C = \frac{Q}{A}[\mathrm{F}]$$

여기서 C는 비례상수로서, 도체의 크기나 모양에 따라 결정되는데, 이것을 그 도체의 **정전용량(靜電容量; Electrostatic capacity)** 또는 **커패시턴스(Capacitance)**라 한다.

C의 단위는 패러드(Farad) [F]이다.

이 단위는 실용상 너무 커서 보통 $\mu F(10^{-6})$나 $pF(10^{-12}F)$를 사용한다. 지금 두 개의 도체 A, B에 축적된 전하를 각각 $+Q$, $-Q$로 충전하는데 소요되는 일은

$$W = \int_0^Q v\,dq = \int_0^Q \frac{q}{C}\,dq = \frac{Q^2}{2C} \tag{2-14}$$

가 되며, 식 (2-14)와 식 (2-13)으로부터 다음 식이 얻어진다.

$$W_c = \frac{1}{2}QV = \frac{1}{2}CV^2 \tag{2-15}$$

여기서 W_c는 콘덴서에 축적된 전기적 에너지 즉 **정전(靜電)에너지(Electrostatic energy)**이다.

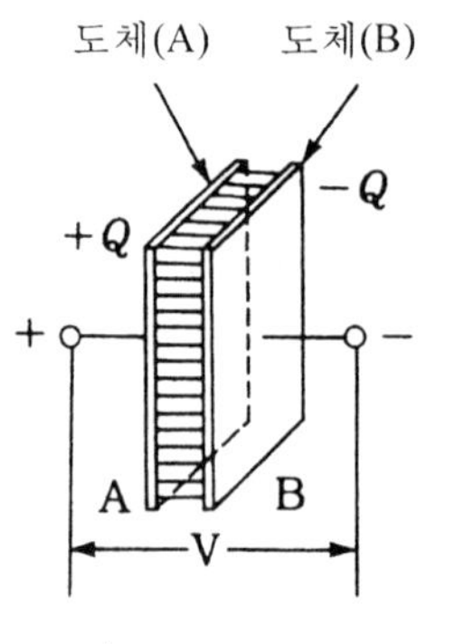

그림 2-3 | 콘덴서와 정전에너지

7. 콘덴서

콘덴서는 구조적으로 고정콘덴서와 가변콘덴서가 있으며, 도체 사이에 넣는 유전체(절연물)에 따라 그림 2-4에서처럼 공기콘덴서, 종이콘덴서, 마이카콘덴서, 자기콘덴서, 전해콘덴서 등이 있다.

가. 콘덴서의 종류

유전체(誘電體; Dielectric)의 종류에 따라 다음과 같이 분류된다.

(1) 공기콘덴서 : 대체로 용량이 작고 크기는 크다. 무선 송신기나 라디오 수신기의 가변콘덴서로 사용된다.

(2) 종이콘덴서 : 알루미늄박과 콘덴서 종이를 서로 겹쳐 둥글게 감은 것을 진공 용기 속에 함침제(含浸劑)에 담은 후 케이스에 밀봉시켜 만든다. 증폭기의 결합용으로 쓰인다.

(3) 마이카콘덴서(Mica condenser) : 투명한 양질의 마이카에 금속증착 등의 방법으로 전극을 달아 만든 콘덴서이다. 유전손이 작고 정전용량이 안정한 이점이 있다.

(4) 자기(磁器)콘덴서(Ceramic condenser) : 세라믹콘덴서라고도 하는 것으로 산화티탄 또는 티탄산바륨의 양면에 금속체를 구어 붙여 만든다. 고주파회로 또는 고압회로에 사용된다.

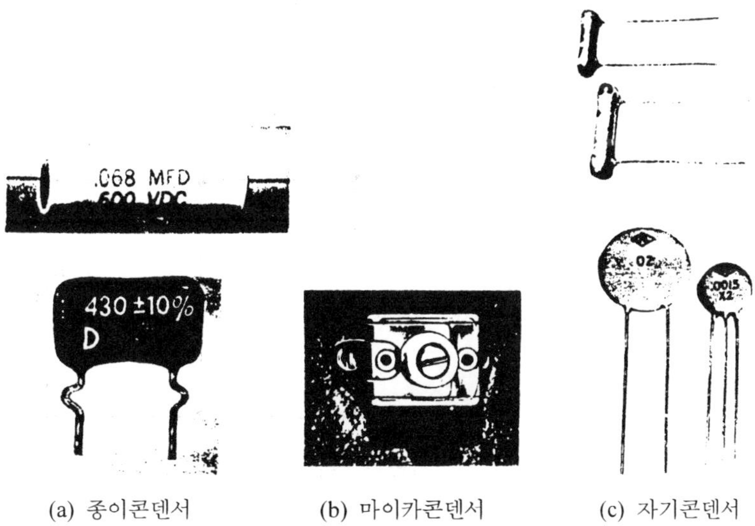

(a) 종이콘덴서 (b) 마이카콘덴서 (c) 자기콘덴서

그림 2-4 | 콘덴서의 종류

(5) 전해콘덴서 : 양극 금속 표면에 산화막을 형성하고 그 위에 음극이 되는 금속을 씌운 다음 그 사이에 전해액을 채운 것이다. 극성이 있기 때문에 직류에만 사용한다.

나. 콘덴서의 연결

(1) 병렬연결(Parallel connection)

정전용량이 C_1, C_2, C_3인 3개의 콘덴서를 그림 2-5와 같이 병렬로 연결하고 전압 V를 인가할 때, 각 콘덴서의 전극에는 각각

$$Q_1 = C_1 V,\ Q_2 = C_2 V,\ Q_3 = C_3 V$$

만큼의 전하가 축적된다.

따라서 축적되는 전 전하는

$$\begin{aligned} Q &= \sum Qi = Q_1 + Q_2 + Q_3 \\ &= V(C_1 + C_2 + C_3)[\mathrm{C}] \end{aligned} \qquad (2\text{-}16)$$

이 되므로 콘덴서를 병렬로 연결했을 때의 합성 정전용량은

$$C = \frac{Q}{V} = C_1 + C_2 + C_3 = \sum Ci[\mathrm{F}] \qquad (2\text{-}17)$$

이 된다.

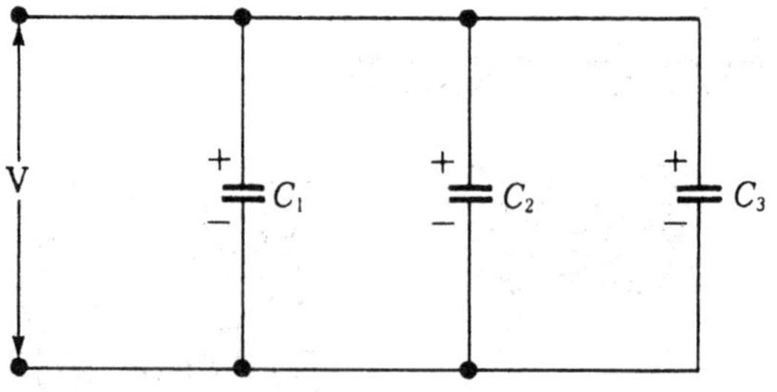

그림 2-5 | 콘덴서의 병렬연결

(2) 직렬연결

정전용량이 C_1, C_2, C_3인 3개의 콘덴서를 그림 2-6과 같이 직렬연결하고, 전압 V[V]를 인가했을 때, 각 콘덴서에 걸리는 전압을 V_1, V_2, V_3라 하면

$$V_1 = \frac{Q}{C_1},\ V_2 = \frac{Q}{C_2},\ V_3 = \frac{Q}{C_3} \tag{2-18}$$

$$V = V_1 + V_2 + V_3 \tag{2-19}$$

이다. 따라서 합성 정전용량은

$$\begin{aligned} C &= \frac{Q}{V} = \frac{Q}{V_1 + V_2 + V_3}\ [\mathrm{F}] \\ &= 1/\left(\frac{1}{C_1} + \frac{1}{C_2} + \frac{1}{C_3}\right) [\mathrm{F}] \\ &= 1/\sum \frac{1}{C_i}\ [\mathrm{F}] \end{aligned} \tag{2-20}$$

$$\text{즉}\ \frac{1}{C} = \sum \frac{1}{C_i} = \frac{1}{C_1} + \frac{1}{C_2} + \frac{1}{C_3}$$

이 된다.

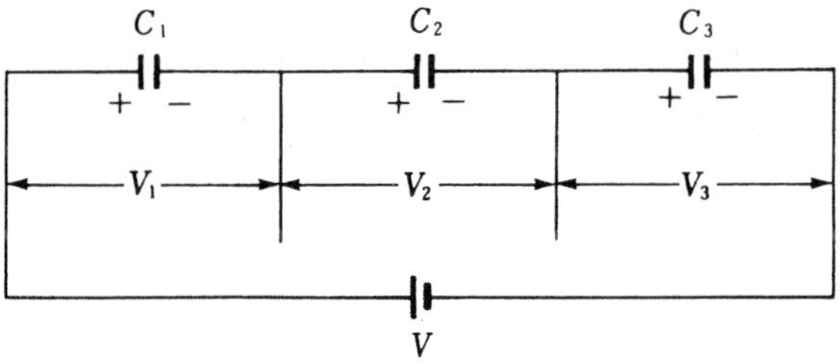

그림 2-6 | 콘덴서의 직렬연결

이상의 공식을 보면 알 수 있듯이 콘덴서의 직렬 또는 병렬의 합성용량은 저항의 경우와 반대이다.

2-2 자기

1. 자석

철광석의 일종인 자철광(Magnetite, Fe_3O_4)은 쇳가루나 철편 등을 끌어당기는 성질이 있으며, 중심을 매달면 남북을 가리킨다. 이같이 쇳가루나 철편을 끌어당기는 성질을 **자기(磁氣; Magnetism)**라 하며, 자기를 가진 물체를 **자석(磁石; Magnet)**이라 한다.

자석에는 천연자석과 인공자석이 있으며, 후자에는 자침, 막대자석, 말굽자석과 같은 실용적인 영구자석과, 철심에 코일을 감아 코일에 전류를 흘릴 때에만 철심이 자석으로 되는 **전자석(電磁石; Electromagnet)**이 있다.

자석에는 자성이 가장 강한 양끝 부분을 자극(Magnetic pole)이라 한다.

주) 자석은 2개 이상으로 나누어도 다시 자석이 된다.

2. 자계에서의 쿨롱의 법칙

두 개의 자극 사이에 작용하는 힘 F는 그 각각의 자극이 세기 m_1, m_2의 곱에 비례하고, 자극 사이에 거리 r의 자승에 반비례한다.

이것을 **자계(磁界)에서의 쿨롱의 법칙**이라 한다.

즉

$$F = k\frac{m_1 m_2}{r^2} \text{ [N]} \tag{2-21}$$

단, k : 비례상수 $\dfrac{1}{4\pi\mu_0} = 6.33\times10^4$

r : 두 자극 사이의 거리[m]

m_1, m_2 : 자극의 세기[Wb]

따라서

$$F = \frac{1}{4\pi\mu_0}\cdot\frac{m_1 m_2}{r^2} = 6.33\times10^4\frac{m_1 m_2}{r^2} \text{ [N]} \tag{2-22}$$

이며, 진공 중에서의 투자율 $\mu_0 = 4\pi \times 10^{-7}$이고 진공이 아닌 물질에서의 투자율 μ는 $\mu = \mu_0 \mu_s$이므로 쿨롱의 법칙은 일반적으로

$$F = \frac{1}{4\pi\mu_s} \cdot \frac{m_1 m_2}{r^2} \text{ [N]} \tag{2-23}$$

단, μ_s : 물질의 비투자율

이 된다.

μ_s는 1보다 크며, 진공이나 공기 중에서는 $\mu_s = 1$로 한다.

3. 자기유도와 자성체

철편을 자계 내에 놓으면, 그 철편의 양단에는 자극이 생기는데 한쪽은 N극, 다른 쪽은 S극으로 된다.

이때 철편은 자화(磁化; Magnetization)되었다고 하며, 이 현상을 자기유도(磁氣誘導; Magnetic induction)라고 한다. 그리고 자계 내에서 자화된 물체는 자성체(磁性體; Magnetic substance)라 하는데 이 자성체에는 자화되는 정도에 따라 상자성체, 역자성체, 강자성체로 구분된다.

그림 2-7은 자성체의 종류를 나타낸다.

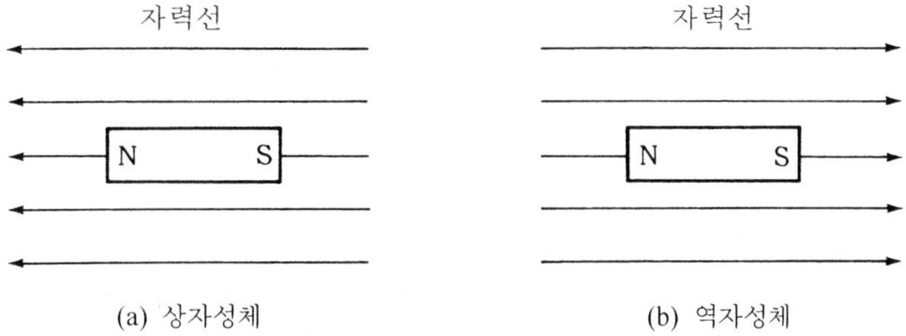

그림 2-7 | 자성체의 종류

가. 상자성체(常磁性體; Paramagnetic substance)

외부의 자계와 같은 방향으로 자화되는 것으로 자화의 세기는 매우 약하다.

비투자율이 1보다 약간 큰 것 ($\mu_s > 1$)으로 백금, 알루미늄, 주석, 산소, 공기 등이

여기에 속한다.

나. 역자성체(逆磁性體; Diamagnetic substance)

반자성체라고도 한다. 가한 자계와 반대 방향으로 자화되는 물질로서, 비투자율이 1보다 작다.($\mu_s < 1$)

금, 은, 동, 연, 아연, 수은, 안티몬, 물 등이 이것에 속한다.

다. 강자성체(强磁性體; Ferromagnetic substance)

자계와 같은 방향으로 극히 강하게 자화되는 물질이다. 비투자율 $\mu_s \fallingdotseq 200 \sim 10^6$ 정도의 아주 큰 것으로 철, 니켈, 코발트 및 이들의 합금이 여기에 속한다.

4. 자계와 자계의 세기

전류가 흐르고 있는 도선이나 자석의 주위에 자침(磁針)을 가까이 하면 자침이 움직이는 것을 볼 수 있다. 이런 현상은 자력선이 자침에 영향을 주기 때문이다.

여기서 자력선이 작용하는 공간을 **자계(磁界; Magnetic field)** 또는 **자기장(磁氣場)**이라 한다.

자계의 세기의 단위는 단위 길이당의 암페어·턴(Ampere-turn / meter : AT/m)을 사용하고, 기호는 H를 사용한다. 1[Wb]의 자극에 1[N]의 힘이 작용하는 자계의 세기를 1[AT/m]라 한다.

그러므로 자계의 세기 H[AT/m]인 자계 내에 $+m$[Wb]의 자극은

$$f = mH \text{ [N]} \tag{2-24}$$

의 힘을 자계의 방향으로 받는다.

진공 또는 공기 중에서 m[Wb]의 점자극(點磁極)으로부터 r[m] 떨어진 점의 자계의 세기는 쿨롱의 법칙에 의해

$$H = \frac{1}{4\pi\mu_0} \cdot \frac{m}{r^2} \tag{2-25}$$

가 되고, 비투자율이 μ_s인 물질 중에서는

$$H = \frac{1}{4\pi\mu_0\mu_s} \cdot \frac{m}{r^2} \qquad (2\text{-}26)$$

이 된다.

5. 자속과 자속밀도

단위 자극에서 나오는 자력선을 하나의 묶음으로 하여 이것을 **자속(磁束; Magnetic flux)**이라 하고, 단위로는 Wb(Weber)를 쓰고, 기호 ϕ로써 나타낸다.

그리고 단위면적을 직각으로 통과하는 자속 수를 **자속밀도(磁束密度; Magnetic flux density)**라 하고, 단위는 [Wb/m²] 또는 Tesla, [T]를 쓰고, 기호 B로써 나타낸다.

면적 A[m²]에 직각으로 자속 ϕ[Wb]가 통과할 때 자속밀도 B[Wb/m²]이면

$$B = \frac{\phi}{A} [\text{Wb/m}^2] \qquad (2\text{-}27)$$

이고

$$\phi = \int B\, dA [\text{Wb}] \qquad (2\text{-}28)$$

이다. 식 (2-28)에서 자속 ϕ는 자속밀도 B를 면적 A에 대해 적분한 총량을 의미한다.

또 투자율이 μ[H/m]이고, 자계의 세기가 H[AT/m]인 점에서의 자속밀도는

$$B = \mu H = \mu_0 \mu_s H [\text{Wb/m}^2] \qquad (2\text{-}29)$$

이다.

6. 자화곡선과 자기 히스테리시스

가. 자화곡선

자화가 되지 않는 강자성체를 자화함에 있어 외부의 자계를 점차로 증가시키는 경우 즉, 자계의 세기 H[AT/m]를 증가시키면 자속밀도 B[Wb/m²]의 변화는 그림 2-8과 같이 된다.

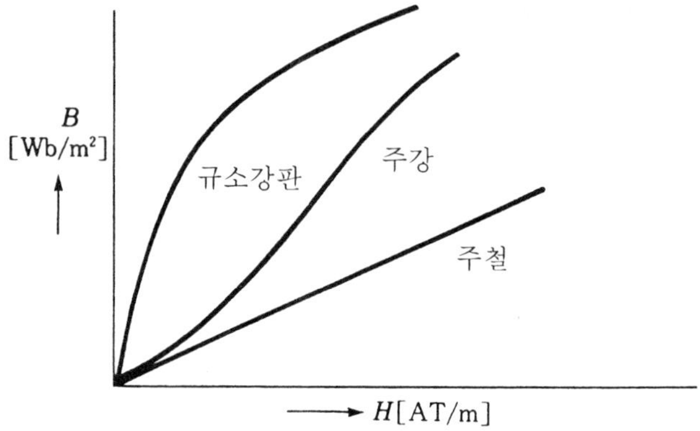

그림 2-8 | 자화곡선

이같이 어떤 물체가 자화될 때 자계의 세기에 따른 자속밀도의 변화를 나타낸 곡선을 **자화곡선(磁化曲線; Magnetization curve)** 또는 $B-H$ 곡선이라 한다.

그림 2-8에서 H를 점차로 증가시키면, B는 증가하다가 결국은 포화 값에 이르러 더 이상 증가하지 않게 되는데 이것을 **자기포화(磁氣飽和; Magnetic saturation)** 라고 한다.

나. 자기 히스테리시스(Magnetic hysteresis)

철은 자화할 경우, 처음에는 자계의 세기 H의 증가에 따라 자속밀도 B도 증가하나 어느 값에 이르면 포화되어 최대 자속밀도 B_m값이 된다.

다시 H를 점차로 감소시키면 B도 서서히 감소하나 변화 곡선은 일치하지 않고 그림 2-9처럼 다른 경로를 밟는다. 이같은 현상을 **자기 히스테리시스현상**이라 하고, 이 특성곡선을 **히스테리시스 루프(Hysteresis loop)**라 한다.

그림 2-9에서 $H=0$일 때 B는 B_r값을 가지는데 이 B_r를 **잔류자기(殘留磁氣; Residual magnetism)**라 하며, 이 B를 0으로 감소시키려면, 반대방향으로 H_c만큼 가해야 한다.

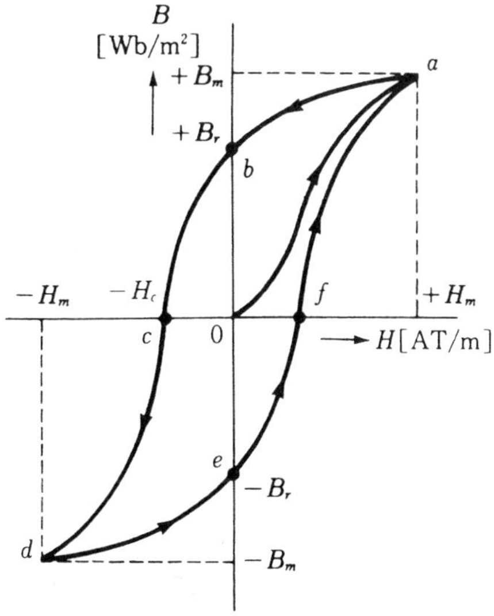

그림 2-9 | 히스테리시스 루프

이때 H_c를 **보자력(保磁力; Coercive force)**이라 한다. 자기 히스테리시스현상은 자속밀도의 변화를 수반하는데, 자속밀도가 변할 때마다 분자자석의 배열상태가 달라지므로 이들 분자자석 사이에 마찰이 생기고, 이 마찰로 인한 열이 발생하게 된다.

이때 발생되는 열로서 소모되는 손실을 **히스테리시스손(Hysteresis loss)**이라 하며, 이것은 히스테리시스 폐루프에 둘러싸인 면적에 해당되는데, Steinmetz에 의하면 히스테리시스손 P_h는 다음과 같은 식으로 주어진다.

$$P_h = \eta f V B_m^{1.6} \text{ [W]} \tag{2-30}$$

단, η : 자성체의 재료에 따라 정해지는 Steinmetz 정수(定數)
f : 자성체에 작용하는 자계의 주파수[Hz]
V : 자성체의 체적[m^3]
B_m : 최대자속밀도[Wb/m^2]
지수 1.6 : 실험적으로 정해진 Steinmetz 정수

식 (2-30)에서 알 수 있듯이 히스테리시스손은 주파수 f에 비례하므로 동일한 η라 할지라도 주파수 f가 클수록 열이 많이 생기고 손실이 커지게 된다.

또 히스테리시스 폐곡선은 자성체의 성질을 나타내는 것으로, 예를 들면 B_r가 크고, H_c가 작은 것은 전자석(Electromagnet)의 철심 재료로 적당하며, B_r는 그다지 크지 않으나 H_c가 큰 것은 영구자석(Permanent magnet) 재료에 적당하다.

그림 2-10은 연철과 강철의 $B-H$곡선을 비교해 보인 것으로 연철은 H를 약간 증가해도 쉽게 포화상태에 도달하며, 자속을 제거 시 비교적 큰 잔류자기가 존재하나 약한 역방향 자계가 가해지면 곧 소멸되어 $B=0$이 된다. 그러나 강철은 연철에 비해 쉽게 포화되지 않으며 잔류자기도 대체로 안정하다.

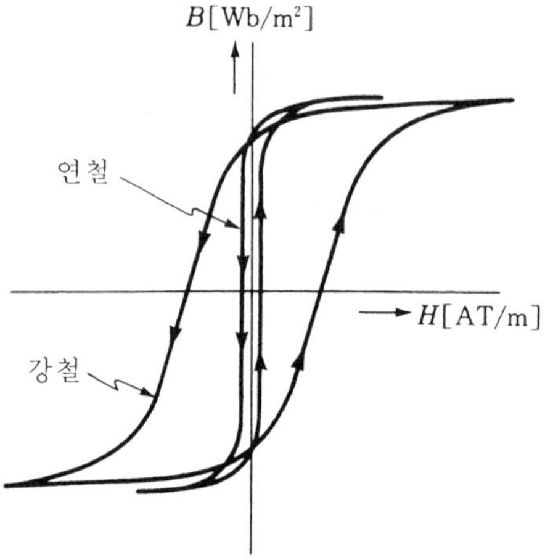

그림 2-10 | 연철과 강철의 히스테리시스 루프

7. 전류의 자기작용(磁氣作用)

가. 전류에 의한 자계

어떤 도선에 전류가 흐르면 그 도선의 주위에는 자계가 생긴다. 전류를 오른 나사가 들어가는 방향으로 흘리면, 나사를 돌리는 방향으로 자계가 생긴다.

또 오른나사를 돌리는 방향으로 전류를 흘리게 되면 나사가 들어가는 방향으로 자계가 생기는데 이처럼 전류의 방향과 자계의 방향과의 상호관계를 나타낸 것을 암페어의 오른나사의 법칙(Ampere's right-hand screw law)이라 한다.

그림 2-11은 암페어의 오른나사법칙을 나타낸다.

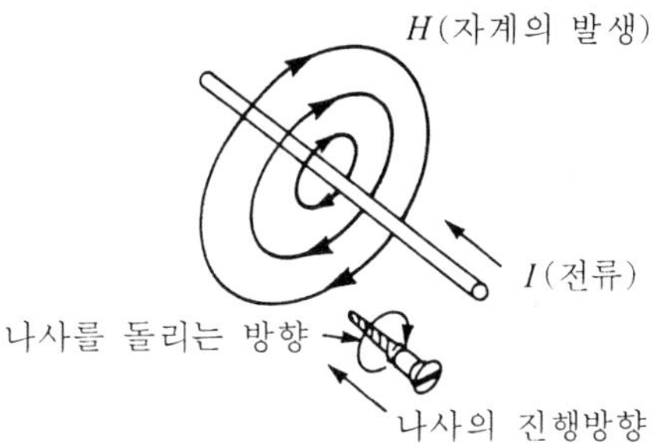

그림 2-11 | 암페어의 오른나사의 법칙

나. 비오 · 사바르의 법칙

가는 도선에 흐르는 전류의 짧은 선분에 의해 그 주위에 생기는 자계의 방향은 그 선분을 직선전류로 간주할 때와 같으며 자계의 세기는 **비오 · 사바르의 법칙**(Biot-Savart's law)에 의해 결정된다.

그림 2-12처럼 도선에 I[A]의 전류가 흐를 때 미소선분 dl에 의해서 이것과 각 θ의 방향으로 O에서 r[m] 떨어진 점 P에 생기는 자계의 세기 dH는 다음과 같다.

$$dH = \frac{Idl}{4\pi r^2} \cdot \sin\theta [\text{AT/m}] \tag{2-31}$$

이것을 비오·사바르의 법칙이라 하며, 점 P의 자계의 세기는 이 같은 dH를 도선의 전체 길이에 대하여 합성한 것이 된다. 이때 점 P의 자계의 방향은 암페어의 오른나사의 법칙에 따라 결정된다.

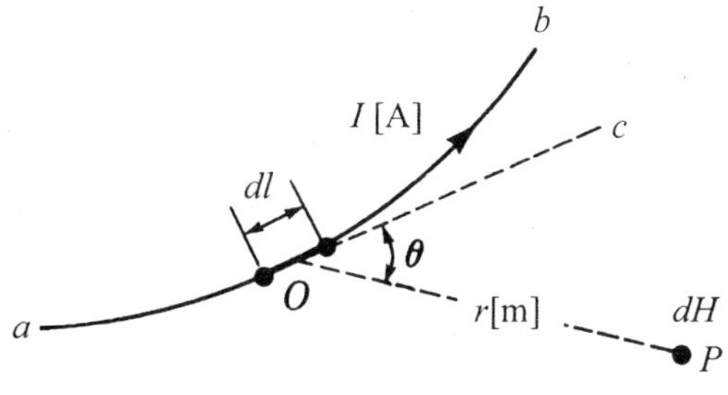

그림 2-12 | Biot-Savart's의 법칙

다. 직선전류에 의한 자계

전류 I[A]가 통하고 있는 직선 도선으로부터 거리 r[m]만큼 떨어져 있는 한 P점에 생기는 자계의 세기 H는

$$H = \frac{1}{2\pi r}[\text{AT/m}] \tag{2-32}$$

이다.

만일 도선의 길이가 짧은 때에는 그림 2-13에서처럼 이 도선 또는 연장선 위에 그은 수선과 점 P와 도선의 양단을 이은 직선이 이루는 각을 θ_1, θ_2라 하면 이 직선전류에 의해 생기는 자계의 세기는

$$H = \frac{1}{2\pi r}(\sin\theta_2 - \sin\theta_1)[\text{AT/m}] \tag{2-33}$$

이 된다.

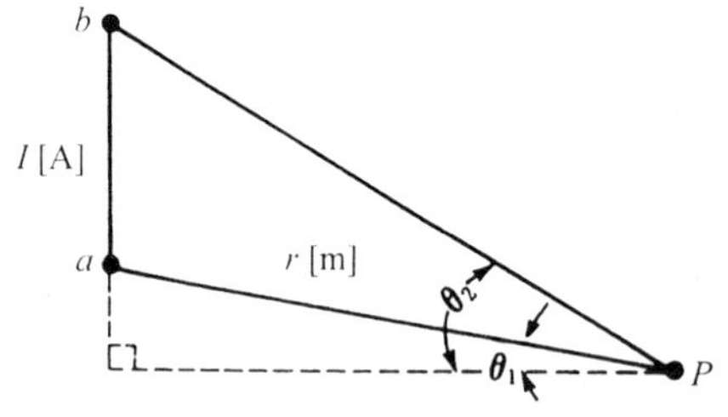

그림 2-13 | 직선전류에 의한 자계

라. 원형전류에 의한 자계

반경 r[m]인 원형 도선에 I[A]의 전류가 흐르고 있을 때, 원주의 미소부분 dl에 의해서 원의 중심 O에 생기는 자계의 세기는 비오·사바르의 법칙에 의해

$$dH = \frac{Idl}{4\pi r^2}[\text{AT/m}]$$

이다.

따라서 중심 O에 생기는 합성자계(合成磁界)의 세기 H_0는 dH를 전체 원주에 대해 적분하면 된다.

즉

$$H_0 = \oint dH = \frac{I}{4\pi r^2}\oint dl$$
$$= \frac{1}{4\pi r^2} \cdot 2\pi \cdot r = \frac{I}{2r}[\text{AT/m}] \qquad (2\text{-}34)$$

이며, 만약 도선을 N회 원형으로 감고 전류 I[A]를 흘릴 때 그 중심에 생기는 자계의 세기는

$$H_0 = \frac{NI}{2r}[\text{AT/m}] \qquad (2\text{-}35)$$

이다. 여기서 NI는 권수와 전류를 곱한 것으로 그 단위는 AT(Ampere-turn)이다.

마. 솔레노이드에 의한 자계

그림 2-14와 같이 환상(環狀)으로 권수 N회 감은 환상 솔레노이드(Ring solenoid)에 전류 I가 흐르고 있을 때 코일의 반경 R이 환의 평균 반경 r에 비해서 아주 작을 경우 코일의 내부 자계는 거의 균일한 것으로 간주할 수 있다. 즉 환상솔레노이드의 내부 자계의 세기 H는 환상 솔레노이드의 단위 길이 당 기자력(起磁力)과 같으며, 솔레노이드의 전체 권수를 N, 환(環)의 평균 반경을 r[m], 전류를 I[A]로 하면 다음과 같이 표시된다.

$$H = \frac{NI}{2\pi r} = N_0 I\,[\text{AT/m}] \qquad (2\text{-}36)$$

단, N_0 : 단위 길이당 권수(捲數)

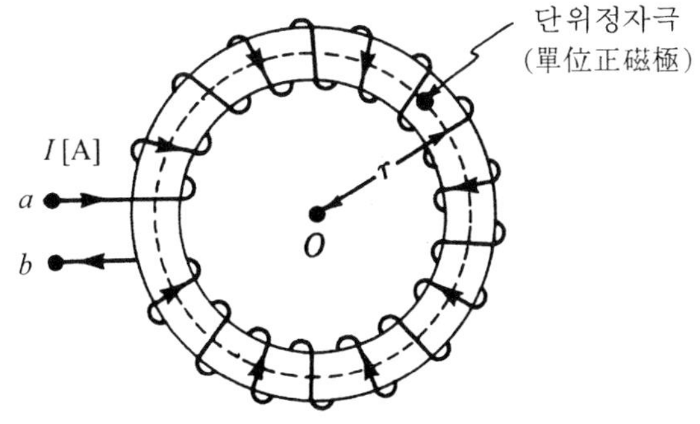

그림 2-14 | 솔레노이드에 의한 자계

바. 전류에 미치는 외부 자계의 작용

전류 I[A]가 흐르고 있는 도선의 미소 선분 dl[m]에 의해 이것과 각 θ의 방향으로 r[m]의 거리에 떨어져 있는 한 점 P에 작용하는 자계의 세기 dH는 비오·사바르의 법칙에 따라 결정된다.

그러므로 그림 2-15에서 점 P에 $+m$[Wb]의 자극을 놓았다면, 이 자극에 작용하는 힘 dF는

$$dF = m \cdot dH = \frac{mIdl}{4\pi r^2} \cdot \sin\theta \text{[N]} \tag{2-37}$$

이 된다.

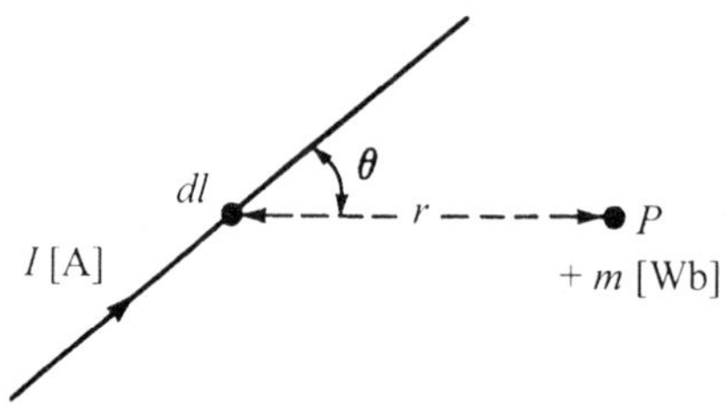

그림 2-15 | 전류에 작용하는 전자력(電磁力)

이때 힘의 방향은 지면(紙面)에 수직하게 뒤쪽에서 앞쪽으로 작용한다. 그런데 이 힘은 결국 전류와 자극 사이에 작용하는 힘이며, 작용과 반작용은 같으므로 만약 자극이 고정되어 있다고 생각한다면, 전류 I[A]가 흐르고 있는 도선의 미소부분 dl은 자극 m[Wb]로부터 dF와 크기가 같고, 방향이 반대인 힘을 받게 된다.

한편, 자극 m에 dl의 위치에 작용하는 자계의 세기를 H라고 하면

$$H = \frac{m}{4\pi\mu_0 r^2} \text{[AT/m]} \tag{2-38}$$

이 되며, 그 점에서의 자속밀도 B는

$$B = \mu_0 H = \frac{m}{4\pi r^2} \text{[Wb/m}^2\text{]}$$

이므로 이것을 식 (2-37)에 대입하면

$$dF = BIdl\sin\theta \text{ [N]} \tag{2-39}$$

가 된다.

또 전류 I[A]가 흐르고 있는 직선 도선 l[m]에 작용하는 힘 F는

$$F = BlI\sin\theta \text{ [N]} \tag{2-40}$$

단, θ : 자속의 방향과 직선 도선 사이의 각

이다.

그러므로 그림 2-16처럼 자속밀도 B[Wb/m^2]인 자계속에 자계와 수직하게 놓인 전류 I[A]가 흐르고 있는 길이 l[m]의 직선 도선이 받는 힘은

$$F = BlI \text{[N]} \tag{2-41}$$

이 된다.

이같이 전류와 자계 사이에 작용하는 힘을 **전자력(電磁力; Electromagnetic force)**이라고 한다. 그리고 왼손의 엄지, 검지, 장지를 서로 직각이 되게 펴고, 검지를 자력선의 방향, 장지를 전류의 방향으로 향하게 하면 엄지손가락이 힘 F의 방향을 가리키는데 이같은 관계를 **플레밍의 왼손법칙**(Fleming's left-hand rule)이라고 한다.

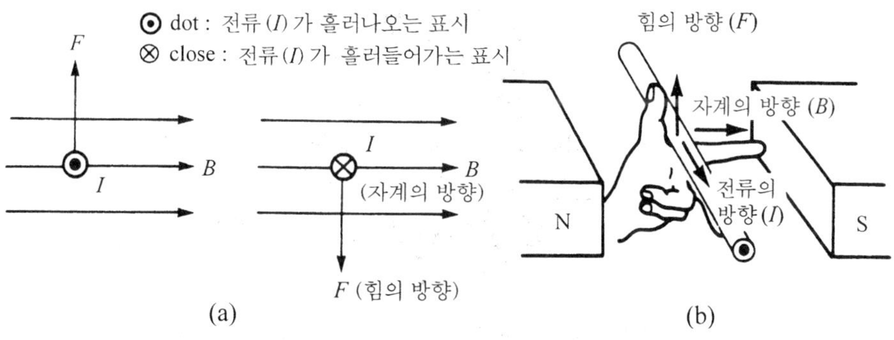

그림 2-16 | 플레밍의 왼손법칙

8. 자기회로

일반적으로 원통에 가는 도선을 나선형으로 상당한 길이 감은 것을 **솔레노이드**(Solenoid)라 한다.

그림 2-17에서와 같이 환상(環狀)의 균등한 철심 위에 도선을 고르게 감은 것을 환상 솔레노이드(Ring solenoid)라 부르며, 이것에 전류가 흐를 때 생기는 자속은 모두 철심의 내부를 통한다. 이같은 자속의 통로를 **자기회로**(磁氣回路; Magnetic circuit) 또는 **자로**(磁路)라고 한다.

이 자기회로는 전기회로와 비교하여 고찰하는 것이 좋다. 그림 2-17의 자기회로에서 철심의 단면적이 $A[\mathrm{m}^2]$이고, 철심 내의 자속밀도가 균일하다고 가정하면, 자속 ϕ는

$$\phi = BA[\mathrm{Wb}]$$

이고, 철심 내의 자계의 세기 H는

$$H = B/\mu = \frac{\phi}{\mu A}[\mathrm{AT/m}] \qquad (2\text{-}42)$$

단, μ : 철심의 투자율

이다.

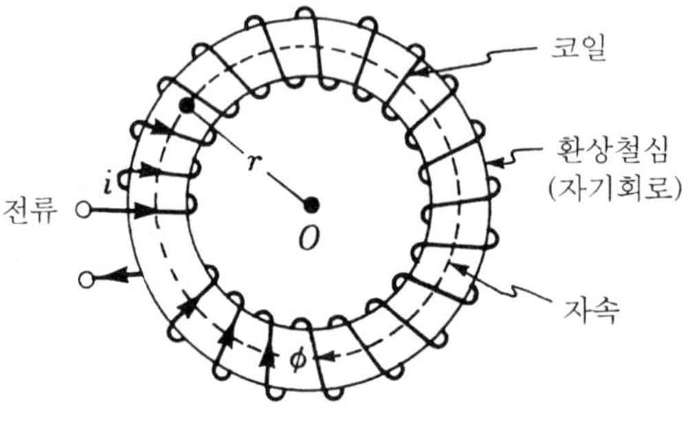

그림 2-17 | 환상 솔레노이드에서의 자기회로

그리고 철심 내의 자기회로를 따라 일주하는 길이 $l[\mathrm{m}]$에 대하여 **암페어의 주회적분**(周回積分)의 **법칙**(Ampere's circuital law)을 적용하면 다음 관계식이 성립한다.

$$\oint H\,dl = \oint \frac{\phi}{\mu A}dl = NI[\text{AT}] \tag{2-43}$$

단, dl : 자로상의 미소 선분[m]

여기서 환(Ring)의 평균길이를 l이라 하고 $\oint dl = l$이라 놓으면 ϕ, μ, A 등은 일정하므로 식 (2-43)은 다음과 같이 나타낼 수 있다.

$$\phi = \frac{NI}{l/\mu A}[\text{Wb}] \tag{2-44}$$

$$\text{R} = \frac{l}{\mu A}[\text{AT/Wb}] \tag{2-45}$$

단, R : 자기저항(磁氣抵抗; Magnetic reluctance)

식 (2-44)의 관계를 자기회로에서의 Ohm의 법칙이라 하며, 철심 내의 자속 ϕ는 권수 N의 코일에 전류 I를 흘려 생긴 것이므로 NI를 기자력(起磁力; Magnetomotive force: m. m. f)이라 부른다.

그림 2-18의 자기회로와 전기회로를 각각 대응시켜 고찰하면 표 2-2와 같이 된다.

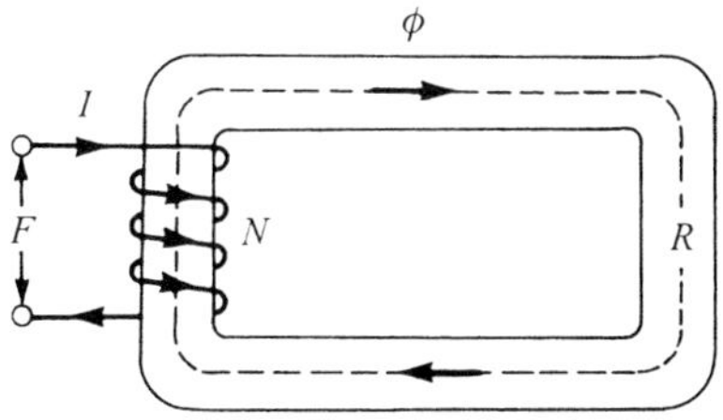

(a) 자기회로

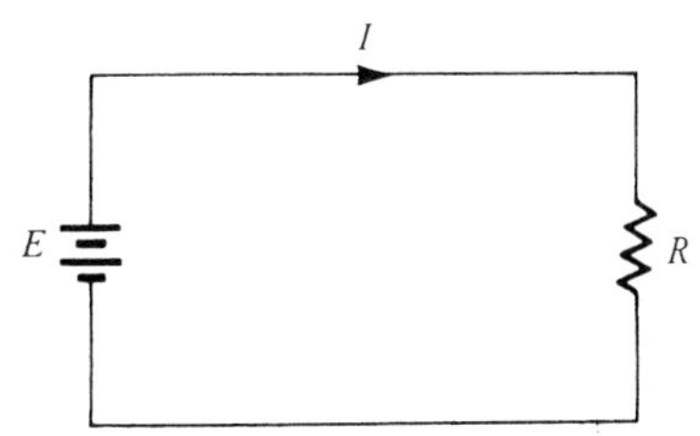

(b) 전기회로

그림 2-18 | 자기회로와 전기회로의 대응

표 2-2 | 자기회로와 전기회로의 대응관계

자 기 회 로		전 기 회 로	
기자력	$F = NI$ [AT]	기전력	E [V]
자속	ϕ [Wb]	전류	I [A]
자기저항	R [AT/Wb]	전기저항	R [Ω]
투자율	μ [H/m]	도전율	σ [Ω/M]

[2-3] 전자유도현상

그림 2-19와 같이 코일의 양 끝에 검류계(檢流計; Galvanometer) G를 연결하고 막대자석 M을 가까이 했다 멀리 했다 하면 검류계의 바늘이 움직이는 것을 볼 수 있다. 이것은 코일을 쇄교하는 자속에 변화를 주었기 때문이다.

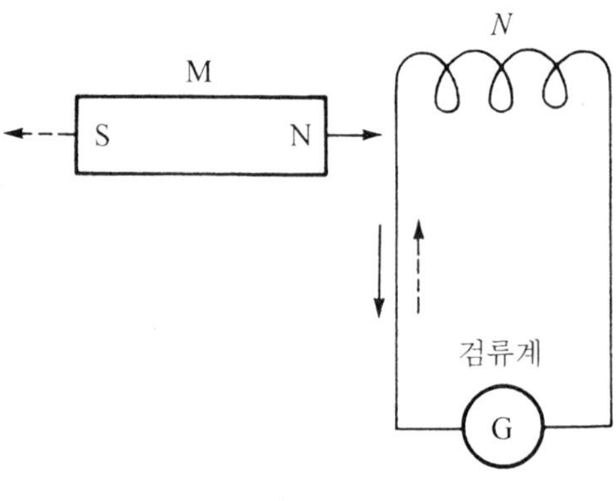

그림 2-19 | 전자유도작용

이같이 하나의 폐회로로 된 코일을 관통하는 자속에 변화가 생기면 코일에 기전력이 발생하여 전류가 흐르게 되는데 영국의 패러데이(Faraday)는 1831년에 이런 현상을 발견하였다. 이 현상을 전자유도(電磁誘導; Electromagnetic induction)라 하며, 이때 발생한 기전력 및 전류를 각각 유기기전력(誘起起電力; Induced electromotive force) 및 유기전류(誘起電流; Induced current)라 한다.

어떤 코일에서 쇄교(鎖交; Linkage)하는 자속을 ϕ[Wb], 전자유도작용에 의해 코일에 유기되는 기전력을 e[V]라 하면 다음 관계가 성립한다.

$$e = -\frac{d\phi}{dt}[\mathrm{V}] \tag{2-46}$$

여기서 －부호는 기전력이 자속의 변화를 방해하는 방향으로 생기는 것을 의미하며, 유기전류(誘起電流)가 언제나 자속의 변화를 방해하는 방향으로 흐르는 것을 **렌츠의 법칙**(Lenz's law)이라고 한다.

식 (2-46)은 코일의 권수가 $N = 1$인 경우에 성립하는 것으로 권수가 N일 경우에는

$$e = -N\frac{d\phi}{dt}[\mathrm{V}] = -L\frac{di}{dt}[\mathrm{V}] \tag{2-47}$$

이 된다.

이것을 패러데이의 전자유도법칙(電磁誘導法則)이라 한다.

그리고 자속밀도가 $B[\mathrm{Wb/m^2}]$인 자계 내에서 길이 $l[\mathrm{m}]$의 도체가 속도 $v[\mathrm{m/s}]$로 움직일 때 도선에 유기되는 기전력은

$$e = Blv\sin\theta[\mathrm{V}] \tag{2-48}$$

단, θ : 자계와 운동방향 사이의 각

로 정의된다.

이때 유기 기전력 e의 방향은 그림 2-20에서 보는 것처럼 플레밍의 오른손 법칙(Fleming's right-hand rule)에 의해 결정된다.

오른손의 엄지, 검지, 장지를 서로 각각 직각으로 했을 때, 엄지를 도체의 운동방향으로 하고 검지를 자계의 방향으로 하면 장지가 유기 기전력의 방향을 나타내게 된다.

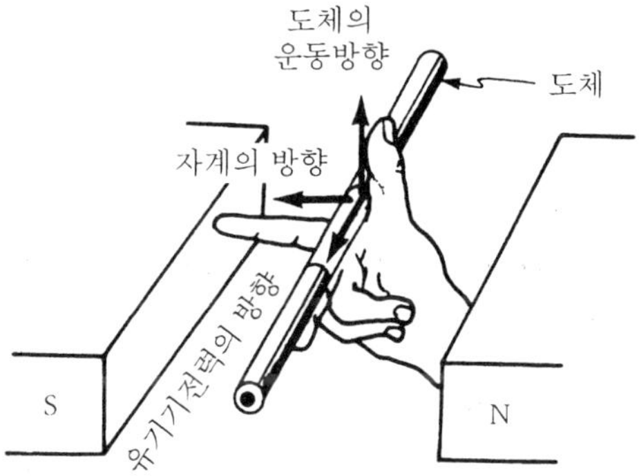

그림 2-20 | 플레밍의 오른손 법칙

연습문제

문제 … 1 전류에 의한 자장의 방향을 결정해 주는 법칙은?

정답 암페어의 오른나사법칙

문제 … 2 코일의 감긴 수와 전류와의 곱을 무엇이라 하는가?

정답 기자력(AT)

문제 … 3 히스테리시스 루프에서 곡선이 종축과 만나는 점의 값을 무엇이라 하는가?

정답 잔류자기

문제 … 4 히스테리시스 루프에서 종축과 횡축이 나타내는 것은?

정답 종축–자속밀도, 횡축–자계강도

문제 … 5 정전용량 C[F]인 콘덴서에 V[V]의 전압을 가했을 때 축적되는 정전 에너지의 식은?

정답 $W_c = \frac{1}{2}CV^2$[J]

문제 … 6 500[μF]와 1,000[μF]의 용량을 가진 2개의 콘덴서를 크게 연결하는 방법과 그 때의 용량은?

정답 병렬연결, 1,500[μF]

문제 … 7 정전용량 C_1과 C_2가 직렬로 접속되어 있을 때의 합성 정전용량은?

정답 $C_1 C_2 / (C_1 + C_2)$

문제 … 8 자기회로에서 자속은 전기회로에 비유하면 무엇에 대응하는가?

정답 전류

문제 … 9 전기기기(電氣機器)의 자심(磁心) 재료로 적합한 특성은?

정답 ① 투자율이 클 것, ② 잔류자기가 클 것, ③ 포화 자속밀도가 클 것.

문제 … 10 자장 내에서 전류가 흐르는 도선이 받는 힘의 방향은 무슨 법칙에 따르는가?

정답 플레밍의 왼손법칙

문제 … 11 콘덴서에 축적되는 에너지와 전압과의 관계를 나타내는 곡선의 형태는?

정답 $W_c = \frac{1}{2}CV^2$이므로 포물선이다.

문제 … 12 정전용량이 동일한 콘덴서 2개를 직렬로 연결했을 때의 합성 정전용량은 병렬로 연결했을 때의 몇 배인가?

정답 $\frac{1}{4}$배

문제 … 13 전자유도(電磁誘導) 현상에서 코일에 생기는 유기 기전력의 방향을 정의한 법칙은?

정답 렌츠의 법칙

문제 … 14 콘덴서 C_1과 C_2의 직렬회로에 전압 V를 인가했을 때 C_2의 단자전압은?

정답 $VC_1/(C_1+C_2)$ [V]

문제 … 15 무한히 긴 직선 도선에 5[A]의 전류가 흐르고 있다. 이 도선에서 수직거리 30[cm] 떨어진 점에서의 자계의 세기를 구하라.

풀이 암페어의 주회적분 법칙에 의거 $\oint Hdl = I$이고 따라서 $H2\pi r = I$이다. 그러므로 자계의 세기는 다음과 같다.

$$H = \frac{I}{2\pi r} = \frac{5}{2 \times 3.14 \times 0.3} \fallingdotseq 2.65\,[\text{AT/m}]$$

문제 … 16 반경 5[cm]인 원형회로에 2[A]의 전류가 흐를 때 회로의 중심에서의 자계의 세기를 구하라.

풀이 $H = \frac{I}{2r} = \frac{2}{2 \times 5 \times 10^{-2}} = 20[\text{AT/m}]$

문제 … 17 직류 100[V]의 전압으로 충전된 500[μF]의 콘덴서가 있다. 이 콘덴서를 10[Ω]의 저항을 통해서 방전할 때 저항에서 발생되는 열량은 몇 칼로리인가?

풀이 콘덴서에 축적되는 에너지

$$W_c = \frac{1}{2}CV^2 = \frac{1}{2} \times 500 \times 10^{-6} \times 100^2 = 2.5[\text{J}]$$

따라서 저항에서 발생되는 열량은 $H = 0.24 \times 2.5 = 0.6$[cal]이다.

문제 … 18 자기 인덕턴스가 200[mH]인 회로에 흐르는 전류가 매 초 300[A]의 비율로 증가할 때 자기유도(自己誘導) 기전력은 몇 [V]인가?

풀이 $$e_L = L\frac{di}{dt} = 200 \times 10^{-3} \times \frac{300}{1} = 60[\text{V}]$$

문제 … 19 평행판 콘덴서의 판(版) 사이의 거리를 $\frac{1}{3}$로 줄이면 콘덴서의 용량은 처음 값의 몇 배로 되는가?

풀이 $C = \frac{\epsilon_0 S}{d}$에서 C는 d에 반비례한다.

단, d : 판 사이의 거리

S : 판의 면적

따라서 3배 증가한다.

문제 … 20 자기 인덕턴스 20[mH]의 코일에 10[A]의 전류를 흘릴 때 축적되는 자기 에너지는 얼마인가? 단, 코일의 저항은 무시하며 초기 에너지는 없는 것으로 한다.

풀이 $$W_L = \frac{1}{2}LI^2 = \frac{1}{2} \times 20 \times 10^{-3} \times 10^2 = 1[\text{J}]$$

문제 … 21 100[V]로 충전된 콘덴서에 축적되는 정전(靜電)에너지가 0.1[J]일 때 콘덴서의 정전용량은 몇 [μF]인가?

풀이 $W_C = \frac{1}{2}CV^2$에서

$$C = \frac{2W_C}{V^2} = \frac{2 \times 0.1}{100^2} = 2 \times 10^{-5}[\text{F}]$$

$$= 20[\mu\text{F}]$$

문제 … 22 인덕턴스 $L = 50[\text{mH}]$인 코일에 실효값 $V=100[\text{V}]$, 주파수 $f=60[\text{Hz}]$인 정현파 전압을 인가했을 때 코일에 축적되는 평균 자기에너지를 계산하라.

풀이
$$W_L = \frac{1}{2}LI^2 = \frac{1}{2}\cdot L\cdot\left(\frac{V}{2\pi fL}\right)^2$$
$$= \frac{50\times10^{-3}}{2}\left(\frac{100}{2\times3.14\times60\times50\times10^{-3}}\right)^2$$
$$\fallingdotseq 0.7[\text{J}]$$

문제 … 23 $i=3t^2+2t[\text{A}]$인 전류가 5초 동안 흘렀을 때 통과한 전 전기량을 계산하라.

풀이
$$Q=\int_0^t i\,dt=\int_0^t(3t^2+2t)\,dt$$
$$=[t^3+t^2]_0^5=150[\text{C}]$$

문제 … 24 평균 원주의 길이 50[cm], 단면적 1[cm^2]인 철재의 환상 솔레노이드가 있다. 권수 $N=600$이고, 코일에 흐르는 전류 $I=0.02[\text{A}]$일 때 환상 솔레노이드의 내부자속 $\Phi=3\times10^{-6}[\text{Wb}]$였다. 환상 솔레노이드 내부의 자속밀도, 자장의 세기 및 투자율을 계산하라.

풀이 ① 자속밀도
$$B=\Phi/A=3\times10^{-6}[\text{Wb}]/10^{-4}[\text{m}^2]$$
$$=3\times10^{-2}[\text{Wb/m}^2]$$

② 자장의 세기
$$H=Ni/l=600\times0.02[\text{A}]/0.5[\text{m}]$$
$$=24[\text{AT/m}]$$

③ 투자율
$$\mu=B/H=3\times10^{-2}[\text{Wb/m}^2]/24[\text{AT/m}]$$
$$=0.00125[\text{H/m}]$$

문제 … 25 어떤 코일에 흐르는 전류가 0.05초 사이에 0[A]로부터 5[A]로 변할 때 40[V]의 기전력이 유기되었다. 이 코일의 자기 인덕턴스는 몇 [mH]인가?

풀이 코일에 유기되는 기전력

$e=L\dfrac{di}{dt}[\text{V}]$에서 $dt=0.05[\text{sec}]$, $di=5-0=5[\text{A}]$, $e=40[\text{V}]$이므로 이것을 위 식에 대입하면 이 코일의 자기 인덕턴스가 구해진다. 즉

$$40 = L \times \frac{5}{0.05}$$

$$\therefore \ L = 40 \times \frac{0.05}{5} = 0.4[\mathrm{H}] = 400[\mathrm{mH}]$$

제 3 장

전기전자회로

[3-1] 직류회로

1. 옴의 법칙(Ohm's law)

실험에 의하면 도체에 흐르는 전류는 그 양단의 전위차(電位差)에 비례한다. 이러한 사실은 1827년 독일의 옴이 처음으로 발견하여 다음과 같이 발표하였다.

즉 "도체에 흐르는 전류는 그 도체의 두 끝에 가해지는 전압에 비례하며 그 저항에 반비례한다." 그림 3-1에서와 같이 저항 $R[\Omega]$을 갖는 회로에 기전력 $E[\mathrm{V}]$를 인가하여 전류 $I[\mathrm{A}]$가 흘렀다고 하면 옴의 법칙에 따라

$$I = E / R[\mathrm{A}] \qquad (3\text{-}1)$$

의 관계가 성립한다.

식 (3-1)을 변형하면

$$E = IR[\mathrm{V}] \qquad (3\text{-}2)$$

가 되는데, 이것은 $R[\Omega]$의 저항에 $I[\mathrm{A}]$의 전류를 흘렸을 때 $IR[\mathrm{V}]$만큼의 전압강하(Voltage drop)가 발생함을 의미한다.

식 (3-2)에서 비례상수 R은 저항이며, 저항의 역수 $\frac{1}{R}$은 도체의 전기전도(電氣傳導)의 양부(良否)를 나타내는 것으로 컨덕턴스(Conductance)라 하고 기호 G, 단위 [℧]를 사용한다.

식으로 표시하면

$$G = \frac{1}{R}[\mho] \tag{3-3}$$

이다.

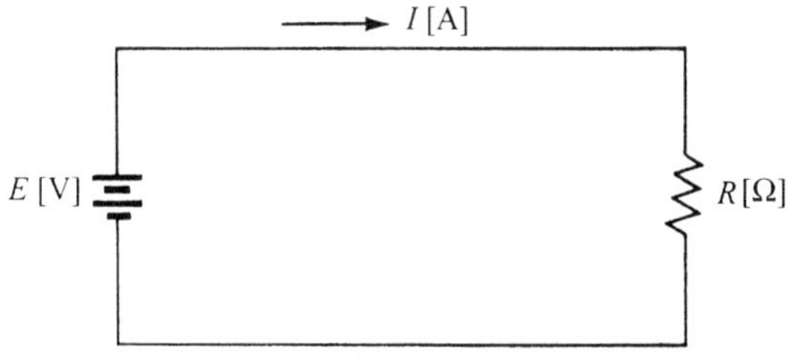

그림 3-1 | 간단한 저항회로

2. 고유저항과 온도계수

도체의 저항은 그 도체의 종류에 따라 다르며, 같은 종류의 도체에서는 그 도체의 길이 l[m]에 비례하고, 단면적 A[m^2]에 반비례한다.

이 관계를 식으로 나타내면

$$R = \rho\frac{l}{A}[\Omega] \tag{3-4}$$

이다. 여기서 ρ는 비례상수로서 도체의 종류에 따라 정해지는 **고유저항(固有抵抗; Resistivity)**이며, 단위는 $[\Omega\cdot m]$이다.

고유저항의 역수를 **도전율(導電率; Conductivity)**이라 하며 기호는 σ, 단위는 [℧/m]로 쓴다. 즉

$$\sigma = \frac{1}{\rho}[\mho/\mathrm{m}] \tag{3-5}$$

또 어떤 도체의 전기저항은 온도에 따라 다소 변한다. 온도의 변화가 그다지 크지 않을 때에는 0[℃]에서의 저항 R_0와 t[℃]에서의 저항 R_t 사이에는 다음 관계가 성립한다.

$$R_t = R_0(1+\alpha_0 t) \tag{3-6}$$

여기서 α_0를 저항의 온도계수(Temperature coefficient)라 한다.

일반적으로 도체는 온도 상승에 따라 저항값이 증가하며, 반면에 전해액(Electrolyte), 탄소(C), 반도체(Semiconductor) 등은 온도 상승에 따라 저항값이 감소한다.

3. 저항의 직렬 및 병렬연결

가. 저항의 직렬연결

그림 3-2와 같이 저항 R_1, R_2, R_3를 직렬로 연결하고, 이것에 전압 E[V]를 인가할 때 전류가 I[A] 흘렀다고 하면 다음 관계가 성립한다. 즉

$$E_1 = IR_1,\ E_2 = IR_2,\ E_3 = IR_3 \tag{3-7}$$

$$\begin{aligned} E &= E_1 + E_2 + E_3 \\ &= I(R_1 + R_2 + R_3) \end{aligned} \tag{3-8}$$

이다. 식 (3-8)을

$$E = IR \tag{3-9}$$

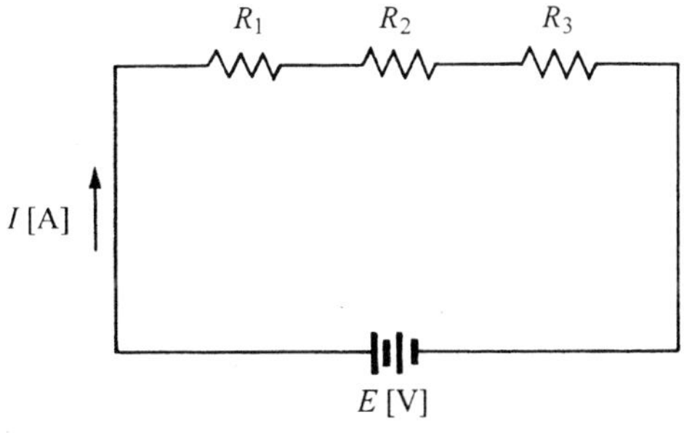

그림 3-2 | 저항의 직렬연결

라 두면

$$R = R_1 + R_2 + R_3 = \sum_{i=1}^{3} R_i \tag{3-10}$$

이 되는데 이때 R을 합성저항(合成抵抗; Resultant resistance)이라 한다.

즉 저항을 직렬로 연결하면 합성저항의 각 저항은 대수적으로 합한 것과 같다.

나. 저항의 병렬연결

그림 3-3처럼 R_1, R_2, R_3를 병렬로 연결하고 전압 E[V]를 인가하면, 각 저항의 양단에 걸리는 전압은 동일하지만, 각 저항에 흐르는 전류 I_1, I_2, I_3는 다르게 된다. 그러므로

$$I_1 = \frac{E}{R_1},\ I_2 = \frac{E}{R_2},\ I_3 = \frac{E}{R_3} \tag{3-11}$$

이 되며, 전 전류를 I라 하면

$$\begin{aligned} I &= I_1 + I_2 + I_3 \\ &= E\left(\frac{1}{R_1} + \frac{1}{R_2} + \frac{1}{R_3}\right) \end{aligned} \tag{3-12}$$

가 되고 합성저항을 R이라 하면 $I = \dfrac{E}{R}$이므로

$$\frac{1}{R} = \frac{1}{R_1} + \frac{1}{R_2} + \frac{1}{R_3} \tag{3-13}$$

이 된다.

즉 저항의 병렬연결에 있어서 합성저항의 역수(逆數)는 각 저항의 역수의 합과 같음을 알 수 있다.

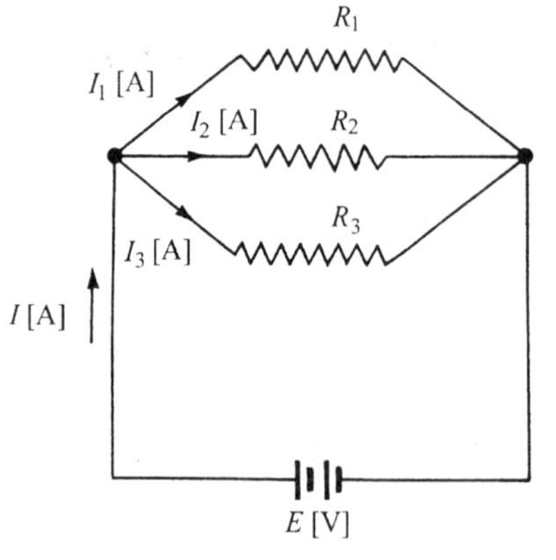

그림 3-3 | 저항의 병렬연결

4. 키르히호프의 법칙

여러 개의 도선이 그물처럼 연결되어 있는 회로망(回路網; Network)에 흐르는 전류와 여기에 존재하는 기전력 및 저항 사이의 관계를 일반적으로 나타낸 것이 키르히호프의 법칙(Kirchhoff's law)이다.

이 법칙은 1847년 독일 대학의 물리학 교수 키르히호프(Gustav Kirchhoff)에 의해서 정리된 것으로 전기회로의 해석에 많이 이용되는 중요한 법칙이며 전류법칙과 전압법칙의 두 가지로 되어 있다.

가. 키르히호프의 전류법칙(제1법칙) (Kirchhoff's current law: KCL)

어떤 순간 마디(Node)에서의 전류의 대수합(代數合)은 영(0)이다.

즉 회로 내의 임의의 한 점(마디)에 흘러 들어오는 전류의 합과 흘러 나가는 전류의 합은 같다. 이때 임의의 마디에 흘러 들어오는 전류에 (+)부호를, 그리고 나가는 전류에 (−)부호를 사용하는 것이 보통이며 그림 3-4에 키르히호프의 법칙을 적용하면 다음과 같다. 즉

$$I_1 + I_2 - I_3 + I_4 = 0$$

$$\therefore \sum I = 0 \tag{3-14}$$

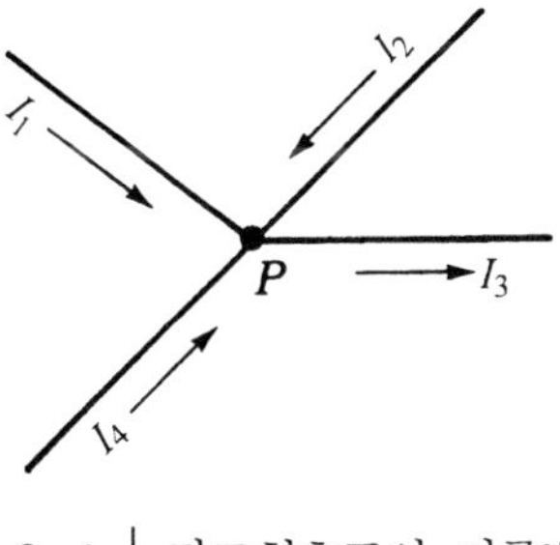

그림 3-4 | 키르히호프의 전류법칙

나. 키르히호프의 전압법칙(제2법칙) (Kirchhoff's voltage law: KVL)

하나의 폐회로(閉回路)에서 기전력(起電力)과 전압강하(Voltage drop)의 대수합은 영(0)이다.

그림 3-5와 같은 회로망에서는 3개의 루프(Loop) 즉 폐회로가 있다. a점을 출발하여 b, c, d, e, f를 통하여 다시 a점으로 되돌아오는 바깥쪽의 루프와 a, b, c, f, a로 이어지는 위쪽의 루프 그리고 f, c, d, e, f로 이어지는 아래쪽의 루프 등이다.

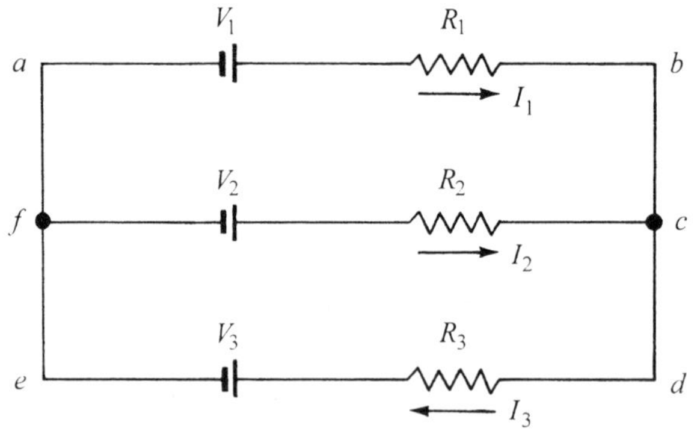

그림 3-5 | 회로망과 키르히호프의 전압법칙의 적용

루프 $abcfa$에서

$$V_1 - V_2 = I_1 R_1 - I_2 R_2 \tag{3-15}$$

이고, 루프 $fcdef$에서는

$$V_2 - V_3 = I_2 R_2 + I_3 R_3 \tag{3-16}$$

이다.

$$\therefore \sum V = \sum IR \tag{3-17}$$

로 나타낼 수 있다.

즉 회로망에서 임의의 한 루프(閉回路) 내의 기전력의 대수합과 전압강하의 대수합이 같음을 알 수 있다.

다. 키르히호프 법칙의 적용

키르히호프의 전류법칙과 전압법칙의 응용을 이해하기 위해 그림 3-6에서와 같은 회로망에서 각 저항에 흐르는 전류 i_1, i_2, i_3와 전압 V_{R1}, V_{R2}, V_{R3}를 구해보기로 한다.

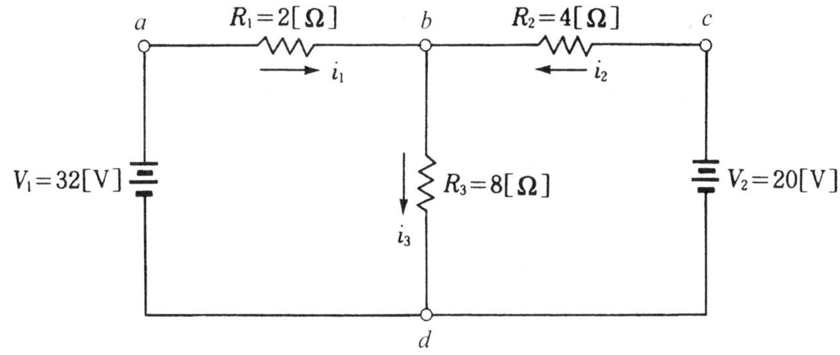

그림 3-6 | 키르히호프법칙의 응용

여기서 임의의 방향으로 정한 미지의 전류 i_1, i_2, i_3를 구하기 위해서는 3개의 방정식이 필요하며, 이들 방정식으로부터 전류값이 결정되면, 각 저항에서의 전압강하는 쉽게 구해지게 된다.

문제해결을 위해 먼저 마디(Node) b에 키르히호프의 전류법칙을 적용하면

$$\sum i_b = 0 = +i_1 + i_2 - i_3 \tag{3-18}$$

이 얻어진다.

또 폐회로 $abda$와 $bcdb$에 키르히호프의 전압법칙을 각각 적용하면

$$\begin{aligned}\sum V_{abda} &= 0 = V_{ba} + V_{db} + V_{ad} \\ &= -2i_1 - 8i_3 + 32\end{aligned} \tag{3-19}$$

$$\begin{aligned}\sum V_{bcdb} &= 0 = V_{cb} + V_{dc} + V_{bd} \\ &= +4i_2 - 20 + 8i_3\end{aligned} \tag{3-20}$$

이다. 즉

$$\begin{aligned} &i_1 + i_2 - i_3 = 0 \\ &2i_1 + 8i_3 = 32 \\ &4i_2 + 8i_3 = 20 \end{aligned} \tag{3-21}$$

인 3원 1차 연립방정식을 얻을 수 있으며, 이것을 대입법(代入法) 또는 행렬식(行列式)에 의한 해법으로 풀이하면

$$i_1 = 4[A], \quad i_2 = -1[A], \quad i_3 = 3[A]$$

가 얻어진다. 따라서 저항 R_1, R_2, R_3의 양단에 걸리는 전압은

$$V_{R1} = i_1 R_1 = 4 \times 2 = 8[V]$$
$$V_{R2} = i_2 R_2 = (-1) \times 4 = -4[V]$$
$$V_{R3} = i_3 R_3 = 3 \times 8 = 24[V]$$

가 된다.

여기서 (−)부호는 가정했던 전류 방향과 실제의 전류 방향이 반대가 됨을 의미한다. 그러므로 i_2의 전류는 가정했던 방향과 반대인 마디 b에서 마디 c쪽으로 흐르게 된다.

라. 루프 전류법(Loop current method)

그림 3-7에서 루프 전류 I_a는 폐회로 $abda$를 순환하고, I_b는 폐회로 $cbdc$를 순환하는 것으로 가정했을 때 키르히호프의 전압법칙을 적용하면 다음 식이 성립한다. 즉

$$\sum V_{abda} = 0 = -2I_a - 8(I_a + I_b) + 32$$
$$\sum V_{cbdc} = 0 = -4I_b - 8(I_a + I_b) + 20 \tag{3-22}$$

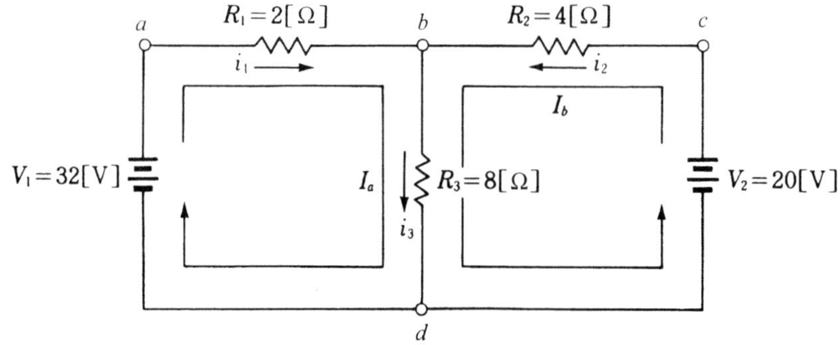

그림 3-7 | 회로망과 루프 전류

위의 식을 다시 정리하면

$$10I_a + 8I_b = 32 \tag{3-23}$$
$$8I_a + 12I_b = 20 \tag{3-24}$$

이다.

식 (3-23)과 식 (3-24)의 2원 1차 연립방정식으로부터 $I_a=4[A]$, $I_b=-1[A]$를 얻을 수 있다. 그림 3-7에서 $i_1=I_a$, $i_2=I_b$, $i_3=I_a+I_b$이므로 구하고자 하는 값은

$$i_1=4[\mathrm{A}]$$
$$i_2=-1[\mathrm{A}]$$
$$i_3=3[\mathrm{A}]$$

가 된다.

이상에서처럼 루프 전류법을 이용하면 연립방정식의 미지수를 줄이는데 도움이 됨을 알 수 있다.

마. 마디 전압법(Node voltage method)

마디(Node)라고 부르는 분기점(分岐點)에서 전류법칙을 이용하는 방법이 마디 전압법이다.

키르히호프의 전류법칙을 적용하여 전류의 마디 방정식을 세우고, 이것을 풀면 미지(未知)의 마디 전압을 알 수 있는데, 이 방법도 루프 전류법처럼 해(解)를 간단히 하는 이점이 있다.

그림 3-8에서 마디 d를 기준점으로 하면 $v_d=0$이 되며 전류법칙을 적용하면

$$\sum i_b = 0 = i_1+i_2+i_3 \tag{3-25}$$

가 되며, 각 전류는

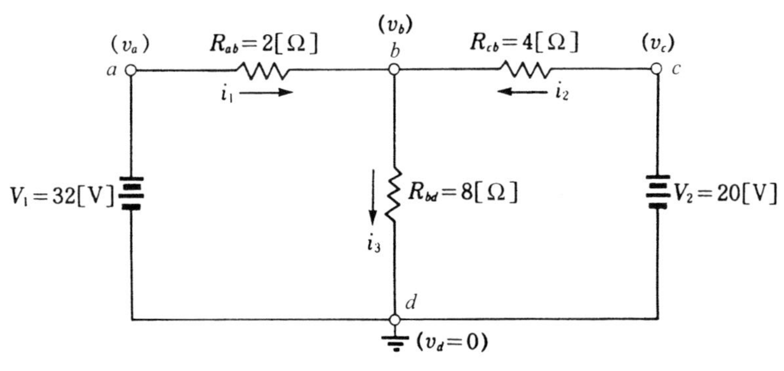

그림 3-8 | 회로망과 마디전압

$$i_1 = \frac{v_a - v_b}{R_{ab}} \tag{3-26}$$

$$i_2 = \frac{v_c - v_b}{R_{cb}} \tag{3-27}$$

$$i_3 = \frac{v_b - 0}{R_{bd}} \tag{3-28}$$

이 된다.

그림 3-8에서 $v_a = 32[V]$, $v_c = 20[V]$이므로 식 (3-25)에 식 (3-26), 식 (3-27), 식 (3-28)을 대입하면

$$\sum i_b = 0 = \frac{32 - v_b}{2} + \frac{20 - v_b}{4} - \frac{v_b - 0}{8} \tag{3-29}$$

가 되며, 양변에 8을 곱하고 미지수를 구하면

$$v_b = \frac{168}{17} = 24[V]$$

가 된다.

따라서 구하고자 하는 전류는

$$i_1 = \frac{32 - v_b}{2} = 4[A]$$

$$i_2 = \frac{20 - v_b}{4} = -1[A]$$

$$i_3 = \frac{v_b}{8} = 3[A]$$

임을 알 수 있다.

[3-2] 정현파 교류

1. 정현파 기전력의 발생과 파형

그림 3-9(a)와 같이 N극과 S극 사이에 코일 $a-a'$, $b-b'$를 $X-X'$축을 중심으로 회전시키면, 코일변 $a-a'$와 $b-b'$는 자속을 쇄교(鎖交)하므로 플레밍의 오른손 법칙에 의해 이 코일변에는 기전력(起電力)이 유기되어 전류가 A에서 B로 흐르게 된다.

그림 3-9(b)는 이같은 관계를 나타낸 것으로 II, IV의 상태에서는 기전력의 방향이 반대가 되고, I과 III의 상태에서는 기전력이 발생되지 않는다.

여기서 코일이 일정한 속도로 회전을 계속하는 동안은 $\frac{1}{2}$회전할 때마다 기전력의 방향이 바뀌는데, 이처럼 일정 시간마다 크기와 방향이 같은 변화를 되풀이하는 기전력을 교번기전력(交番起電力; Alternating electromotive force)이라 하며, 정현파형으로 변할 때 정현파(正弦波) 교번기전력이라 한다.

그림 3-9(a)에서 자극 N, S 사이의 자계를 평등자계(平等磁界)로 하고, 그 자속밀도를 B[Wb/m^2], 코일 aa' 및 bb'의 길이가 l[m]인 코일을 v[m/s]의 일정한 속도로 반시계 방향으로 회전시키면 aa'에 유기되는 기전력은 패러데이의 전자유도법칙(電磁誘導法則)에 따라

$$e_a = Blv = Blv'\sin\theta \,[\mathrm{V}] \tag{3-30}$$

이 된다.

여기서 $v = v'\sin\theta$ [m/s]는 기전력 발생에 유효한 속도이다.

또 bb'의 유기기전력 e_b는 e_a와 크기가 같고 방향이 서로 같으므로 코일 전체의 기전력을 e라 하면

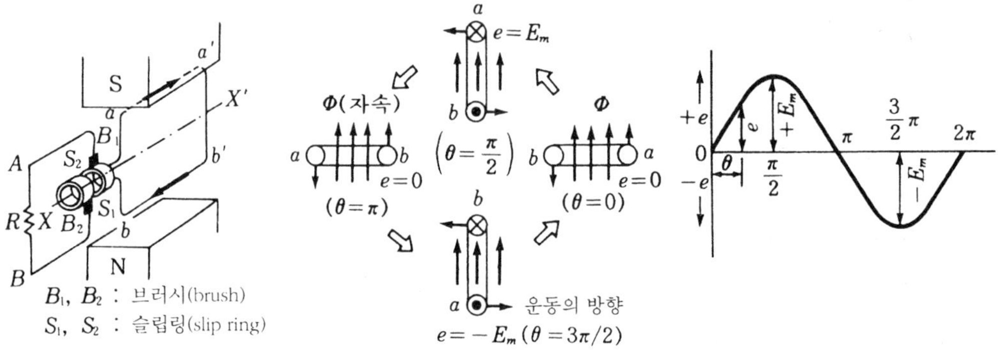

(a) 정현파 기전력의 발생 원리도 (b) 기전력의 방향 (c) 유기기전력의 파형

그림 3-9 | 정현파 기전력의 발생원리

$$
\begin{aligned}
e &= e_a + e_b = 2e_a \\
&= 2Blv' \sin\theta \\
&= E_m \sin\theta \ [\mathrm{V}] \qquad (3\text{-}31) \\
&\quad \text{단, } E_m = 2Blv' \ [\mathrm{V}]
\end{aligned}
$$

이 된다.

식 (3-31)에서 e는 기전력의 순시치(瞬時値; Instantaneous value)이며, E_m은 최대치이다.

그리고 이 코일의 각속도(角速度)를 ω[rad/sec]라 하고, 기준축을 중심으로 각 θ[rad] 회전하는데, 시간 t[sec]가 걸렸다면

$$\theta = \omega t[\mathrm{rad}] \qquad (3\text{-}32)$$

이므로 식 (3-31)은

$$e = E_m \sin \omega t[\mathrm{V}] \qquad (3\text{-}33)$$

이 된다. 식 (3-33)에서 e는 정현파이므로 정현파 기전력이라고 한다.

2. 주기와 주파수

교번전압이나 전류와 같은 교번량(交番量)이 그림 3-10과 같이 1사이클을 완성하는데 소요되는 시간을 주기(周期; Period)라 하고, 그 단위는 초(Second)로 표시한다.

그리고 1초 동안의 사이클 수를 주파수(Frequency)라 하며, 단위는 Hz(Hertz) 또는 cps(cycle per second)를 사용한다.

정현파 기전력의 주기를 T, 주파수를 f라 하면

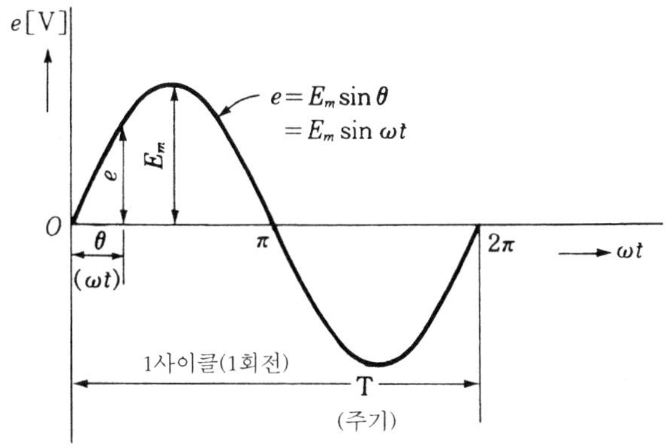

그림 3-10 | 정현파의 주기와 주파수

$$T = \frac{1}{f}\ [\text{sec}] \tag{3-34}$$

$$f = \frac{1}{T}\ [\text{Hz}] \tag{3-35}$$

가 된다.

또 1사이클은 2π[rad]이며, 코일의 각속도가 ω[rad/sec]일 때

$$T = \frac{1}{f} = \frac{2\pi}{\omega}\ [\text{sec}]\ \text{이므로}$$

$$\omega = \frac{2\pi}{T} = 2\pi f[\text{rad/sec}] \tag{3-36}$$

의 관계가 성립한다.

따라서 $\omega t = 2\pi ft$가 된다.

주) 교번량(交番量): 시간과 더불어 규칙적으로 크기와 방향이 바뀌는 양이다.

3. 위상과 위상차

하나의 전기적인 파형에 있어서 어떤 임의의 기점에 대한 상대적인 위치를 **위상(位相; Phase)**이라 한다.

정현파 $e = E_m \sin(\omega t \pm \phi)$에서는 $t = 0$을 기준으로 했을 때 위상을 나타내는 각(角) $\pm\phi$를 **위상각(位相角; Phase angle)** 또는 간단히 **위상(位相)**이라 한다.

또 동일한 각주파수(角周波數)를 갖는 두 개의 교번량에서 그 파형의 최대값(또는 최소값) 사이에서 측정한 시간의 차를 **위상차(位相差; Phase difference)**라 한다. 이때 위상차는 전기각(電氣角)으로 두 파형중 어느 한쪽 파형을 기준으로 하여도 무방하다.

그림 3-11(a)에서 두 교류의 위상이 같을 때를 동상(同相; Inphase)이라 하고, 틀릴 때를 이상(異相)이라 한다. 그림 3-11(b)에서 전류 i_1은 i_2보다 ϕ만큼 위상이 뒤지고(Lagging phase), i_3보다는 θ만큼 위상이 앞서고(Leading phase) 있다.

예로서 전류 $i = I_m \sin(\omega t + \phi)$와 전압 $e = E_m \sin(\omega t - \theta)$인 두 개의 교류파형이 있을 때 이들 사이의 위상차는 다음과 같이 구할 수 있다. 즉

$$(\omega t + \phi) - (\omega t - \theta) = \phi + \theta \tag{3-37}$$

이다.

4. 정현파 교류의 크기 표시

직류와는 달리 교류는 시시각각으로 크기가 변한다. 정현파 교류의 크기를 나타내는 데는 일반적으로 순시치, 최대치, 평균치, 실효치, 파형률, 파고율 등의 용어가 사용되고 있다.

가. 순시치(瞬時値; Instantaneous value)

시간과 더불어 변화하는 양의 임의의 시각에 있어서의 값을 말한다.

예를 들면 유기 기전력의 최대치를 E_m, 각주파수를 ω라 할 때 임의의 시각 t에 있어서의 교번 기전력의 순시치 e는

$$e = E_m \sin \omega t [\mathrm{V}]$$

로 나타내며, 전류의 경우는 i로 나타낸다.

나. 최대치(最大値: Maximum value)

한 주기(cycle)를 이루는 과정 중 가장 큰 값을 최대치 또는 진폭(振幅; Amplitude)이라 한다. 최대값으로 전압은 E_m, 전류는 I_m으로 나타낸다.

다. 평균치(平均値: Average value or Mean value)

교류의 크기를 표시할 때 순시치로 나타내면, 그 값이 시간적으로 변화하고, 또 최대치로 표시하면 그 파형의 차이에 영향을 끼치므로 불편하다.
따라서 각 순시치의 평균으로 나타내는 방법을 생각할 수 있다.
그런데 정현파 교류의 경우 1주기 중 (+)측과 (−)측이 같은 파형인 소위 대칭파(對稱波)이므로 1주기(cycle)에 대하여 평균을 취하면 그 값이 영(0)이 되기 때문에 일반적으로 교류의 반주기(Half-cycle) 동안의 순시치의 평균을 **평균치**로 하고 전압은 E_{av}, 전류는 I_{av}로 나타낸다. 순시치가 i인 전류의 평균치를 I_{av}라 하면

$$I_{av} = \frac{1}{T/2}\int_0^{T/2} i\,dt \tag{3-38}$$

(단, T: 주기)

이다.

지금 순시치를 $i = I_m \cos \omega t$라 하면 전류의 평균치는 식 (3-38)에 따라

$$\begin{aligned} I_{av} &= \frac{2I_m}{T}\int_0^{T/2} \cos \omega t\,dt \\ &= \frac{2}{\pi} I_m = 0.636\, I_m \end{aligned} \tag{3-39}$$

가 된다. 같은 방법으로 전압의 평균치도 $E_{av} = \frac{2}{\pi}E_m$이 얻어진다.

이상에서 정현파 교류에서의 평균치는 최대치의 $\frac{2}{\pi}$배(63.6%)가 됨을 알 수 있다.

라. 실효치(實效値; Effective value or rms value)

평균치가 동일한 교류를 동일한 저항에 통해도 그 파형이 같지 않을 경우에는 발열량이 다를 때가 많다. 그래서 전류의 발열작용(發熱作用)에 대해서는 평균치가 쓰이지 않고, 실효치가 쓰이며 I_{eff} 또는 I_{rms} 등으로 나타낸다.

전류의 실효치는 순시치의 제곱의 평균의 제곱근(Root-mean-square value: rms)으로 정의된다. 즉

$$I_{eff} = I_{rms} = \sqrt{\frac{1}{T}\int_0^T i^2 dt} \tag{3-40}$$

이다. 여기서 전류의 순시치를 $i = I_m \cos \omega t$라 하면

$$\begin{aligned} I_{rms} &= \sqrt{\frac{1}{T}\int_0^T I_m^2 \cos^2 wt dt} \\ &= \frac{1}{\sqrt{2}} I_m = 0.707\, I_m \end{aligned} \tag{3-41}$$

(단, $\cos^2 \omega t = \frac{1}{2}(1 + \cos 2\omega t)$ 및 $\omega = \frac{2\pi}{T}$ 이용)

이 된다.

식 (3-41)에서 정현파 교류에서의 실효치는 최대치의 $\frac{1}{\sqrt{2}}$배(70.7%)이다.

주) 교류 전압계나 교류 전류계에 의해서 측정된 값은 모두 실효치를 나타내는 값들이다.

마. 파고율과 파형률

주기파(周期波)에서 **파고율(波高率; Crest factor)**은 최대치와 실효치와의 비(比)이며 **파형률(波形率; Form factor)**은 실효치와 평균치의 비율이다.

정현파에 대하여 나타내면 이들의 값은 다음과 같다.

$$(1)\ \text{파고율} = \frac{\text{최대치}}{\text{실효치}} = \sqrt{2} = 1.414 \tag{3-42}$$

$$(2)\ \text{파형률} = \frac{\text{실효치}}{\text{평균치}} = \frac{\pi}{2\sqrt{2}} = 1.11 \qquad (3\text{-}43)$$

파고율과 파형률은 교류발전기의 설계나 고압시험 등에 다소 쓰인다.

5. 교번량의 페이저 표시

시간에 따라 연속적으로 변화하는 정현파 전압이나 전류를 포함하는 전기회로나 전자회로를 해석하는 경우에 키르히호프의 법칙을 사용해서 두 개 이상의 위상(位相)이 서로 다른 정현파를 합성하는 경우 3각함수(三角函數)를 이용해서 합성하는 방법과 그림 3-11처럼 그래프 상에서 합성파를 그리는 도해적(圖解的) 합성법 등을 생각할 수 있다.

전자는 계산이 다소 복잡하며, 후자는 시간이 많이 걸리고 정확성을 기하기 어려운 결점이 있다. 따라서 함수를 적당한 복소수함수(複素數函數)로 변환하여 복소수(複素數)의 연산을 이용하면 편리하다.

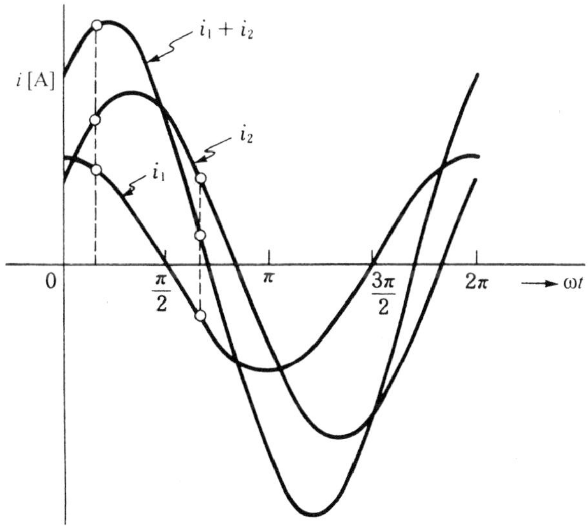

그림 3-11 | 정현파의 도해적 합성

가. 복소평면과 복소수

실수축(實數軸)과 허수축(虛數軸)으로 구성되는 평면을 **복소평면(複素平面)**이라 하며, 복소평면상에서 실수(實數; Real number)와 허수(虛數; Imaginary number)의 조합은 이 평면 내에서 하나의 점을 결정하는데 이 수를 **복소수(複素數**; Complex number)라 한다.

나. 복소수의 여러 가지 표현

그림 3-12에서 주어진 복소수 **W**의 크기를 M, 편각(偏角)을 θ라 하면

$$M = \sqrt{a^2 + b^2}, \ \theta = \tan^{-1}\frac{b}{a}, \ a = M\cos\theta, \ b = M\sin\theta$$

인 관계가 있으며 복소수 **W**는 다음과 같은 여러 가지 형태로 표현할 수 있다.

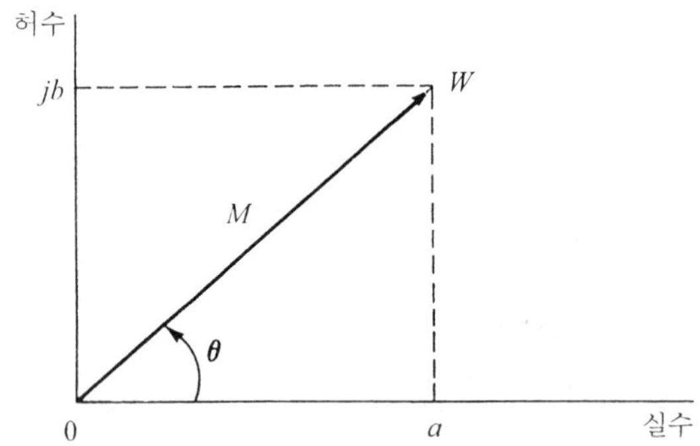

그림 3-12 | 복소평면과 복소수

(1) 직각좌표형(直角座標形; Rectangular form)

$$\mathbf{W} = a + jb \tag{3-44}$$

(2) 3각함수형(三角函數形; Trigonometic form)

$$\mathbf{W} = M(\cos\theta + j\sin\theta) \tag{3-45}$$

(3) 지수함수형(指數函數形; Exponential form)

오일러(Euler)의 정리(定理)를 사용하면

$$\cos\theta + j\sin\theta = e^{j\theta} \tag{3-46}$$

이므로

$$\mathbf{W} = Me^{j\theta} \tag{3-47}$$

이다.

(4) 극좌표형(極座標形; Polar form or Steinmetz form)

$$\mathbf{W} = M\angle\theta \tag{3-48}$$

위의 복소평면에서 허수축상의 길이는 $j(j=\sqrt{-1})$라는 연산자(演算子; Operator)를 사용하여 표시하는데, 이 연산자 j는 반시계 방향으로 90° 회전시키는 것을 의미한다.

jj는 180°, jjj는 270° 반시계 방향으로 회전시키는 연산을 의미한다.

다. 페이저(Phasor)

복소수 $\mathbf{W}=Me^{j\theta}$는 복소평면상에서 일정한 반경으로 표시 가능하며 만일 이 반경으로 나타낸 선이 각속도(角速度) ω로 회전한다면 **W**는 시간의 복소함수(複素函數)가 된다. 즉

$$\mathbf{W}(t) = Me^{j(\omega t+\theta)} \tag{3-49}$$

이다.(그림 3-13 참조)

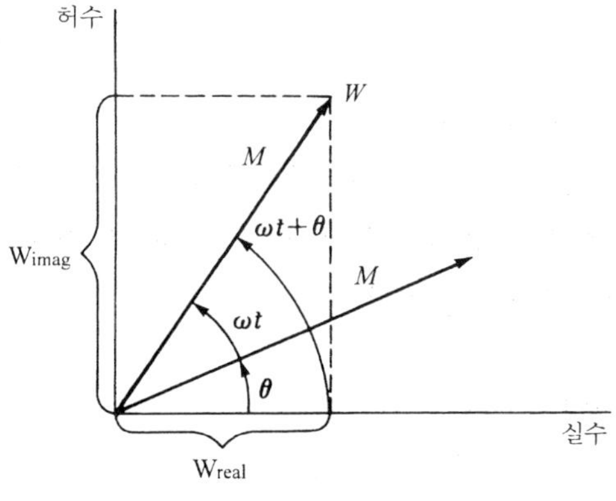

그림 3-13 | 시간의 복소함수

이때 이 선분의 실수축과 허수축에 대한 투영(投影)은 각각

$$W_{real}(t) = M\cos(\omega t + \theta) \qquad (3\text{-}50)$$

$$W_{imag}(t) = M\sin(\omega t + \theta) \qquad (3\text{-}51)$$

이 되며, 이들 중에서 통상 실수축의 성분 W_{real}이 이용된다.

만약 전압의 순시치가 시간에 대한 3각함수

$$v(t) = V\cos(\omega t + \theta) \qquad (3\text{-}52)$$

로 주어졌을 경우에 $v(t)$는 복소함수의 실수부(實數部)로 나타낼 수 있다. 즉

$$v(t) = R_e\{Ve^{j(wt+\theta)}\} = R_e\{(Ve^{j\theta})(e^{jwt})\} \qquad (3\text{-}53)$$

이다.

식 (3-53)에서 $(Ve^{j\theta})$는 복소상수(複素常數)이고, (e^{jwt})는 시간에 따라 복소평면을 회전하는 함수를 나타낸다.

여기서 복소상수 $Ve^{j\theta}$를 페이저(Phasor)로 정의한다.

따라서 페이저

$$\mathbf{V} = Ve^{j\theta} = V\angle\theta \qquad (3\text{-}54)$$

로 쓸 수 있다.

이상에서 페이저는 시간의 복소함수를 복소상수로 바꾼 것으로 크기(진폭)와 위상각(位相角)으로 표시됨을 알 수 있다.

라. 복소대수(複素代數)의 연산

정현파 교류를 페이저로 표시하면 이들의 계산은 복소수의 연산이 되기 때문에 시간에 대한 3각함수로 표시하여 계산하는 것보다 훨씬 편리하게 된다.

예로서 두 개의 복소수를 각각

$$A = a + jb = Ae^{j\alpha} = A\angle\alpha \qquad (3\text{-}55)$$

$$C = c + jd = Ce^{j\beta} = C\angle\beta \qquad (3\text{-}56)$$

이라 할 때 가감승제 연산이 가능하게 된다.

(1) 덧셈과 뺄셈

복소수의 덧셈과 뺄셈은 직각좌표형을 사용하는 것이 쉽고 편리하다. 실수부는 실수부끼리, 허수부는 허수부끼리 합과 차를 다음과 같이 구한다.

$$\mathbf{A}+\mathbf{C}=(a+c)+j(b+d) \tag{3-57}$$

$$\mathbf{A}-\mathbf{C}=(a-c)+j(b-d) \tag{3-58}$$

(2) 곱셈

지수함수나 극좌표형식으로 나타낸 두 복소수의 곱셈은 다음 식에서처럼 크기(절대값)는 서로 곱하고, 편각은 서로 합한다.

$$\begin{aligned}\mathbf{A}\cdot\mathbf{C}&=(Ae^{j\alpha})(Ce^{j\beta})=A\cdot Ce^{j(\alpha+\beta)}\\&=A\cdot C\angle(\alpha+\beta)\end{aligned} \tag{3-59}$$

(3) 나눗셈

지수함수나 극좌표형식으로 나타낸 두 복소수의 나눗셈은 크기는 서로 나누고, 편각은 서로 뺀다.

$$\frac{\mathbf{A}}{\mathbf{C}}=\frac{Ae^{j\alpha}}{Ce^{j\beta}}=\frac{A\angle\alpha}{C\angle\beta}=\frac{A}{C}\angle(\alpha-\beta) \tag{3-60}$$

(4) 제곱과 제곱근

다음과 같이 한다.

$$\mathbf{A}^n=(Ae^{j\alpha})^n=A^ne^{jn\alpha}=A\angle n\alpha \tag{3-61}$$

$$\mathbf{A}^{\frac{1}{n}}=(Ae^{j\alpha})^{\frac{1}{n}}=A^{\frac{1}{n}}e^{j\frac{\alpha}{n}}=A^{\frac{1}{n}}\angle\frac{\alpha}{n} \tag{3-62}$$

[3-3] 교류회로

1. 저항회로

그림 3-14(a)와 같이 저항 $R[\Omega]$만이 존재하는 회로에 정현파 교류전압

$$v = V_m \sin\omega t = \sqrt{2}\, V \sin\omega t \ [\mathrm{V}] \tag{3-63}$$

을 인가하면, 회로에 흐르는 전류는

$$i = \frac{v}{R} = \frac{V_m}{R} \sin\omega t \ [\mathrm{A}] \tag{3-64}$$

가 되며, $I_m = \dfrac{V_m}{R}$이라 하면 식 (3-64)에서

$$i = I_m \sin\omega t \ [\mathrm{A}] \tag{3-65}$$

가 된다.

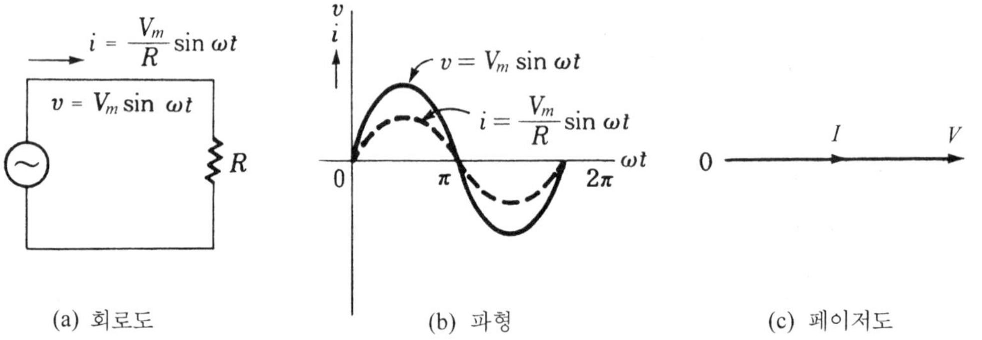

그림 3-14 | 저항회로

즉 정현파 교류전압을 저항만의 회로에 인가했을 때 흐르는 전류는 역시 정현파이고, 식 (3-63)과 식 (3-65)에서 전압 v와 전류 i는 위상차가 없으므로 **동상(同相; Inphase)**임을 알 수 있다.

2. 인덕턴스 회로(誘導性回路)

그림 3-15(a)와 같이 인덕턴스(Inductance) L[H]만이 있는 회로에 정현파 전압을 인가하면, 회로에 흐르는 전류가 시간적으로 변화하므로 인덕턴스 L에 역기전력(逆起電力; Counter emf)이 유기되어 전류변화(電流變化)를 방해하게 된다.

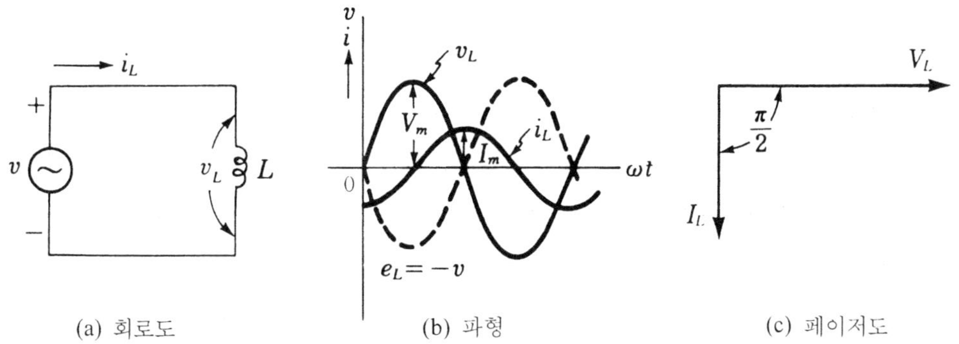

그림 3-15 | 인덕턴스 회로

이때에 전류 i_L이 회로를 흐르기 위해서는, 인덕턴스 L[H]에 유기되는 역기전력 e_L과 인가전압 v가 평형이 되어야 하므로

$$v = -e_L = -L\frac{di_L}{dt} \text{ [V]} \tag{3-66}$$

이다.

지금 인가전압을 식 (3-63)에서와 같이 $v = V_m \sin\omega t$라 하면 식 (3-66)으로부터

$$V_m \sin\omega t = L\frac{di_L}{dt} \tag{3-67}$$

이 되며 전류는

$$\begin{aligned} i_L &= \frac{V_m}{L}\int \sin\omega t\, dt \\ &= -\frac{V_m}{\omega L}\cos\omega t \\ &= \frac{V_m}{\omega L}\sin\left(\omega t - \frac{\pi}{2}\right) \text{ [A]} \end{aligned} \tag{3-68}$$

이 된다.

여기서 $I_m = \dfrac{V_m}{\omega L}$이라 두면 식 (3-68)에서

$$i_L = I_m \sin\left(\omega t - \frac{\pi}{2}\right) \text{ [A]} \tag{3-69}$$

이다. 그리고 식 (3-68)에서 ωL은

$$X_L = \omega L = 2\pi f \cdot L \ [\Omega] \tag{3-70}$$

으로 나타내어지는 유도리액턴스(Inductive reactance)이다.

이상의 식 (3-69)에서 인덕턴스만의 회로에서는 전압과 전류는 동일 주파수의 정현파이며, 전류는 전압보다 위상(位相)이 $\frac{\pi}{2}$만큼 늦으며, 식 (3-70)에서 유도리액턴스 X_L은 주파수 f가 높을수록 커지고, 인덕턴스 L이 클수록 그 값이 커짐을 알 수 있다.

3. 커패시턴스 회로(容量性回路)

그림 3-16(a)처럼 커패시턴스 C[F]만이 존재하는 회로에 정현파 전압 $v = V_m \sin\omega t$[V]를 인가하면 콘덴서에는 전하(電荷)

$$q = C_v = C \cdot V_m \sin\omega t \text{ [C]} \tag{3-71}$$

이 축적되며, 그 양 끝에 전위차가 생기게 된다. 이때 전하 q[C]은 전압에 비례하여 정현적(正弦的)으로 변화하게 된다.

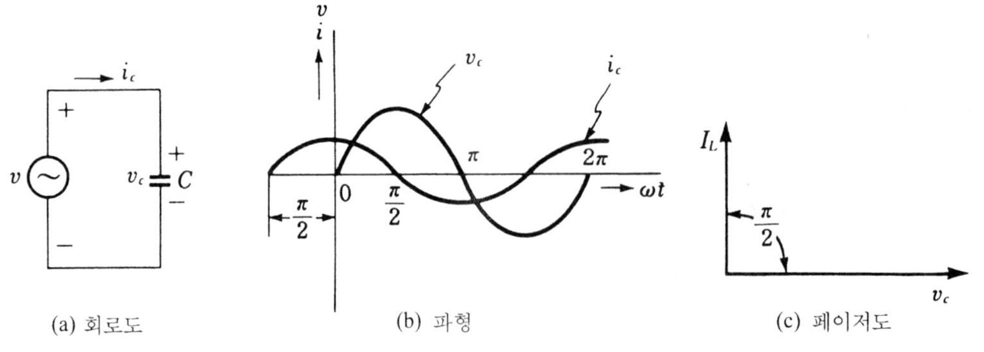

그림 3-16 | 커패시턴스 회로

그리고 콘덴서에 흐르는 전류 i_c는 전하 q의 시간적 변화율(變化率)과 같으므로

$$i_c = \frac{dq}{dt} = \omega C V_m \cos \omega t = \omega C V_m \sin\left(\omega t + \frac{\pi}{2}\right) \text{ [A]} \tag{3-72}$$

이며,

$$I_m = \omega C V_m = \frac{V_m}{1/\omega C} \tag{3-73}$$

이라 놓으면

$$i_c = I_m \sin\left(\omega t + \frac{\pi}{2}\right) \tag{3-74}$$

가 된다.

따라서 커패시턴스만의 교류회로에서는 전압과 전류가 동일한 주파수의 정현파이며, 식 (3-74)에서 보는 것처럼 **전류는 전압보다 위상이 $\frac{\pi}{2}$만큼 앞섬**을 알 수 있다.

$$X_c = \frac{1}{\omega C} = \frac{1}{2\pi f C} \text{ } [\Omega] \tag{3-75}$$

의 관계가 성립하는데, X_c는 커패시턴스회로의 전류를 제한하는 일종의 교류저항으로 **용량리액턴스(Capacitance reactance)**라 하며 단위는 저항이나 유도리액턴스와 마찬가지로 $[\Omega]$으로 나타낸다.

용량리액턴스 X_c는 주파수 f와 커패시턴스 C에 반비례한다.

[3-4] 회로망 해석

저항, 코일, 콘덴서 등의 각종 소자들이 직렬, 병렬 혹은 직·병렬로 조합된 전기전자회로를 **회로망(回路網; Network)**이라 한다.

이러한 회로망에는 그 내부에 전원을 갖는 능동회로망과 전원을 갖지 않는 수동회로망이 있으며, 그리고 선형소자(線型素子)만으로 구성되는 선형회로망과 비선형소자를 가지는 비선형회로망 등이 있다.

1. 테브난의 정리(Thevenin's theorem)

프랑스의 기사 M. L. Thevenin의 이름을 따서 만든 정리로서, 어떤 회로에서의 전압을 간략화시키는데 대단히 유용한 것이다.

이 정리에 의하면, 많은 전원과 소자들이 어떻게 접속되었는가에 관계없이 그림 3-17처럼 테브난 정리는 단자 *a*와 *b*를 갖는 임의의 회로망은 1개의 전압원 V_{Th}와 이것에 직렬로 연결된 1개의 등가저항(等價抵抗) R_{Th}로 대치될 수 있다.

여기서 V_{Th}는 단자 a와 b 사이의 개방회로전압(Open circuit voltage)으로서, 이 전압은 a와 b 단자를 개방시킨 상태에서 a, b 두 단자에 나타나는 전압이며, R_{Th}는 모든 전원을 제거했을 때 단자 a와 b 사이에서 측정되는 개방회로 저항으로 a, b 단자에서 회로망 쪽을 보았을 때 측정되는 저항이다.

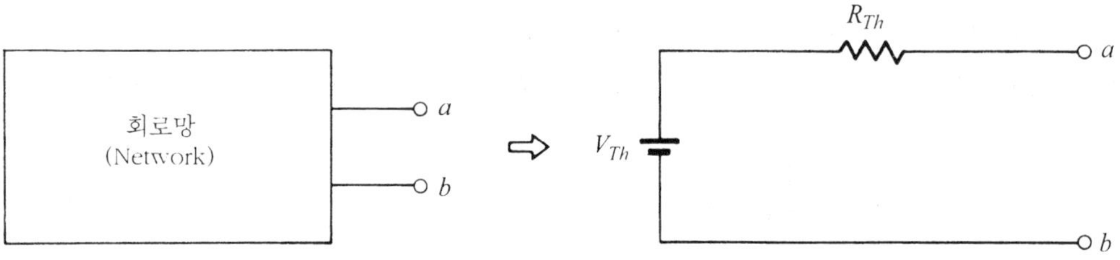

그림 3-17 | 테브난 등가회로에의 변환

어떤 회로망에서 임의의 부하저항(負荷抵抗) R_L에 걸리는 전압과 전류 I_L을 구하고자 할 때 테브난의 정리(Thevenin's theorem)를 적용하여 회로망을 해석하는 절차는 다음과 같다.

(i) 본래의 회로에서 부하저항 R_L을 일단 분리시킨다.
(부하저항 양쪽을 가위로 자른 것으로 생각함). 그리고 단자 a, b 양단의 개방회로 전압 V_{Th}를 구한다.

(ii) 전원을 단락(短絡)시킨 후 R_{Th}를 구한다.

(iii) V_{Th}와 R_{Th}를 가지고 테브난의 등가회로를 그린다.
이때 V_{Th}와 R_{Th}는 직렬로 연결한다.

(iv) 부하저항 R_L을 다시 연결한다.
전압분배기(Voltage divider) 공식에 따라 V_L을 구한다.

(v) 부항저항 R_L에 흐르는 전류 I_L을 구한다.

예제 3-1

그림 3-18(a)와 같은 부하저항 $R_L = 2[\Omega]$인 회로망에서 R_L의 양단에 걸리는 전압 V_L과 전류 I_L을 테브난 정리를 이용하여 구하라.

풀이 ① 테브난 정리를 적용하기 위해 본래의 회로 그림 3-18(a)에서 부하저항 $R_L = 2[\Omega]$ 양단을 가위로 잘라 그림 3-18(b)처럼 만든 후 V_{Th}를 구해보면 그림 3-18(b)에서 R_2에 걸리는 전압은 단자 a와 b 사이에 걸리는 개방회로 전압으로서 V_{R2}가 V_{ab}가 되며, 이 V_{ab}는 테브난 등가회로에서 필요한 전압 V_{Th}이다.

즉 $V_{R2} = V_{ab} = V_{Th}$ 이다.

따라서 V_{Th}는 전압분배공식에 따라

$$V_{Th} = V \times \frac{R_2}{R_1 + R_2} = 36 \times \frac{6}{3+6} = 24[\text{V}]$$ 이다.

② 그림 3-18(c)처럼 전원을 단락시키면 R_1과 R_2는 병렬 연결되어 있으므로 합성 등가저항

$$R_{Th} = \frac{R_1 \cdot R_2}{R_1 + R_2} = \frac{3 \times 6}{3+6} = 2[\Omega]$$ 이다.

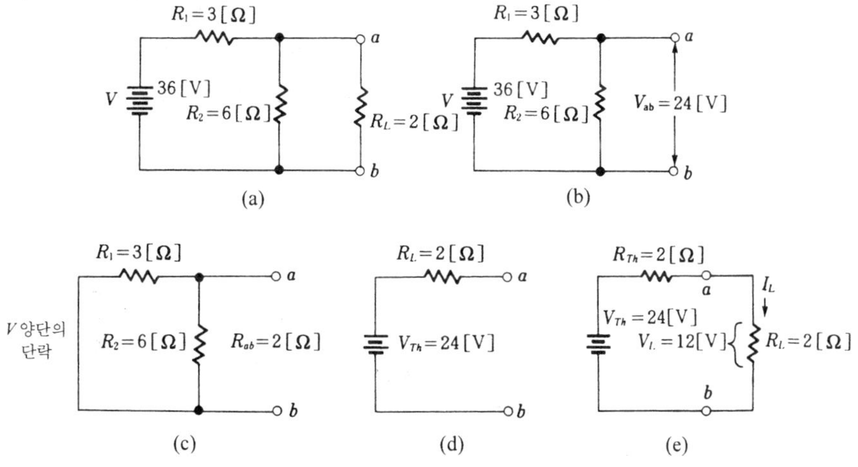

그림 3-18 | 테브난 정리에 의한 회로 해석

③ 2개의 개방단자 a, b 양단의 개방회로 전압 V_{Th}의 값과 등가저항 R_{Th}를 구했으므로 그림 3-18(d)와 같이 테브난의 등가회로로 나타낼 수 있다.

④ 그림 3-18(e)와 같이 V_L과 I_L을 구하기 위해 테브난의 등가회로의 a, b 단자에 R_L을 다시 접속시키면 V_L은 전압분배공식에 의거

$$V_L = V_{Th} \cdot \frac{R_L}{R_{Th} + R_L} = 24 \times \frac{2}{2+2} = 12$$

가 되며, I_L은 ohm의 법칙에 따라

$$I_L = \frac{V_L}{R_L} = \frac{12}{2} = 6[\text{A}]$$

가 된다.

2. 노오튼의 정리(Norton's theorem)

이 정리는 전압 대신에 전류로서 회로망을 간략화시키는데 사용된다.

다시 말해서 하나의 전류원(電流源)이 있는 간단한 병렬회로(竝列回路)로 회로망을 간략화하는데 사용되는 정리이다.

따라서 노오튼의 정리를 이용하면 그림 3-19와 같이 단자 a와 b를 갖는 임의의 회로망이 하나의 전류원 I_N과 이것에 병렬로 연결된 하나의 저항 R_N으로 대치(代置)될 수 있다.

여기서 I_N은 개방단자를 단락시켰을 때의 전류이며, R_N은 모든 전원을 제거했을 때의 개방단자간의 저항이다. 테브난의 정리에서처럼 어떤 회로망에서 임의의 부하저항 R_L에 걸리는 전압과 전류를 구하고자 할 때 노오튼의 정리를 적용하여 회로망을 해석하는 절차는 다음과 같다.

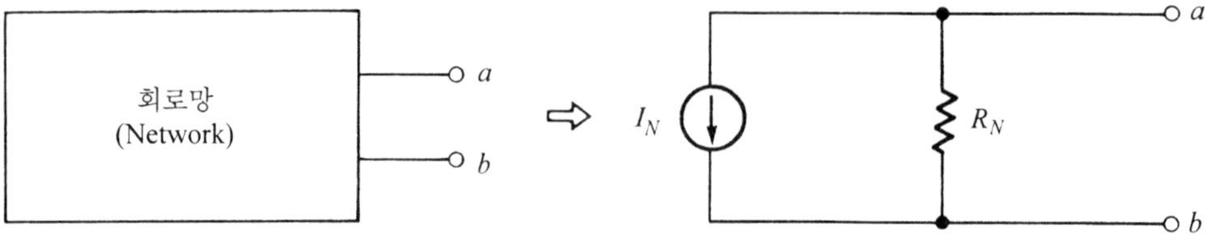

그림 3-19 | 노오튼 등가회로에의 변환

(i) 부하단(負荷端)이 있는 회로부분을 단락(短絡; Short)시킨다.
그리고 단락회로 전류 I_N을 구한다.

(ii) 전원을 단락(短絡)시킨 후 등가저항 R_N을 구한다.

(iii) 노오튼의 등가회로(等價回路)를 그린다.

(iv) I_L과 V_L을 구하기 위해 부하회로를 연결한다.

(v) 전류분류기(Current divider) 공식에 따라 I_L을 구하고 Ohm의 법칙에 따라 V_L을 구한다.

예제 3-2

그림 3-18(a)와 동일한 회로망을 노오튼의 정리를 이용하여 부하저항 $R_L = 2[\Omega]$의 양단에 걸리는 전압 V_L과 전류 I_L을 구하라.

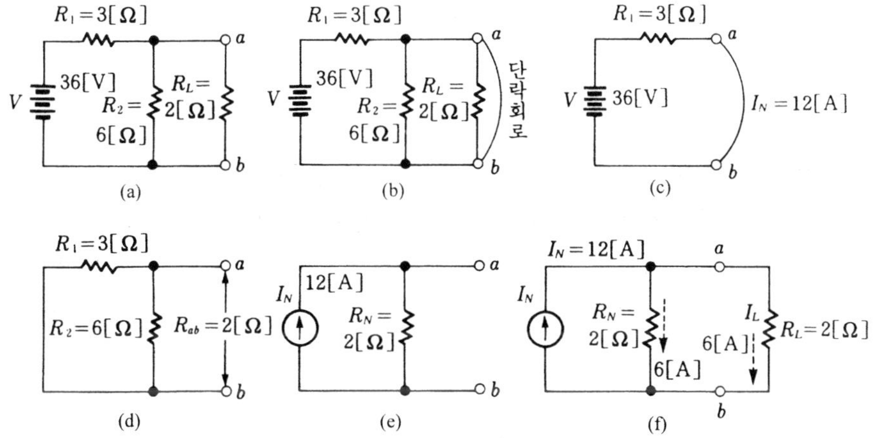

그림 3-20 | 노오튼 정리에 의한 회로 해석

풀이 ① 노오튼의 정리를 적용하기 위하여 그림 3-20(a)에서 부하저항 $R_L = 2[\Omega]$의 양단자 a, b를 그림 3-20(b)처럼 단락시키면 그림 3-20(C)가 된다. 이때 a, b를 단락시키면 병렬로 연결된 R_L과 R_2가 모두 단락된다.
따라서 단락회로의 전류

$$I_N = \frac{V}{R_1} = \frac{36}{3} = 12[\text{A}]$$

이다.

② 개방단자간의 저항 R_N을 구하기 위해 단자 a, b를 개방시키고, 전원을 단락시키면 그림 3-20(d)가 되며, R_1과 R_2가 병렬로 연결되어 있으므로

$$R_N = \frac{R_1 \cdot R_2}{R_1 + R_2} = \frac{3 \times 6}{3+6} = 2[\Omega]$$

이다.

③ I_N과 R_N을 가지고 등가회로를 그리면 그림 3-20(e)가 된다. 이때 전류원(電流源) I_N의 화살표는 그림 3-20(e)의 회로와 같이 단자 a에서 b로 흐르는 전류의 방향을 나타낸다.

④ 그림 3-20(f)처럼 노오튼의 등가회로의 a, b 단자에 R_L을 다시 연결하면 부하저항에 흐르는 전류 I_L은 분류기(current divider)에 의거하여

$$I_L = I_N \cdot \frac{R_N}{R_N + R_L} = 12 \times \frac{2}{2+2} = 6[\mathrm{A}]$$

가 된다.

그리고 부하저항의 양단 간의 전압은

$$V_L = I_L \cdot R_L = 6 \times 2 = 12[\mathrm{V}]$$

가 된다.

이상에서 테브난의 정리는 임의의 회로망을 전압원과 직렬저항으로 나타낼 수 있고, 반면에 노오튼의 정리는 동일한 회로망을 전류원과 병렬저항으로 나타낼 수 있다.

이것이 테브난의 형태에서 노오튼의 형태로 직접 변환이 가능하며, 또한 역으로 변환하는 것도 가능함을 의미한다. 이들 상호 등가변환 관계는 그림 3-21과 같다.

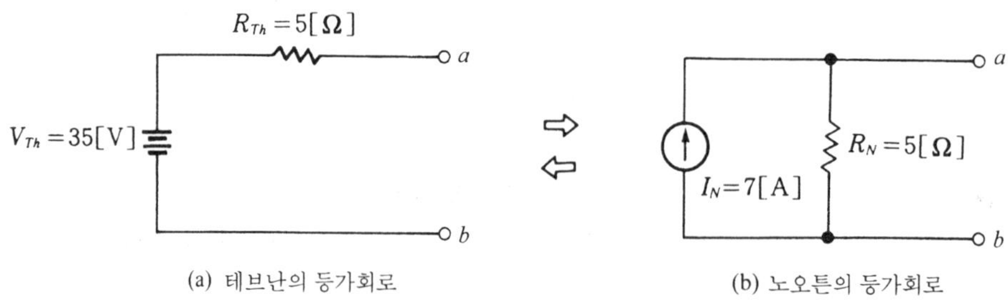

그림 3-21 | 테브난과 노오튼 등가회로간의 상호 등가변환

3. 중첩(重疊)의 원리(Principle of superposition)

이것은 한 번에 한 개씩의 전원을 고려하여 모든 전원의 결과를 중첩하는 것이다.

만일 원인과 결과가 선형적(線形的)인 관계를 가지고 있을 때, 어떤 시간에 몇 개의 원인이 동시에 작용했다면 전체의 결과는 각각의 원인에 의한 결과의 합과 같다고 말할 수 있다. 이처럼 2개 혹은 그 이상의 전원을 갖는 하나의 회로망에서 어떤 소자(素子)에 대한 전류나 혹은 전압은 각 전원을 일시 분리시켜 각각의 전압과 전류를 구한 것의 대수적(代數的)인 합이 된다. 이때 한 전원에 대한 계산을 할 때 다른 전원은 전압원(電壓源)인 경우에는 회로를 단락시키고, 전류원(電流源)인 경우에는 회로를 개방시켜 일시적으로 제거시킨다.

그림 3-22(a)에서 Z_2에 흐르는 전류 I_2는 중첩의 원리에 의해 I를 제거했을 때(개방회로로 대치)의 전류 I_V(그림 3-22(b) 참조)와 전압원 V를 제거했을 때(단락회로로 대치)의 전류 I_I(그림 3-22(c) 참조)의 합으로 생각할 수 있다.

즉

$$I_2 = I_V + I_I \tag{3-76}$$

또

$$I_V = V/(Z_1 + Z_2) \tag{3-77}$$

$$I_1 = IZ_1/(Z_1 + Z_2) \tag{3-78}$$

이다.

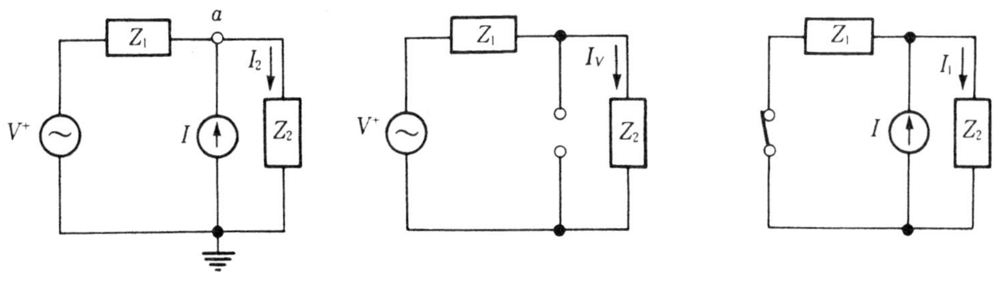

(a) 두 전원 (b) 전압원 (c) 전류원

그림 3-22 | 중첩의 원리 설명도

예제 3-3

그림 3-23에서 6[Ω]의 부하가 두 개의 전지에 병렬 연결되어 있을 때 전지 B에서 공급되는 전류를 계산하라.
단, 전지 A는 기전력 42[V]이고 내부저항이 12[Ω]이며, 전지 B는 기전력이 35[V]이고 내부저항이 3[Ω]이다.

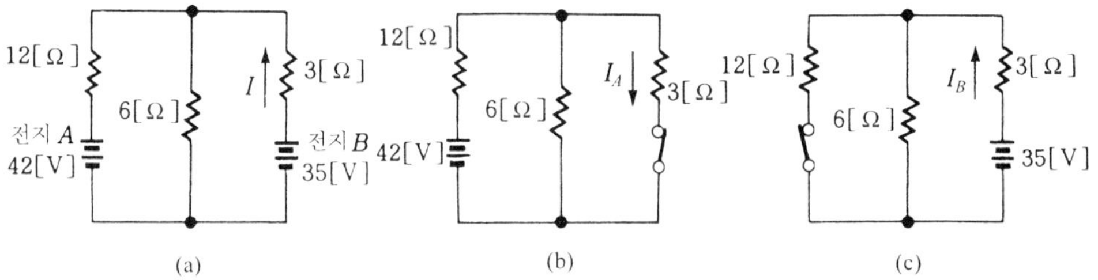

그림 3-23 | 중첩원리의 응용

풀이 ① 중첩의 원리로부터 그림 3-23에서

$$I = I_A + I_B$$

이다. 따라서 35[V]의 전원을 제거하면 전지 A에 의한 전류성분 I_A는

$$I_A = \left(\frac{42}{12 + \frac{3\times 6}{3+6}}\right) \times \frac{6}{6+3} = 2[\text{A}] \quad (\text{아래쪽 방향})$$

이다.

② 42[V]의 전원을 제거하면 전지 B에 기인한 전류성분 I_B가 구해진다.

$$I_B = \left(\frac{35}{3 + \frac{6\times 12}{6+12}}\right) = 5[\text{A}] \quad (\text{위쪽 방향})$$

③ 따라서 구하고자 하는 전류는

$$I = -I_A + I_B = -2 + 5 = 3[\text{A}] \quad (\text{위쪽 방향})$$

이다.

4. T형과 π형의 등가변환(等價變換)

그림 3-24는 T형 또는 Y형 회로라 하고, 그림 3-25는 π형 또는 △형 회로라 한다. 우리가 이러한 회로망을 해석할 때 T형(Y형)과 π형(△형)을 상호 등가변환함으로써 해(解)를 쉽게 구할 수 있는 경우가 많다.

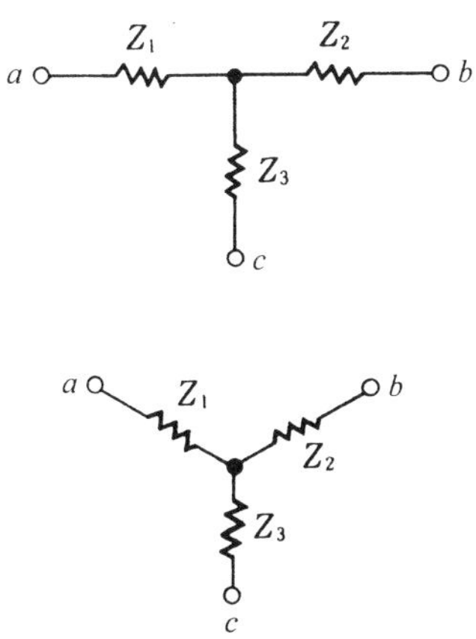

그림 3-24 | T형 또는 Y형 회로망

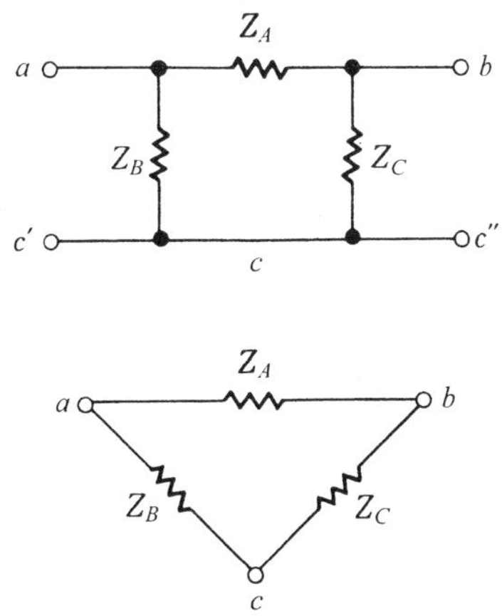

그림 3-25 | π형 또는 △형 회로망

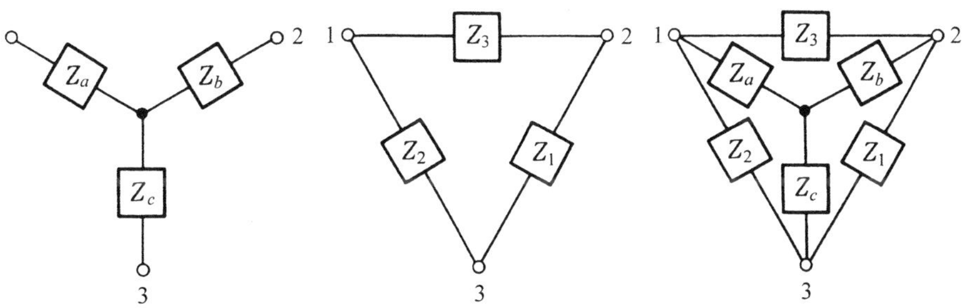

(a) T 혹은 Y (b) π 혹은 Δ (c) 등가회로

그림 3-26 | T형과 π형간의 상호 등가변환

T형과 π형 회로망의 각 소자에 그림 3-26처럼 첨자를 부여했을 때 다음과 같은 등가변환 공식이 성립하는데, 이들 공식은 모두 키르히호프(Kirchhoff)의 법칙으로부터 유도된 것들이다.

가. T형을 π형(혹은 Y형을 △형)으로 변환시키는 공식

$$Z_1 = \frac{Z_aZ_b + Z_bZ_c + Z_cZ_a}{Z_a}$$
$$Z_2 = \frac{Z_aZ_b + Z_bZ_c + Z_cZ_a}{Z_b} \qquad (3\text{-}79)$$
$$Z_3 = \frac{Z_aZ_b + Z_bZ_c + Z_cZ_a}{Z_c}$$

나. π형을 T형(혹은 △형을 Y형)으로 변환시키는 공식

$$Z_a = \frac{Z_2Z_3}{Z_1 + Z_2 + Z_3}$$
$$Z_b = \frac{Z_3Z_1}{Z_1 + Z_2 + Z_3} \qquad (3\text{-}80)$$
$$Z_c = \frac{Z_1Z_2}{Z_1 + Z_2 + Z_3}$$

이상의 공식들을 이용하면 브리지회로를 간략화 시키는 등의 문제를 쉽게 풀이할 수 있게 된다.

예제 3-4

그림 3-27(a)와 같은 브리지 회로망(Bridge network)에서 전지 V=30[V]로부터 나오는 전류 I_T를 구하라.

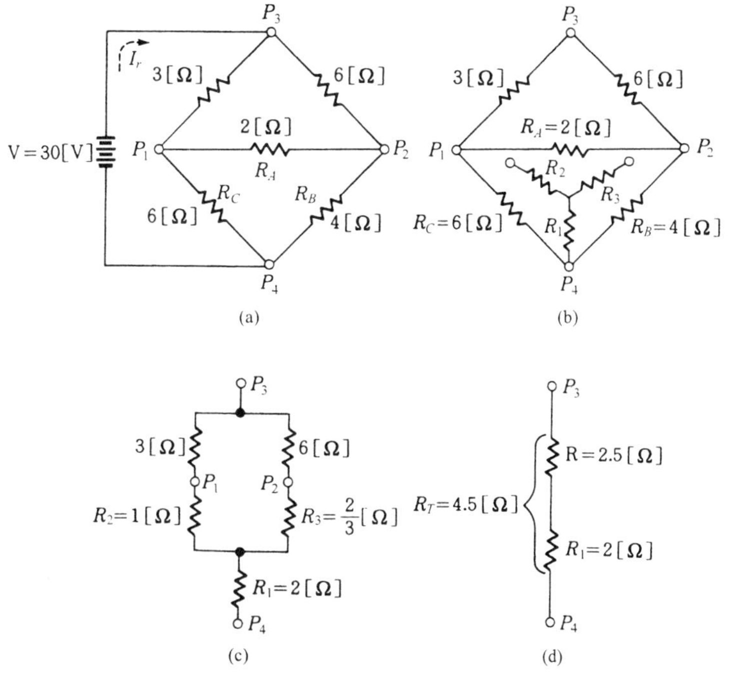

그림 3-27 | △-Y 변환에 의한 브리지 회로

풀이 이 문제에서 I_T를 구하려면 합성 등가저항 R_T를 구해야 한다.
따라서 R_T를 구하기 위해 먼저 2개의 △회로망 $P_1P_2P_3$와 $P_1P_2P_4$를 생각하고 이중에 후자를 △형(π형)에서 Y형(T형)으로 등가변환시키면 그림 3-27(b)가 된다.
여기서

$$R_1 = \frac{R_B R_C}{R_A + R_B + R_C} = \frac{4\times 6}{2+4+6} = 2[\Omega]$$

$$R_2 = \frac{R_C R_A}{R_A + R_B + R_C} = \frac{6\times 2}{2+4+6} = 1[\Omega]$$

$$R_3 = \frac{R_A R_B}{R_A + R_B + R_C} = \frac{2\times 4}{2+4+6} = \frac{2}{3}[\Omega]$$

이다. 그리고 이 계산 결과로부터 그림 3-27(c)와 같은 직·병렬로 연결된 등가회로가 얻어진다. 그림 3-27(c)에서

$$R = \frac{(3+R_2)\cdot(6+R_3)}{(3+R_2)+(6+R_3)} = \frac{(3+1)\cdot(6+\frac{2}{3})}{(3+1)+(6+\frac{2}{3})} = 2.5[\Omega]$$

이고, 합성 등가저항은

$$R_T = R + R_1 = 2.5 + 2 = 4.5[\Omega]$$

이 된다.

따라서 구하고자 하는 전류는

$$I_T = \frac{V}{R_T} = \frac{30[V]}{4.5[\Omega]} = 6\frac{2}{3}[\mathrm{A}]$$

이다.

연습문제

문제 … 1　유도 리액턴스에 기본이 되는 요소는 무엇인가?

정답 주파수와 인덕턴스

문제 … 2　교류회로에서 실효치와 최대치와의 관계는?

정답 실효치$=\dfrac{1}{\sqrt{2}}\times$최대치　혹은　최대치$=\sqrt{2}$실효치

문제 … 3　축전기(Condenser)가 회로에 있을 때 나타나는 성질은?

정답 축전작용에 의해 전압의 변화를 방해한다.

문제 … 4　전압과 전류가 동시에 최대치에 도달할 때 역률은 얼마인가?

정답 1

문제 … 5　교류회로에서 역률을 개선하기 위해 일반적으로 쓰는 방법은?

정답 콘덴서를 부하와 병렬로 연결한다.

문제 … 6　L만이 있는 회로에서 전압과 전류의 위상 관계는?

정답 전압이 전류보다 $\dfrac{\pi}{2}$ 앞선다.

문제 … 7　콘덴서를 직류회로에 사용하면 어떤 현상이 발생하는가?

정답 용량 리액턴스(X_C)가 무한대이므로 전류가 흐르지 않는다.
왜냐하면 $X_C=\dfrac{1}{\omega C}=\dfrac{1}{2\pi f C}$에서 $f=0$(직류)이므로 $X_C=\infty$이다.
따라서 전류는 흐르지 못하게 된다.

문제 … 8　정현파 교류전압 $v=V_m\sin(\omega t+\theta)$[V]의 평균치는 최대치의 몇 [%]인가?

정답 63.7%

$\because\ V_{av}=\dfrac{2}{\pi}V_m \fallingdotseq 0.637\,V_m$[V]

문제 … 9 10[V]의 전원에 5[A]의 전류가 흐른다면 3[Ω]과 몇 [Ω]의 저항이 병렬로 연결되어 있을 때인가?

풀이 $R = \frac{E}{I} = \frac{10}{5} = 2[\Omega]$

그런데 $R_T = \frac{R_1 \times R_2}{R_1 + R_2} = \frac{3 \times R_2}{3 + R_2} = 2[\Omega]$

그러므로 구하고자 하는 저항 $R_2 = 6[\Omega]$이다.

문제 … 10 저항 3[Ω], 유도 리액턴스 2[Ω], 용량 리액턴스 6[Ω]의 직렬회로에서 임피던스와 역률을 계산하라.

풀이 $Z = \sqrt{R^2 + (X_L - X_C)^2} = \sqrt{3^2 + (2-6)^2}$

$= 5[\Omega]$

$\cos\theta = R/Z = 3/5 = 0.6$

문제 … 11 5[Ω]의 저항 10개를 직렬로 연결했을 때는 병렬로 연결했을 때의 몇 배인가를 계산하라.

풀이 * 직렬연결시

$R_T = 5 \times 10 = 50[\Omega]$

* 병렬연결시

$R_T = \frac{1}{(1/5) \times 10} = 0.5[\Omega]$

$\therefore$ 50÷0.5=100[배]

문제 … 12 저항과 유도 리액턴스의 크기가 같은 $R-L$ 직렬회로에서의 전압과 전류의 위상관계는 어떠한가?

풀이 $\tan\theta = \frac{X_L}{R} = 1 \ (\because \ R = X_L)$

위상각 $\theta = \tan^{-1}1 = 45°$

$\therefore$ 전압이 전류보다 위상이 45° 앞선다.

문제 … 13 저항 40[Ω]과 유도 리액턴스 30[Ω]이 병렬로 접속된 회로에 120[V]의 전압을 가할 때 회로에 흐르는 전 전류는 얼마인가?

풀이 $I_R = \frac{E}{R} = \frac{120}{40} = 3[A]$

$I_L = \frac{E}{X_L} = \frac{120}{30} = 4[A]$

$I = \sqrt{I_R^2 + I_L^2} = \sqrt{3^2 + 4^2} = 5[A]$

문제 … 14 그림과 같은 3각파 전압의 평균치와 실효치를 계산하라.

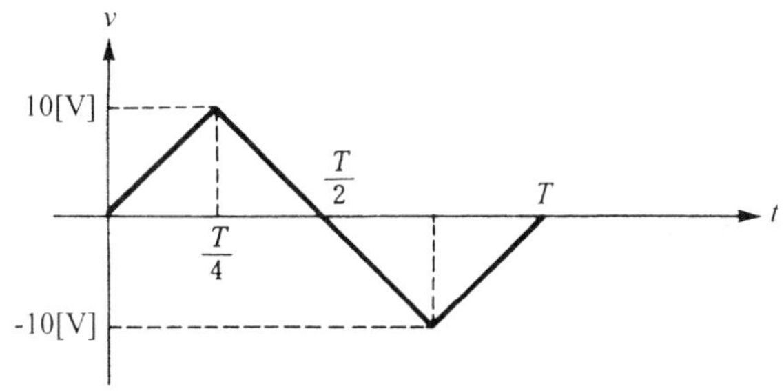

풀이 $V_{av} = \frac{1}{T/4}\int_0^{T/4} v\,dt = \frac{4}{T}\int_0^{T/4} \frac{4V_m}{T} t\,dt$

$= \frac{16}{T^2} \cdot V_m \cdot \frac{1}{2}\left[t^2\right]_0^{T/4} = \frac{V_m}{2}$

$= \frac{10}{2} = 5[V]$

$V_{rms} = \left[\frac{4}{T}\int_0^{T/4}\left(\frac{4V_m}{T} \cdot t\right)^2 dt\right]^{1/2}$

$= \left[\frac{64}{T^3} \cdot V_m^2 \cdot \frac{1}{3}\left[t^3\right]_0^{T/4}\right]^{1/2}$

$= V_m\left[\frac{64}{T^3} \cdot \frac{1}{3} \cdot \frac{T^3}{64}\right]^{1/2}$

$= \frac{V_m}{\sqrt{3}} = \frac{10}{\sqrt{3}} \fallingdotseq 5.774[V]$

문제 … 15 $V = 141\sin(377t - \pi/6)$[V]인 파형에서 주파수는 몇 [Hz]인가?

풀이 $\omega = 2\pi f \quad \therefore\ f = \omega/2\pi = 377/(2 \times 3.14) = 60[Hz]$

문제 … 16 3[Ω]의 저항과 4[Ω]의 유도 리액턴스가 병렬로 연결된 회로가 있다.

이 회로의 역률은 얼마인가?

풀이 $\cos\theta = \dfrac{X_L}{\sqrt{R^2+X_L^2}} = \dfrac{4}{\sqrt{3^2+4^2}} = \dfrac{4}{5} = 0.8$

문제 … 17 복소수 $\dot{Z}_1 = 2\angle 30^\circ$, $\dot{Z}_2 = 5\angle -45^\circ$ 일 때 $\dot{Z}_1 \cdot \dot{Z}_2$의 값은?

풀이 $\dot{Z}_1 \cdot \dot{Z}_2 = (2\angle 30^\circ)\cdot(5\angle -45^\circ) = 10\angle -15^\circ$

문제 … 18 60[Hz], 100[V]의 교류전압을 어떤 콘덴서에 가하니 1[A]의 전류가 흘렀다. 이 콘덴서의 정전용량을 구하라.

풀이 $X_C = E/I = 100/1 = 100[\Omega]$

$X_C = \dfrac{1}{2\pi fC}$ 에서

$C = \dfrac{1}{2\pi f X_c} = \dfrac{1}{2\times 3.14\times 60\times 100} \fallingdotseq 26.5[\mu\text{F}]$이다.

문제 … 19 120[V], 60[Hz]의 교번 전압을 가할 때 3[A]의 전류를 흐르게 하는 코일의 인덕턴스를 구하라.

풀이 $X_L = V/I = 120/3 = 40[\Omega]$

$X_L = \omega L$이므로 구하고자 하는 인덕턴스는 다음과 같이 구해진다. 즉

$L = X_L/\omega = X_L/2\pi f$

$= 40/(2\times 3.14\times 60) \fallingdotseq 106[\text{mH}]$

문제 … 20 처음 10초 동안은 5[A]의 전류를 흘리고 다음 20초 동안은 1[A]의 전류를 흘릴 경우 전류의 실효치는 몇 [A]인가?

풀이 $I_{rms} = \sqrt{\dfrac{1}{10+20}(10\times 5^2+20\times 1^2)}$

$= 3[\text{A}]$

제 4 장

전자(電磁)에너지 변환기기

[4-1] 변압기

1. 변압기의 개요

변압기(變壓器; Transformer)란 전자유도작용(電磁誘導作用)을 이용해서 교류 전압 또는 전류의 크기를 임의의 값으로 변환하는 **정지유도기(靜止誘導器; Static induction instrument)**이다.

또 구조가 간단하고 효율이 좋으며 취급이 쉬워서 송전(送電), 배전(配電) 및 각종 전력기기(電力機器)에 널리 사용되고 있다.

이러한 변압기는 그림 4-1에서와 같이 서로 절연(絕緣)된 두 개의 **전기회로(電氣回路; Electrical circuit)**와 하나의 **자기회로(磁氣回路; Magnetic circuit)**로 되어 있는 것이 특징이다.

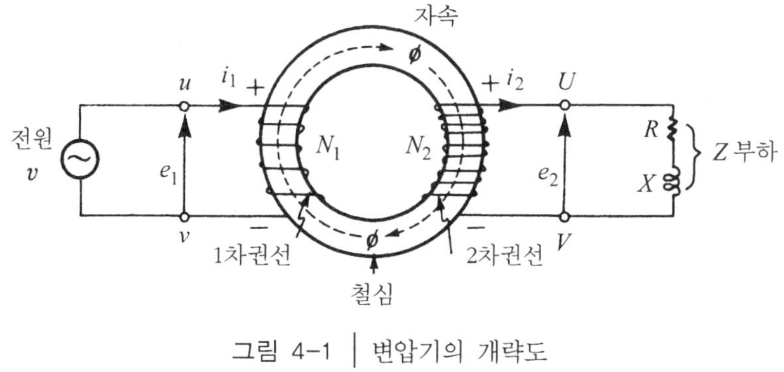

그림 4-1 | 변압기의 개략도

여기서 전기회로는 1차권선과 2차권선이며, 자기회로는 철심(鐵心) 부분이다.

한쪽의 전기회로는 전원에 접속하고, 다른 한쪽의 전기회로를 부하(負荷)에 접속하면 전력은 자기회로를 통해서 부하에 전달된다. 이때 전원에 접속된 권선을 1차권선(Primary winding)이라 하고, 부하에 접속된 권선을 2차권선(Secondary winding)이라 한다.

㈜ 변압기의 1차는 전원측을 말하고, 2차는 부하측을 말한다.

2. 변압기의 원리

지금 이상적인 변압기(理想變壓器)의 1차권선에 주파수 f[Hz]의 정현파 전압 V_1을 인가하면 전류 I_0[A](여자전류)가 공급전압보다 위상(位相)이 $\frac{\pi}{2}$ 뒤져서 흐르게 된다.

그리고 이 여자전류 I_0에 의해서 철심(鐵心)이 자화(磁化)되어 동일 주파수의 정현파 자속 ϕ[Wb]가 발생한다. 즉,

$$\phi = \phi_m \sin\omega t [\text{Wb}] \tag{4-1}$$

이다.

이때 자속 ϕ는 변압기의 1차와 2차권선을 공통으로 쇄교하게 되며, 전자유도(電磁誘導)에 의하여 1차권선에는 이 자속보다 위상이 $\frac{\pi}{2}$만큼 뒤진 기전력 e_1[V]가 유기된다.

$$e_1 = -N_1 \frac{d\phi}{dt} = \omega N_1 \phi_m \sin\left(\omega t - \frac{\pi}{2}\right) [\text{V}] \tag{4-2}$$

단, N_1 : 1차권선의 권선수

또 2차권선에도 상호유도작용(相互誘導作用)에 의해 1차권선에서와 마찬가지로 자속 ϕ보다 위상이 $\frac{\pi}{2}$만큼 뒤진 유기 기전력

$$e_2 = -N_2 \frac{d\phi}{dt} = \omega N_2 \phi_m \sin\left(\omega t - \frac{\pi}{2}\right) [\text{V}] \tag{4-3}$$

이 유기된다.

이상의 변압기에서 무부하시의 공급전압, 여자전류, 자속 및 유기 기전력 사이의 관계

를 나타낸 것이 그림 4-2이다.

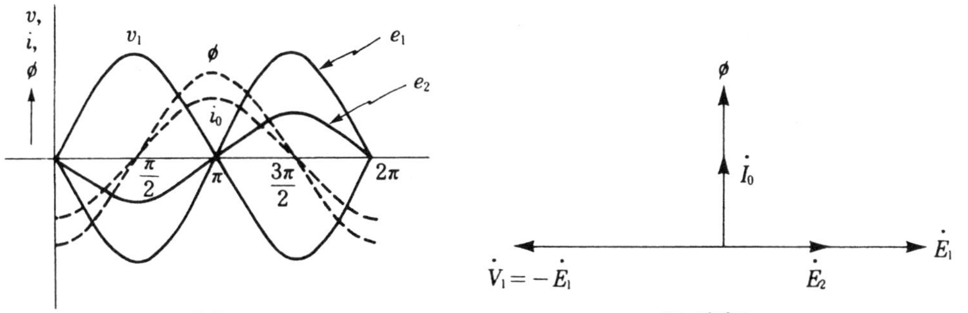

(a) 파형도 (b) 벡터도

그림 4-2 | 이상적인 변압기에서 무부하시의 전압, 전류, 자속과의 관계

그리고 변압기의 1차 및 2차 유기기전력 e_1, e_2의 실효치(實效値)를 각각 E_1, E_2라 하면

$$E_1 = \sqrt{2}\,\pi f N_1 \phi_m = 4.44f \cdot N_1 \cdot \phi_m \,[\mathrm{V}] \tag{4-4}$$

$$E_2 = \sqrt{2}\,\pi f N_2 \phi_m = 4.44f \cdot N_2 \cdot \phi_m \,[\mathrm{V}] \tag{4-5}$$

가 되며

$$\frac{E_1}{E_2} = \frac{N_1}{N_2} = a \tag{4-6}$$

단, a : 권선비(Turn ratio)

이 된다.

식 (4-6)에서 1차권선 및 2차권선에 유기되는 기전력의 비(比), 즉 **변압비(變壓比)**는 두 권선의 권선비(捲線比)와 같음을 알 수 있다.

또 2차권선에 임피던스가 $Z[\Omega]$인 부하를 연결하면 2차권선에는 2차전류

$$I_2 = E_2 \,/\, Z\,[\mathrm{A}] \tag{4-7}$$

이 I_2에 의해 기자력(起磁力) $N_2 I_2$가 생겨 철심 내에 자속이 생성되므로 철심 내의 자속량에 변화를 주게 되어 1차권선의 기전력에 평형(平衡)이 깨지므로 1차권선에는 2차권선의 기자력 $N_2 I_2$를 상쇄하기 위한 전류 I_1'가 흐르게 되는데 이것을 **1차 부하전류** 또는

보상전류(補償電流)라 한다.

여기서 I_1'와 I_2는 서로 반대 방향이며

$$I_1'N_1 = I_2N_2 \tag{4-8}$$

의 관계가 성립한다.

그리고 1차부하전류와 2차전류와의 비를 **변류비(變流比; Current ratio)**라 하는데, 이것은 식 (4-9)에서와 같이 권선비와 반비례한다. 즉

$$\frac{I_1'}{I_2} = \frac{N_2}{N_1} = \frac{1}{a} \tag{4-9}$$

이다.

3. 변압기의 구조

변압기는 철심, 권선, 외함, 부싱, 냉각장치 등으로 구성된다.

가. 철심(鐵心; Iron core)

자속이 잘 통하고 철손(鐵損)을 되도록 작게 하기 위해 4～4.5% 정도의 규소(Si)를 함유한 두께 0.35～0.5mm의 강판(鋼板)을 성층(成層)하여 만든 것이다.

나. 권선(捲線; Coil)

철심에 감은 절연한 동선(銅線)으로 1차권선과 2차권선이 있다. 소용량의 변압기에서는 철심에 저압권선을 감고 이것을 절연한 다음 그 위에 고압권선을 감는다.

다. 외함(外函; Tank)

유입(油入) 변압기의 바깥쪽 철체 탱크를 말한다.

라. 부싱(Bushing)

외함과 권선의 인출선(引出線)과를 절연하는 것이다. 변압기의 본체는 절연유로 채워진 외함 안에 넣고 적당한 곳에서 단자를 외부로 빼내는데 이때 외함의 벽을

관통하는 부분의 절연을 위해 사용전압에 따라 여러 가지 부싱(Bushing)이 사용되고 있다.

마. 냉각장치

변압기를 사용하면 동손(銅損)과 철손(鐵損)이 발생하며, 이들 손실은 모두 열로 변환되어 변압기의 온도를 상승시키게 된다.

또 변압기는 회전부분이 없는 정지기계이므로 냉각작용이 불충분하게 된다. 따라서 변압의 용량에 적절한 냉각장치의 설계가 필요하게 되는데, 여기에는 방열기(放熱器), 유조, 송풍기, 유냉각기, 유펌프, 유보유기(油保有器) 등이 포함된다.

주) 변압기 유(Transformer oil): 냉각과 절연 역할을 하는 광물성 기름이다. 이 기름은 절연내력(絕緣耐力)이 크고 인화점이 높으며 화학적으로 안정하여 산화(酸化) 또는 열화(劣化)되지 않아야 하고 점도는 낮은 조건을 갖추어야 한다.

4. 특수변압기

특수변압기에는 단권변압기, 누설변압기, 계기용 변압기, 변류기 등이 있다.

가. 단권변압기(單捲變壓器; Auto-transformer)

단권변압기는 하나의 권선만으로 된 변압기이다. 보통의 변압기는 1차 및 2차권선이 따로 있으나 그림 4-3에서와 같이 단권변압기는 하나의 권선이 1차권선과 2차권선의 역할을 수행한다.

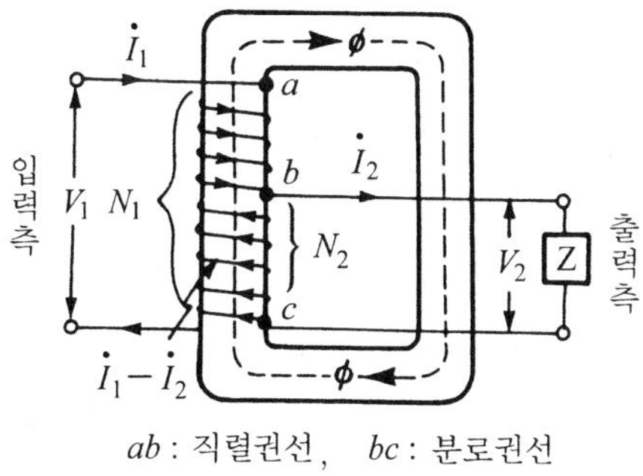

ab : 직렬권선, *bc* : 분로권선

그림 4-3 | 단권변압기

권선의 적당한 점에서 임의의 탭(Tap)을 취하고 1차 및 2차측 단자 사이의 권수(捲數)를 각각 N_1, N_2 그리고 1차 및 2차측 전압과 전류를 각각 V_1, I_1 및 V_2, I_2라 하면 보통의 변압기에서처럼

$$\frac{V_1}{V_2} = \frac{N_1}{N_2} = \frac{I_2}{I_1} \tag{4-10}$$

이 성립한다.

단권변압기(單捲變壓器)에서 1차 및 2차 측의 두 개의 권선이 공통으로 되어 있는 부분의 전류는 1차전류 I_1과 2차전류 I_2와의 차(差)가 흐르게 되므로 가는 동선을 사용하여 제작할 수 있고 동손이 적어 효율도 양호한 이점이 있다.

그러나 저압측과 고압측이 전기적으로 연결되어 있기 때문에 저압측도 고압측과 같은 정도의 절연을 해야 한다. 이 변압기는 소전력용 전압조정기와 3상 유도전동기의 기동보상기(Starting compensator) 등에 사용되고 있다.

그림 4-4는 소전력용 전압조정기로서 사용되고 있는 가변전압 단권변압기 일명 슬라이닥(Slidac)의 개략도이다.

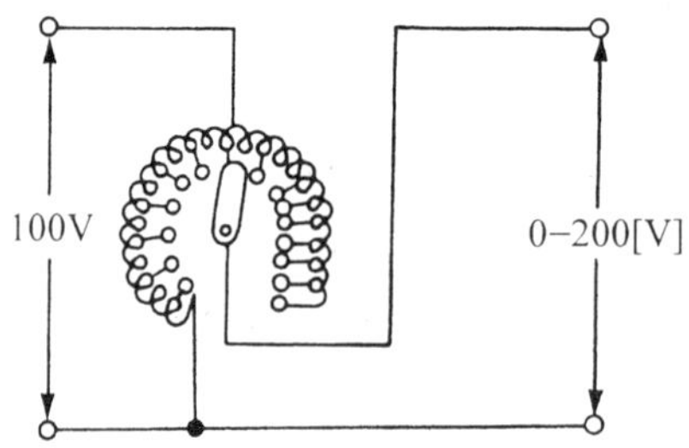

그림 4-4 | 슬라이닥(Slidac)의 개략도

나. 누설변압기(漏洩變壓器; Leakage transformer)

누설자속(漏洩磁束)이 특별히 크도록 설계한 변압기이다. 그림 4-5는 누설변압기의 구조와 특성을 나타낸다. 이같은 누설변압기에 있어서는 2차전류가 증가하려고 하면 1차 및 2차 누설자속 ϕ_1과 ϕ_2가 증가하여 2차 유기기전력이 감소한다.

동시에 1차 및 2차의 리액턴스 강하가 급격히 증가하게 되므로 2차전압 V_2가 급격히 감소하여 2차전류를 일정하게 유지하려고 한다.

즉 누설변압기는 부하를 연결하면 2차 단자전압이 급격히 감소하며, 2차전류는 일

정하게 흐르게 된다. 이러한 특성을 수하특성(垂下特性; Drooping characteristics)이라고 한다.

주 ① 누설변압기는 정전류(定電流)특성이 있으므로 정전류변압기(定電流變壓器)라고도 한다.
② 누설자속(漏洩磁束; Leakage flux): 자기회로(磁氣回路)로부터 공간으로 누설되는 자속이다.

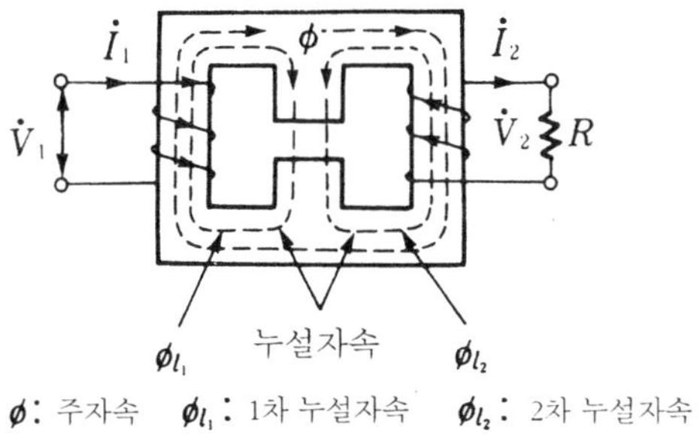

(a) 구조

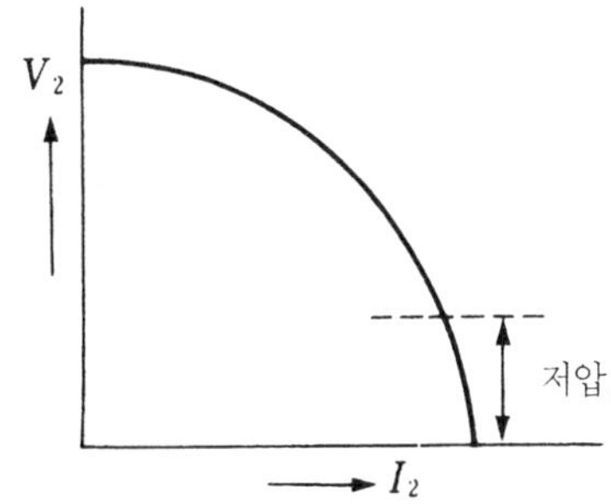

(b) 특성

그림 4-5 | 누설변압기의 구조와 특성

누설변압기는 전기용접기, 네온관등(Ne管燈)과 같이 기동시 고전압이 필요하고 정상상태에서는 저전압이 필요한 부하 즉 부특성(負特性)을 가진 부하에 사용되고 있다.

다. 계기용 변성기

변압기의 1차 및 2차 전압과 전류의 크기에는 서로 일정한 관계가 있다.
이것을 이용하여 고전압이나 대전류를 측정할 때 보조로 사용하는 변압기를 계기용변성기(計器用變成器; Instrument transformer)라 한다.
계기용 변성기에는 계기용 변압기와 변류기가 있다.

(1) 계기용 변압기

교류회로에서 **고전압(高電壓) 측정용**이다.
고전압을 측정하고자할 때 전압계를 직접 회로에 접속하는 것은 위험하다.
따라서 고전압을 취급하기게 편리한 값으로 낮춰 사용해야 한다.
즉 그림 4-6처럼 전압(電壓)을 측정하려고 하는 두 선에 1차권선을 연결하고

2차측에는 보통 100[V] 정도의 전압계(電壓計)를 연결한다. 이때 전압계의 눈금에 변압비(變壓比)를 곱하면 측정하고자 하는 전압이 된다. 이런 원리로 되어 있는 것을 계기용 변압기(計器用變壓器; Potential transformer : P.T)라 한다. P.T 사용 시 2차 측은 반드시 접지해서 절연이 파괴되어도 위험이 없도록 해야 한다.

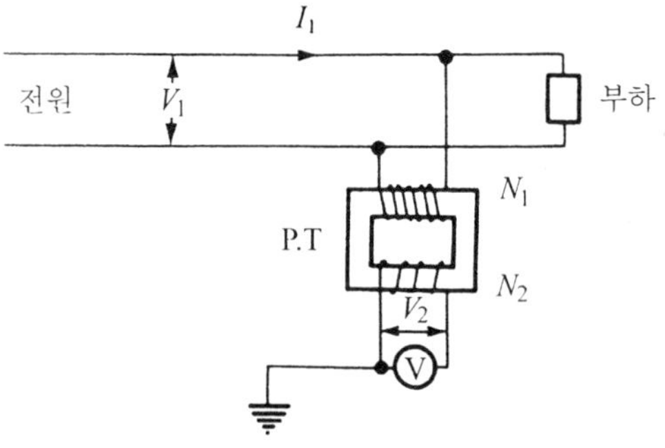

그림 4-6 | 계기용 변압기(Potential transformer)

(2) 변류기

대전류(大電流) 측정 시 사용한다.

그림 4-7처럼 전류(電流)를 측정하고자 하는 선로에 1차 측을 직렬(直列)로 연결하고 2차 단자 간에 보통 5[A] 정도의 전류계(電流計)를 연결한 것이다.

이때 전류계의 눈금에 변류비(變流比)를 곱하면 측정하고자 하는 전류값이 얻어지게 된다. 이런 원리로 되어 있는 것을 변류기(變流器; Current transformer : C.T)라 한다.

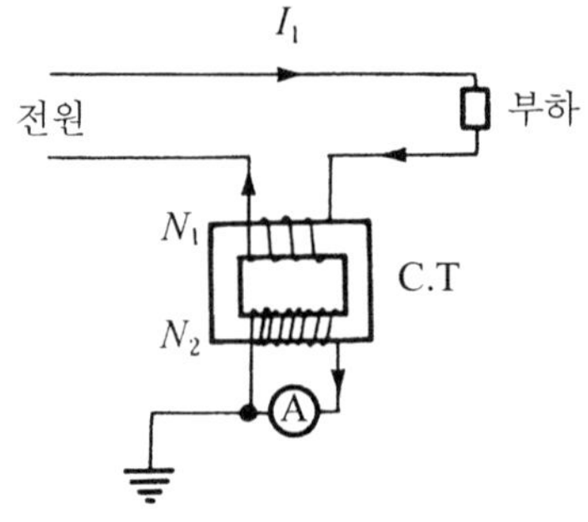

그림 4-7 | 변류기(Current transformer)

변류기를 고압회로(高壓回路)에 사용할 때에는 2차를 접지(接地)하고 또 사용중에 2차회로에서 계기를 떼어낼 때에는 2차단자를 먼저 단락(短絡)해야 한다. 만약 변류기의 2차측 회로를 열어두면 1차측의 대전류로 2차측에 고전압이 유기되어 위험을 초래하게 된다.

상용 주파수에서 변류기의 2차전류의 정격(定格)은 5[A] 정도이다.

5. 변압기의 극성

변압기의 극성(極性; Polarity)이란 변압기의 1차 및 2차 단자에 유기되는 기전력(誘起起電力)의 방향을 나타내는 용어이다.

변압기를 단독으로 사용할 때에는 문제가 되지 않으나 몇 대를 조합해서 결선하거나 병렬운전(竝列運轉)할 때에는 반드시 극성을 고려해야만 한다.

극성에는 가극성과 감극성이 있다.

가. 가극성(加極性; Additive polarity)

그림 4-8(a)는 가극성을 나타낸다. 단상변압기의 경우 고압측에 U, V 그리고 저압측에 u, v라는 단자기호(端子記號)를 표시하는데 가극성은 U와 u, V와 v가 대각선상에 있게 된다.

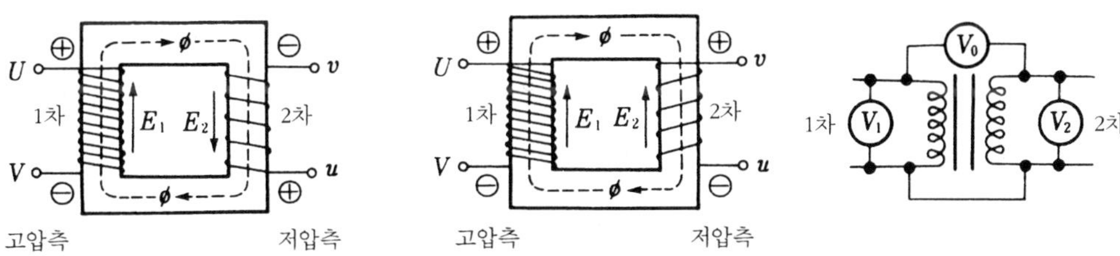

(a) 가극성(加極性) (b) 감극성(減極性) (c) 극성시험(極性試驗)

그림 4-8 | 변압기의 극성

변압기의 극성을 모를 때는 그림 4-8(c)처럼 전압계 V_0, V_1, V_2를 연결하고 1차측에 전원을 인가하면 알 수 있다. 가극성은 다음 관계식이 성립하게 된다.

$$V_0 = V_1 + V_2 \tag{4-11}$$

나. 감극성(減極性; Subtractive polarity)

그림 4-8(b)는 감극성을 나타낸다. 단자기호 U와 u 그리고 V와 v가 같은 쪽에 있을 때 감극성이며 전압계 V_0, V_1, V_2를 각각 연결하고 1차 측에 전원을 인가하여

$$V_0 = V_1 - V_2 \tag{4-12}$$

의 관계가 성립하면 감극성이다.

주 ① 극성은 권선방향에 따라 달라진다.
② 단자기호의 표시는 고압측에 +, − 저압측 +, −로 나타내기도 한다.

6. 변압기의 병렬운전

한 대의 변압기로 부하를 감당할 수 없을 때 변압기를 두 대 이상 병렬로 결선하여 운전한다. 그림 4-9는 동일 정격의 두 대의 단상변압기를 병렬결선한 것을 보여준다.

병렬결선 시 갖추어야 할 조건은 다음과 같다.

① 극성(極性)이 같아야 한다.
② 권선비(捲線比)가 같아야 한다.
③ 정격전압(定格電壓)이 같아야 한다.
④ 백분율 임피던스 강하가 같아야 한다.
⑤ 각 변압기의 저항과 누설리액턴스의 비가 같아야 한다.

단, 3상 경우에는 상회전방향(相回轉方向)과 위상변위(位相變位)가 같아야 한다.

위상변위란 3상결선된 변압기에서 서로 대응하고 있는 1차 기전력과 2차 기전력의 상차각(相差角)을 의미한다.

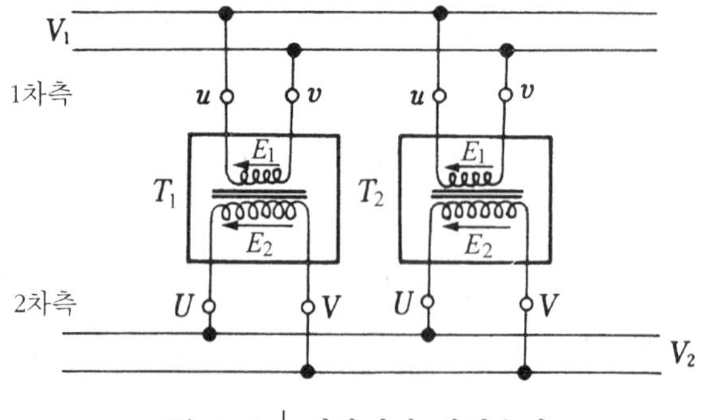

그림 4-9 | 변압기의 병렬운전

7. 변압기의 정격, 손실 및 효율

가. 변압기의 정격(定格; Rating)

변압기에 대하여 제조자(Maker)가 보증하는 사용 한도를 뜻하는 것으로 다음 사항이 명판(Name plate)에 기재된다.

① 상수(相數)

② 정격 출력(定格出力)

③ 정격 1차 및 2차 전압과 전류

④ 정격 주파수

⑤ 권선의 온도상승

주) 정격(定格; Rating): 전기기계를 규정된 조건하에서 안전하게 사용할 수 있는 한도를 나타내는 용어이다. 정격출력, 전류, 전압, 주파수, 역률, 회전수 등이 포함된다.

나. 변압기의 손실

변압기의 손실에는 무부하손(無負荷損)과 부하손(負荷損)이 있으며 이를 세부 분류하면 다음과 같다.

- 변압기손실
  - 무부하손
    - 철 손
      - 히스테리시스손
      - 와전류손
    - 유전체손
  - 부 하 손
    - 저항손
    - 표유부하손

(1) 무부하손

철심 내의 자속(磁束)의 주기적인 변화에 의해 생기는 손실이다. 이 손실은 변압기가 전원에 접속되어 있을 때에는 부하(負荷)의 유무에 관계없이 여자전류(勵磁電流)가 흐르기 때문에 생긴다.

여기서 유전체손(誘電體損)은 고압의 경우에 절연물을 통하여 전류가 흐르기 때문에 생기는 손실을 의미한다.

(가) 히스테리시스손(Hysteresis loss)

철심을 통하는 자속이 시간에 대하여 크기와 방향이 변하므로 생기는 손실이다. 손실의 크기는

$$P_h = \eta f B_m^{1.6} [\mathrm{W}] \tag{4-13}$$

단, P_h : 히스테리시스손[W]

f : 주파수[Hz]

B_m : 최대자속밀도[Wb/m^2]

η : 히스테리시스 계수(2.5×10^3정도)

이다.

히스테리시스손을 줄이기 위해서는 자화곡선에서 히스테리시스 루프의 면적이 작은 재질을 선택해야 한다.

(나) 와류손(Eddy current loss)

손실의 크기는 다음 식 (4-14)로 산정할 수 있다.

$$P_e = k \cdot t^2 \cdot f^2 \cdot B_m^2 \cdot V [\mathrm{W}] \tag{4-14}$$

단, P_e : 와전류손[W]

t : 강편의 두께[m]

V : 철심의 체적[m^3]

와류손을 줄이기 위해서는 철심 내의 순환전류를 억제해야 한다. 따라서 절연된 엷은 판을 성층하여 만든다.

(2) 부하손

권선에 전류가 흘러 생기는 손실이다. 이 손실에는 동손과 표유부하손(漂遊負荷損) 등이 있다. 동선은 2차 측에 부하를 접속하였을 때 1차 및 2차 권선의 저항에 의한 손실로서 부하손의 대부분을 차지한다. 그리고 표유부하손은 부하전류에 의한 누설자속으로 인하여 권선이나 철심부분에 생기는 와전류손인데 그 값은 매우 작다. 철손은 2차 측 부하전류와 관계없이 일정하며 무부하시험으로 측정된다. 대체로 히스테리시스손은 와류손보다 3배나 크다.

다. 변압기의 효율

변압기의 1차 및 2차 권선에 흐르는 전류에 의한 동손(銅損)과 철심(鐵心)에서 발생하는 철손(鐵損)은 모두 열(熱)로 바뀌어 쓸모없이 소비된다. 따라서 변압기의 출력은 입력보다 작으며, 효율은 1보다 작다.

이를 식으로 나타내면

$$\text{효율}[\%] = \frac{\text{출력}}{\text{입력}} \times 100 = \frac{\text{출력}}{(\text{출력}+\text{손실})} \times 100 \tag{4-15}$$

$$= \frac{\text{출력}[W]}{\text{출력}[W]+\text{무부하손}[W]+\text{부하손}[W]} \times 100 \tag{4-16}$$

$$= \frac{V_2 I_2 \cos\phi_2}{V_2 I_2 \cos\phi_2 + P_i + I_2^2 (r_1 / a^2 + r_2)} \times 100 \tag{4-17}$$

단, V_2 : 2차 단자전압[V], I_2 : 2차 부하전류[A]

P_i : 철손[W], $\cos\phi_2$: 2차 역률

r_1, r_2 : 1차 및 2차 저항[Ω]

이다.

대체로 변압기는 운동부분이 없기 때문에 다른 기계보다 효율이 좋으며 그 값은 약 85～99% 정도이다. 그리고 주상변압기(柱上變壓器)에 있어서는 부하의 변동이 심하며 전부하(全負荷) 부근에서 사용되는 것은 하루 중 불과 몇 시간에 지나지 않는다. 이같은 경우에 하루동안에 사용한 전체 에너지의 이용률을 나타내기 위하여 전일효율이라는 용어가 사용된다.

전일효율(全日效率; All-day efficiency)은 하루 24시간 동안의 입력전력량에 대한 출력전력량과의 비로 정의된다. 즉

$$\text{전일효율}[\%] = \frac{\text{1일간의 출력전력량}[KWh]}{\text{1일간의 입력전력량}[KWh]} \times 100 \tag{4-18}$$

$$= \frac{\text{출력}\times\text{시간}}{\text{출력}\times\text{시간}+\text{철손}\times 24+\text{동손}\times\text{시간}} \times 100$$

$$\eta_d[\%] = \frac{\sum V_2 \cdot I_2 \cos\phi_2 \cdot t}{\sum V_2 I_2 \cos\phi_2 \cdot t + 24\,P_i + \sum I_2^2 \cdot r_i \cdot t} \times 100 \tag{4-19}$$

단, η_d : 전일효율, t : 부하가 걸린시간[h],

r_i : 내부저항$(r_1 / a^2 + r_2)[\Omega]$

[4-2] 직류발전기

1. 직류발전기의 원리

직류발전기(直流發電機; D.C generator)는 직류전력(直流電力)을 발생하는 발전기이다. 그림 4-10에서처럼 자속밀도(Magnetic flux density)가 B[Wb/m^2]인 균일한 자계 내에서 유효길이 l[m]의 직선 도체가 자계(磁界)의 방향에 대하여 각 θ의 방향으로 v[m/s]의 속도로 움직이면 이 도체에는 기전력

$$e = Blv\sin\theta[V] \tag{4-20}$$

단, e : 유기기전력의 순시치[V]

B : 자속밀도[Wb/m^2]

l : 도체의 유효 길이[m]

v : 도체의 회전속도[m/sec]

이 유기된다.

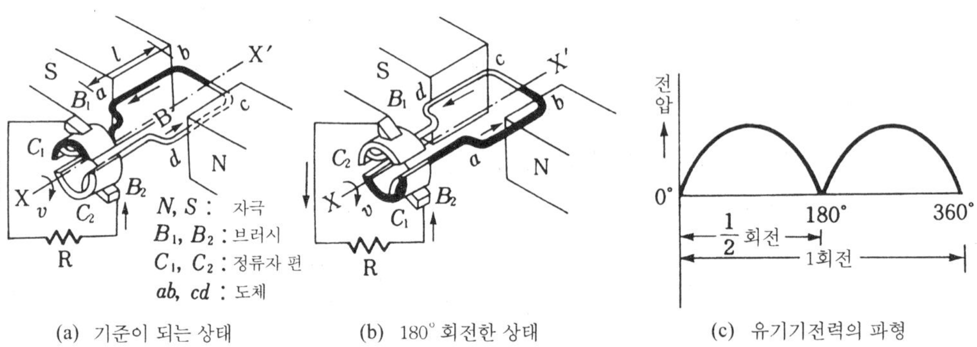

그림 4-10 | 직류발전기의 원리

여기서 유기기전력(誘起起電力)의 방향은 플레밍의 오른손 법칙(Fleming's right hand rule)으로 설명된다.

그림 4-10(a) 혹은 (b)에서 자속의 방향을 검지, 도체의 운동방향을 엄지로 하면 중지

가 가리키는 방향이 기전력이 유기되는 방향이 된다.

직류발전기에서는 전기자(電機子)에 유기된 기전력(교류)을 정류자(整流子)에서 직류로 변환시킨다(그림 4-11 참조).

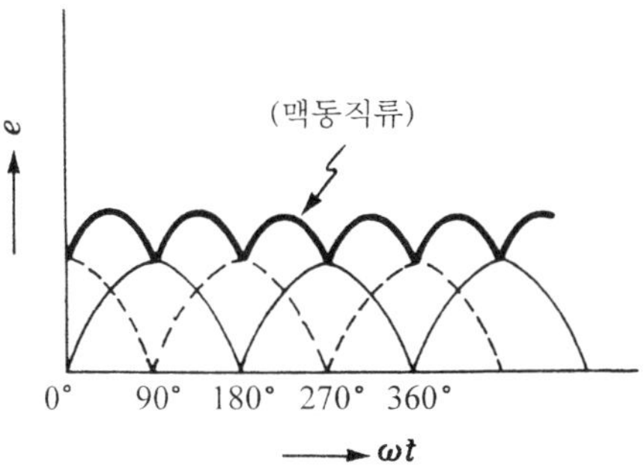

그림 4-11 | 직류발전기의 유기기전력

2. 직류발전기의 구조

직류발전기는 그림 4-12에서 보는 바와 같이 계자, 전기자, 계철, 정류자, 브러시, 기타 베어링 등으로 구성된다.

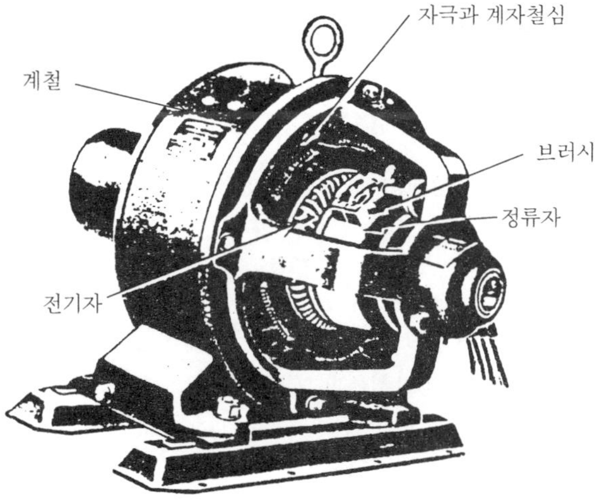

그림 4-12 | 직류발전기의 구조

가. 계자(界磁; Field magnet)

자속(磁束)을 만드는 부분이다.

0.5 ~ 1.25mm 정도의 규소(Si)강판을 성층해서 만든 계자철심(界磁鐵心; Field magnet core)에 권선을 감고 이것을 계철(繼鐵; Yoke)에 부착시켜 만든다.

계자로는 전자석(電磁石; Electromagnet)을 주로 이용하나, 소형에서는 영구자석을 이용하기도 한다. 여기서 계자철심에 감은 권선의 전부를 계자권선(Field winding)이라 한다.

나. 전기자(電機子; Armature)

기전력이 유기되는 부분이다.

0.35 ~ 0.5mm 정도의 규소강판을 성층(成層)하여 만든 전기자 철심의 표면에 축방향으로 슬롯(Slot)을 만들고 여기에 도체(권선)을 감아 만든다.

이렇게 만들어진 전기자를 자계(磁界) 내에서 회전시키면 전기자의 도체에 기전력이 유기된다.

다. 계철(繼鐵; Yoke)

직류발전기의 전체 골격을 형성하는 부분이다. 계자철심을 기계적으로 지지하며 자속의 통로 역할을 하는 자기회로(磁氣回路)의 일부가 된다.

라. 정류자(整流子; Commutator)

전기자에 유기된 교류 기전력을 정류(整流)하여 직류로 바꾸는 부분이다.

정류자는 강도가 높고 도전율(導電率)이 큰 경인동 재질의 정류자 편(Commutator segments)과 양질의 절연체인 운모(Mica)를 교호로 조립하여 만든다.

마. 브러시(Brush)

브러시는 정류자와의 전기통로를 구성하여 직류를 밖으로 빼내는 역할을 한다. 브러시의 종류로는 탄소 브러시(Carbon brush), 흑연 브러시(Graphite brush) 등이 사용된다. 그리고 브러시는 브러시 홀더(Brush holder)에 의해 지지된다.

바. 베어링(Bearing)

회전축을 지지하는 역할을 하는 것이다.

슬리브 베어링(Sleeve bearing)이 주로 사용되고 있다.

3. 직류발전기의 분류

직류발전기는 여자방식(勵磁方式)에 따라 다음과 같이 분류된다.

여기서 여자(勵磁; Exitation)란 전자석(電磁石)을 만들기 위해 계자권선(Field winding)에 직류전류를 흘리는 것을 의미한다.

가. 타여자발전기(他勵磁發電機; Separately excited generator)

여자전류를 축전지(Battery) 또는 다른 직류발전기 등으로부터 얻는 발전기이다.

나. 자여자발전기(自勵磁發電機; Self-excited generator)

자여자발전기는 발전기 자체의 전기자에 유기되는 기전력으로 여자전류를 흘려주는 발전기로서 전기자권선과 계자권선의 연결방법에 따라 직권발전기, 분권발전기, 복권발전기 등으로 구분된다.

4. 직류발전기의 유기기전력

하나의 자극(磁極)으로부터의 자속을 $\Phi[Wb]$라 하고 극수를 P라 하면, 도체 하나가 1회전할 때 쇄교하는 자속의 수는 $P \cdot \Phi[Wb]$가 된다.

전기자의 분당 회전수를 N[rpm]이라 하면 도체 하나가 1초(sec) 동안에는 $\frac{N}{60}$ 회전하기 때문에 1초 동안에 쇄교하는 자속수는 $P \cdot \Phi \cdot \frac{N}{60}[Wb]$가 된다.

그러므로 하나의 도체에 유기되는 기전력은

$$e = P \cdot \Phi \cdot \frac{N}{60}[V] \tag{4-21}$$

이다.

또 전기자 도체의 전체 개수를 Z, 전기자 내 병렬회로수를 a라 하면 직류발전기의 +, −단자간에는 $\frac{Z}{a}$개의 도체가 직렬로 연결되므로 유기기전력(誘起起電力; induced e.m.f)은

$$E = \frac{Z}{a} \times e = P \cdot \Phi \cdot \frac{Z}{a} \cdot \frac{N}{60}[V] \tag{4-22}$$

가 되는데, 여기서 $\frac{PZ}{60 \cdot a} = k$라 놓으면 식 (4-22)는

$$E = k\Phi N[V] \tag{4-23}$$

이 얻어진다.

[4-3] 직류전동기

1. 구조

직류전동기의 구조는 직류발전기와 같다. 그러므로 사용목적에 따라 직류발전기를 직류전동기로 또는 직류전동기를 직류발전기로 사용할 수 있다.

직류전동기는 계자(界磁), 전기자(電機子), 정류자(整流子), 계철(繼鐵), 브러시, 베어링 등으로 구성된다.

그림 4-13은 직류전동기의 회전부의 구조를 나타낸다.

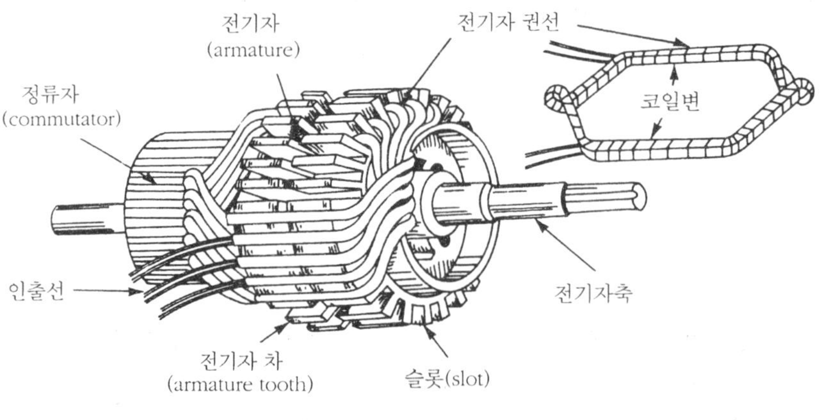

그림 4-13 | 직류전동기의 회전부의 구조

2. 직류전동기의 원리

자속밀도(磁束密度)가 B[Wb/m^2]인 평등자계(平等磁界) 내에 길이가 l[m]인 도체를 놓고, 이 도체에 전류 I[A]를 흘리면 자계 내에 있는 도체는 플레밍의 왼손법칙에 의해 자계와 전기자 내의 도체 사이에는 전자력(電磁力; electromagnetic force)이 작용하게 되어 전기자에는 기계적 회전력(廻轉力; Torque)이 생겨 전기자는 회전하게 된다.

3. 직류전동기의 분류

다음과 같이 분류된다.

- 직류전동기
  - 타여자전동기(Separately exited motor)
  - 자여자전동기(Self-excited motor)
    - 직권전동기(Series motor)
    - 분권전동기(Shunt motor)
    - 복권전동기(Compound motor)
      - 화동복권전동기
      - 차동복권전동기

4. 직류전동기의 역기전력

직류전동기가 전기를 공급받아 회전하게 되면 전기자의 도체는 자계(磁界) 내를 운동하게 되므로 이 전기자 도체에는 기전력이 유기된다.

이 기전력을 역기전력(逆起電力; Counter electromotive force : cemf)이라 하며 그 크기는 발전기에서와 같이 다음 식으로 주어진다.

$$E_c = \frac{Z}{a} \cdot P \cdot \Phi \cdot \frac{N}{60} = k \cdot \Phi \cdot N \text{ [V]} \tag{4-24}$$

단, E_c : 역기전력[V], a : 병렬회로의 수, Z : 전기자의 총 도체수,
P : 극수, Φ : 자속[Wb], N : 전동기의 분당회전수[rpm]

여기서 역기전력은 직류전동기에 공급되는 단자전압과 방향이 반대이다.

5. 직류전동기의 토크, 출력 및 속도

가. 직류전동기의 토크(Torque)

공극(Air gap)의 자속밀도가 B[Wb/m^2]인 평등자계 내에서 길이 l[m]의 전기자 도체에 i[A]의 전류를 흘리면 도체 1개가 받는 힘은

$$f = Bli\,[\mathrm{N}] \tag{4-25}$$

가 된다.

그리고 전기자 직경을 D[m], 각 자극의 자속을 Φ[Wb], 자극의 수를 P라 하면 자극(磁極)의 평균자속밀도는

$$B = \frac{P\Phi}{\pi Dl}\,[\mathrm{Wb/m^2}] \tag{4-26}$$

이 된다.

여기서 전기자의 총 도체수를 Z라 하면 도체 전부가 받는 힘은

$$F = f \cdot Z = \frac{P\Phi}{\pi D} \cdot i \cdot Z \tag{4-27}$$

이 되고, 전기자에 발생되는 토크는

$$\tau = F \cdot d = \frac{P\Phi}{2\pi} \cdot i \cdot Z\,[\mathrm{N \cdot M}] \tag{4-28}$$

$$\text{단, } d = \frac{D}{2}$$

이 된다.

또 전기자 전류를 I_a[A], 전기자의 병렬회로의 수를 a라 하면 전기자 도체에 흐르는 전류는

$$i = \frac{I_a}{a}\,[\mathrm{A}] \tag{4-29}$$

이므로 식 (4-29)를 식 (4-28)에 대입하고 또 직류전동기가 제작되고 나면 P, Z, a

는 상수 처리되므로 $\frac{PZ}{2\pi a} = k$라 두면

$$\tau = \frac{P\Phi}{2\pi} = \frac{I_a}{a} \cdot Z = k \cdot \Phi \cdot I_a \qquad (4\text{-}30)$$

이 된다.

상기 식에서 직류전동기에 발생되는 토크(Induced torque) τ는 자속 Φ와 전기자전류 I_a의 곱에 비례하며, 회전속도와는 아무런 관계가 없음을 알 수 있다.

나. 직류전동기의 출력과 회전속도

회전기계(廻轉機械)의 출력은 토크와 각속도(角速度)의 곱으로 정의된다. 그러므로 각속도를 ω[rad/sec]라 하면 직류전동기의 출력은

$$\begin{aligned} P &= \omega \cdot \tau \\ &= 2\pi n\tau [\text{N·m/sec or W}] \qquad (4\text{-}31) \end{aligned}$$

단, $\omega = 2\pi N/60$

n : 매초 회전수[rps]

이다.

그리고 식 (4-31)에 식 (4-30)을 대입하고 역기전력에 관한 식 (4-24)를 이용하면

$$P = E_c I_a [\text{W}] \qquad (4\text{-}32)$$

가 되며 식 (4-31)과 식 (4-32)에서

$$\omega \cdot \tau = E_C \cdot I_a \qquad (4\text{-}33)$$

이 성립한다.

식 (4-33)에서 $\omega\tau$는 발생토크에 대한 내부동력(內部動力)이고, $E_C \cdot I_a$는 역기전력에 의한 내부전력(內部電力)으로, 이 식이 갖는 의미는 회전기계 내에서 전력(電力)과 기계동력(機械動力) 사이에 **에너지 변환**(Energy conversion)이 이뤄진 것을 나타낸다. 또 단자전압을 V[V], 전기자 저항을 $R_a[\Omega]$이라 하면 전기자에 흐르는 전류는

$$I_a = (V - E_C)/R_a[\mathrm{A}] \tag{4-34}$$

가 되고, 이를 변형하면

$$E_c = V - I_a R_a[\mathrm{V}] \tag{4-35}$$

가 되는데, 이것을 식 (4-24)와 함께 생각하면

$$N = \frac{V - I_a R_a}{k_1 \Phi}[\mathrm{rpm}] \tag{4-36}$$

이 된다.

이 식 (4-36)을 직류전동기의 속도제어식(速度制御式; Speed control equation)이라 한다.

6. 직류전동기의 기동

전동기가 정지상태에서 정상운전 속도까지 가속(加速)하는 것을 기동(起動; Starting)이라 한다.

식 (4-34)에서 운전중에 있는 직류전동기의 전기자 전류는

$$I_a = \frac{V - E_c}{R_a}[\mathrm{A}]$$

이다. 그런데 기동 초기에 있어서는 역기전력 $E_c \cong 0$이므로 위 식은

$$I_a \cong \frac{V}{R_a}[\mathrm{A}] \tag{4-37}$$

이 되며, 식 (4-37)에서 전원전압을 그대로 가해주면 매우 큰 I_a가 흘러 전기자 권선(電機子捲線)을 소손(燒損)할 염려가 있게 된다. 따라서 기동시에 전기자 전류 I_a를 안전한 값 이내로 제한하기 위해 전기자 권선과 직렬로 기동저항(起動抵抗; Starting rheostat)을 연결하여 기동시 과대한 전류가 흐르는 것을 막고 회전속도가 차츰 증가해서 역기전력 E_c가 커짐에 따라 기동저항을 조금씩 빼주는 기동법을 사용한다.

이상의 기동저항과 손잡이 등의 부속구(附屬具)로 이뤄진 것을 기동기(起動器; Starter)라 한다.

그림 4-14는 분권전동기용의 기동기를 나타낸다.

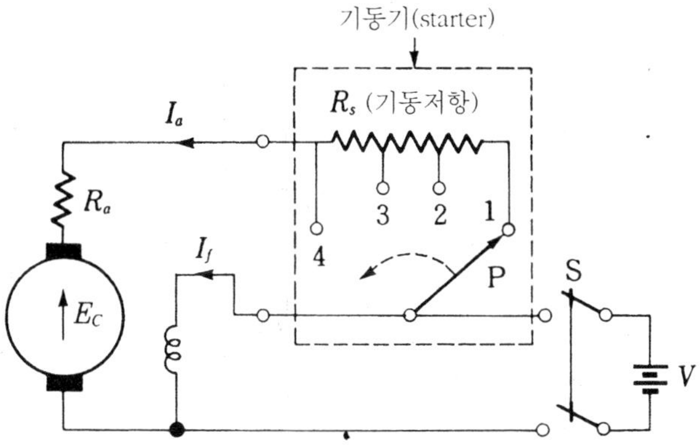

그림 4-14 | 분권전동기용 기동기(Starter)

7. 직류전동기의 속도제어

직류전동기의 속도는 식 (4-36)에서

$$N = \frac{V - I_a R_a}{k_1 \Phi} [\text{rpm}]$$

으로 표시된다.

여기서, 공급전압 V, 계자자속(界磁磁束) Φ, 전기자 회로의 저항 R_a 등을 바꾸면 속도가 변화된다.

따라서 속도제어법에는 전압제어법(Voltage control), 계자제어법(Field control), 직렬저항제어법(Rheostatic control) 등이 있다.

가. 전압제어법(電壓制御法)

직류전동기의 계자전류 I_f를 일정하게 하고 전기자에 공급되는 전압 V를 바꾸어 속도를 변화시키는 방법이다.

이 방법에는 워드 레오너드 방식(Ward Leonard system)과 일그너 방식(Ilgner

system)이 있다. 광범위한 속도제어를 할 수 있으나 설비비(設備費)가 많이 든다.

(1) 워드 레오너드 방식(Ward Leonard system)

그림 4-15는 워드 레오너드 방식의 결선도를 나타낸다.

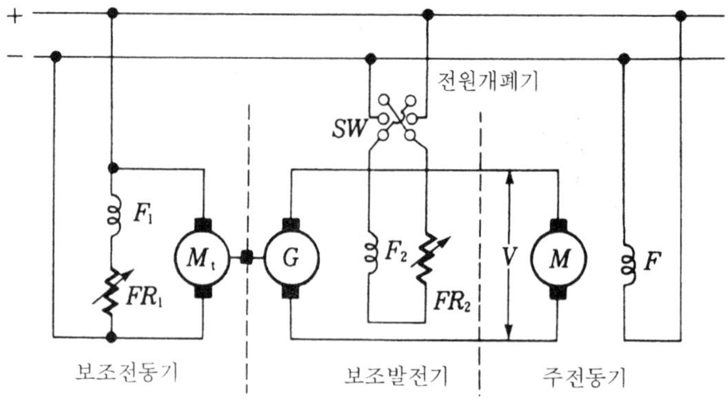

그림 4-15 | 워드 레오너드 방식

M은 주전동기(主電動機)이며 이것의 계자권선 F는 직류 모선(直流母線)에 접속되어 일정하게 여자된다. G는 보조발전기로서, 보조전동기 M_1에 의해 구동되며 G의 발전전압이 M에 공급전압 V로 인가된다.

보조발전기 G의 계자권선 F_2에 흐르는 전류는 FR_2로 조정되며, 이 계자전류의 방향은 개폐기 SW로 바꿀 수 있다.

따라서 이 방식은 주전동기의 회전방향의 전환과 함께 광범위하게 속도제어를 시킬 수 있다. 최근에 와서는 워드 레오너드 방식에 있어서의 보조용 전동발전기(電動發電機: $M-G$)를 사이리스터(Thyristor) 등의 정지기(靜止器)로 대체(代替)한 정지(靜止) 레오너드 방식(Static Leonard system)이 개발되어 있다.

(2) 일그너 방식(Ilgner system)

워드 레오너드 방식의 보조발전기 G를 돌려주는 직류전동기(보조용) 대신에 유도전동기(誘導電動機)를 쓰고, 그 축에 플라이휠(Flywheel)을 붙인 것이다. 압연기(壓延機) 등에 쓰이고 있다.

나. 계자제어법(界磁制御法)

계자저항기(界磁抵抗器)를 조정해서 계자전류의 변화에 따른 자속 Φ를 변화시켜 속도를 제어하는 방법이다.

그림 4-16은 분권전동기의 계자제어법의 결선도를 나타낸다. 이 제어법은 매우 간편하여 주로 사용되나 광범위한 속도제어는 곤란하다.

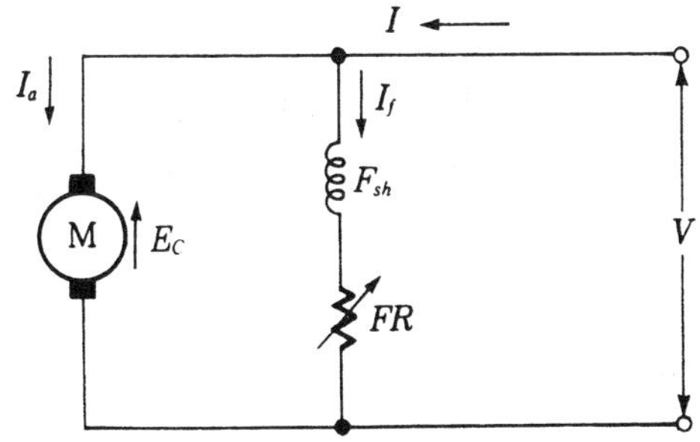

그림 4-16 | 분권전동기의 계자제어법

다. 직렬저항제어법(直列抵抗制御法)

전기자저항제어법이라고도 한다. 전기자 회로에 직렬로 가변저항 R_S를 삽입하여 부하전류 I_a에 의한 전압강하(Voltage drop)를 크게 하여 제어하는 방식으로 이 경우 속도 제어식은 다음과 같이 된다. 즉

$$N = \frac{V - I_a(R_a + R_s)}{k_1 \Phi}[\text{rpm}] \tag{4-38}$$

이다.

이 방법은 대체로 낮은 속도까지 제어가 가능하나 저항으로 인한 열손실(熱損失)이 커서 효율이 나쁘다.

4-4 동기발전기

1. 개요

동기속도(同期速度)로 회전하는 교류 기계를 총칭해서 동기기(同期機; Synchronous machine)라고 한다.

동기기에는 동기발전기와 동기전동기가 있다. 대출력의 수력발전소, 원자력발전소, 화력발전소 등이나 중·소형의 육상 또는 선박용 발전기 등은 모두 동기발전기이다.

2. 동기발전기의 원리

일반적으로 교류발전기라고 하는 것은 동기발전기를 의미한다.

그림 4-17에서 마주보는 자극(磁極) N, S 사이에 코일(coil) *abcd*를 놓고 이것을 XX'를 축으로 하여 시계방향으로 회전시키면 코일 *ab*와 *cd*는 자속을 끊으므로 플레밍의 오른손법칙(Fleming's right-hand rule)에 의해 화살표로 나타낸 방향으로 기전력이 유기된다. 이때 부하를 연결하면 전류는 슬립링(Slip ring)과 브러시(Brush)를 거쳐 부하가 흐르게 된다.

그리고 코일을 일정한 속도로 회전하면 $\frac{1}{2}$회전마다 기전력의 크기와 방향이 규칙적으로 변하는 교번기전력(交番起電力; Alternating e.m.f)이 얻어진다.

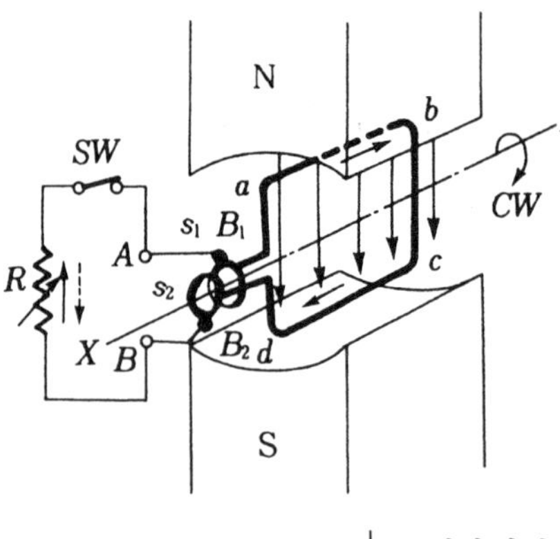

ab, *cd* : 도체
XX' : 회전축
B_1, B_2 : 브러시
s_1, s_2 : 슬립링
SW: 스위치

그림 4-17 | 동기발전기의 원리

3. 동기발전기의 주파수와 동기속도

그림 4-18에서 계자(界磁)가 회전할 때 극수와 회전수 그리고 도체에 유기되는 기전력의 주파수와의 상관관계를 생각해 보기로 한다.

극수(極數)가 2개일 때 1회전하면 도체에 유기되는 기전력은 1주기(Cycle)를 발생하며 크기와 방향이 원래 상태로 된다.

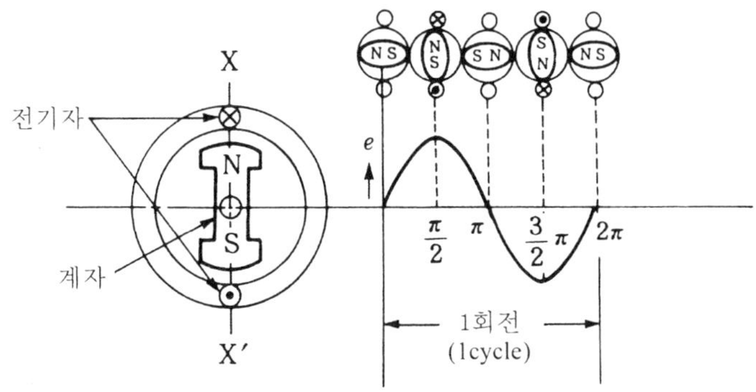

그림 4-18 | 동기발전기의 극수와 주파수 관계도

그러므로 N회전시키면 N주기를 발생하게 된다. 그런데 주파수(周波數; Frequency)는 교류전압 또는 전류의 1초 동안에 반복되는 횟수로 정의되므로 동기발전기의 극수를 P, 분당회전수를 N[rpm]이라 하면 동기발전기의 기전력의 주파수는

$$f = \frac{P}{2} \times \frac{N}{60} = \frac{PN}{120}[\text{Hz}] \tag{4-39}$$

이다.

그리고 식 (4-39)로부터

$$N_s = \frac{120}{P} f \tag{4-40}$$

단, N_s: 동기속도[rpm]

이 얻어진다.

이상의 식 (4-40)에서 극수 P가 일정한 경우에 동기발전기의 회전수 N_s와 주파수 f

사이에는 일정한 관계가 있음을 알 수 있다.

즉 일정한 주파수를 얻으려면 식 (4-39)에 의거한 회전수로 돌려주어야 한다.

이같은 극수와 주파수에 의해 결정되는 회전수를 동기속도(同期速度; Synchronous speed)라고 한다.

4. 동기발전기의 구조

동기발전기는 회전자, 고정자, 여자기, 베어링, 통풍장치, 급유장치((給油裝置) 등으로 구성된다.

가. 회전자(廻轉子; Rotor)

동기발전기에서 회전하는 부분으로, 전기자(電機子) 또는 계자(界磁)가 회전자로서 사용된다. 회전자의 형상은 300～1,200[rpm] 정도의 저속 디젤발전기에서는 직경(直徑)이 크고 축 방향으로의 길이가 짧으나, 1,800～3,600[rpm] 정도의 고속 증기터빈 발전기에서는 원심력(遠心力)의 영향을 줄이기 위해 긴 원통형(圓筒型)으로 되어 있는 것이 특징이다.(그림 4-19 참조.) 실제 동기발전기에서는 계자가 회전자로 주로 쓰이고 있다.

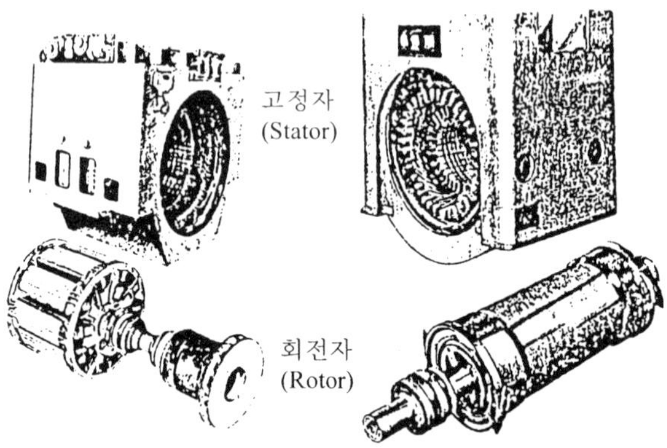

그림 4-19 | 동기발전기의 회전자의 형상

나. 고정자(固定子; Stator)

계자(界磁)보다는 전기자(電機子)가 고정자(Stator)로 많이 쓰이고 있는데, 이런 경우 고정자는 고정자 프레임과 고정자 철심 등으로 이뤄진다.

여기서 고정자 프레임(Stator frame)은 주철재로서 전기자 철심을 지지하고 자기회로(磁氣回路)의 일부를 형성하며, 고정자 철심(Stator core)은 와류손과 히스테리시스손을 줄이기 위해 0.35 ~ 0.5mm 정도의 규소강판(硅素鋼板)을 성층하여 만든다. 그림 4-20은 고정자의 구조를 나타낸다.

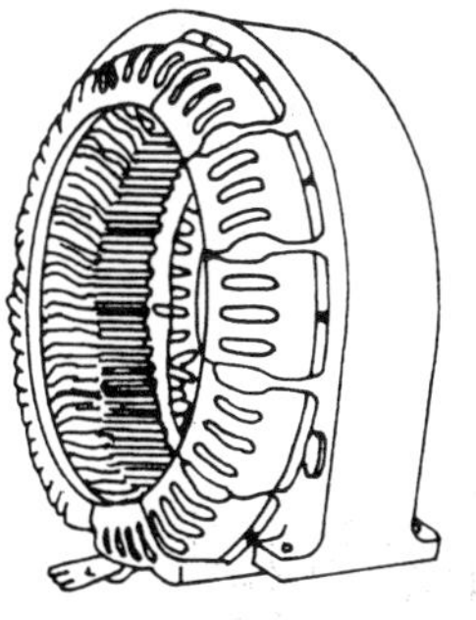

그림 4-20 | 고정자의 구조

다. 여자기(勵磁機; Exciter)

동기발전기에서 계자권선(界磁捲線; Field winding)을 여자해 주는 직류발전기를 여자기(勵磁機)라 한다. 분권발전기 또는 복권발전기가 주로 사용된다.

라. 베어링(Bearing)

볼 베어링(Ball bearing)이나 슬리브 베어링(Sleeve bearing)이 사용되고 있다. 중·대형 발전기에는 슬리브 베어링이 사용된다.

5. 동기발전기의 분류

가. 회전자(廻轉子)의 형식에 따라

회전계자형과 회전전기자형 동기발전기가 있다.

(1) 회전계자형(廻轉界磁型; Revolving field type)

전기자(電機子)를 고정시키고 계자(界磁)를 회전시키는 형이다. 전기자가 고정되어 있으므로 전기자 권선이 원심력을 받지 않으며 충분한 절연을 할 수 있다. 따라서 고전압·대용량의 발전기에 널리 사용되고 있다. 이 형식에서는 여자전류(勵磁電流)를 브러시와 슬립링(Slip ring)을 통해서 계자권선에 공급한다.(그림 4-21(a) 참조).

(2) 회전전기자형(廻轉電機子型; Revolving armature type)

계자가 고정되어 있고 전기자가 회전하는 형이다. 이 형은 10[KVA] 이하의 저전압, 소용량(小容量) 발전기에 사용되며 고전압, 대용량에는 사용되지 않는다. 그림 4-21(b)는 회전전기자형을 나타낸다.

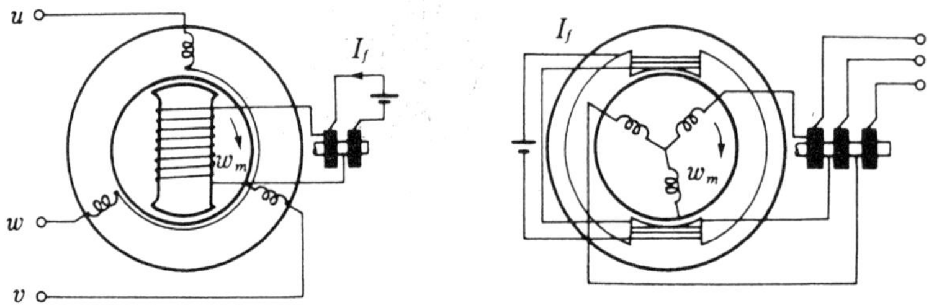

(a) 회전계자형 (b) 회전전기자형

그림 4-21 | 회전계자형과 회전전기자형 발전기

(3) 유도자형(誘導子型; Inductor type)

계자 및 전기자를 고정시키고 내부에 돌출극(突出極)을 가지고 있는 유도자(誘導子; Inductor)를 회전자로서 회전시키는 특수한 형이다. 유도자가 회전하여 전기자 권선과 쇄교하는 자속을 변화시켜 기전력을 유기시킨다.

이 형의 동기발전기는 상용 주파수의 동력용으로는 사용되지 않고 1,000~3,000[Hz] 정도의 단상전력(單相電力)이 소요되는 고주파 전기로(電氣爐) 등의 전원용으로 사용된다.

나. 원동기(原動機; Prime mover)의 종류에 따라

(1) 디젤발전기(Diesel generator)

원동기가 디젤기관인 발전기이다. 150~1,200[rpm] 정도의 저속으로 운전되며 극수는 48~6극이다.

(2) 터보발전기(Turbo-genetator)

증기터빈으로 운전되는 발전기이다. 1,800 ~ 3,600[rpm]의 고속에서 운전되며 극수는 2극 또는 4극이다.

(3) 수차(水車)발전기(Water wheel genetator)

수차에 의해 운전되는 수력발전소의 발전기이다.

6. 유기기전력

동기발전기에 있어서 공극(空隙; Air gap)의 자속 분포가 정현파일 때 1개의 전기자(電機子) 도체에 유기(誘起)되는 기전력(起電力)의 순시치는

$$e = Blv[\mathrm{V}] \tag{4-41}$$

단, B : 자속밀도 [Wb/m^2]

l : 도체의 길이 [m]

v : 운동속도 [m/sec]

이다.

여기서 전기자의 직경을 D [m], 분당회전수를 N [rpm], 극수를 P, 주파수를 f [Hz]라 하면

$$v = \pi D \cdot \frac{N}{60} = \frac{2\pi D}{P} \cdot f \tag{4-42}$$

이므로 식 (4-42)를 식 (4-41)에 대입하면

$$e = 2f \cdot \frac{\pi Dl}{P} \cdot B[\mathrm{V}] \tag{4-43}$$

이 된다.

그리고 자속밀도 B가 정현파형으로 변하면 기전력 e도 정현파형으로 변하는데, 이때 기전력의 평균치를 E_{av}라 하면

$$E_{av} = 2f \cdot \frac{\pi Dl}{P} \cdot B_{av}[\mathrm{V}] \tag{4-44}$$

가 된다.

앞의 식에서 $\frac{\pi Dl}{P}$은 1극에서의 표면적이며, 이것과 평균자속밀도 B_{av}와의 곱은 1극의 전체 자속수 Φ를 의미한다. 즉

$$\Phi = \frac{\pi Dl}{P} \cdot B_{av}[\text{Wb}] \tag{4-45}$$

이다. 그러므로 식 (4-44)는

$$E_{av} = 2f\Phi[\text{V}] \tag{4-46}$$

이 되며, 이것을 실효치 전압으로 바꾸면

$$E = 1.11E_{av} \tag{4-47}$$

(∵ 전압의 실효치 = 파형률×전압의 평균치)

이다.

따라서 하나의 도체에 유기되는 기전력은 식 (4-46)과 식 (4-47)에서

$$E = 2.22f\Phi[\text{V}] \tag{4-48}$$

로 된다.

여기서 전기자 권선법을 전절권(全節捲)과 집중권(集中捲)으로 했을 때 1상 1극당의 권수를 W로 하면 1상에 직렬로 연결되는 도체수는 $2W$로 되어 동기발전기의 합성 유기기전력은

$$E = 4.44 \cdot f \cdot W \cdot \Phi[\text{V}] \tag{4-49}$$

가 된다.

그러나 실제의 전기자 권선법에 있어서는 단절권(短節捲)과 분포권(分布捲)을 사용하므로 식 (4-49)에 일정한 계수(係數)를 곱하여 보정(補正)해 주어야 한다.

단절권과 분포권으로 인해 보정해 주는 계수를 각각 K_P, K_D라 하면

$$K_W = K_D \cdot K_P \tag{4-50}$$

단, K_W: 권선계수(winding factor)

K_D : 분포권계수(distribution factor)

K_P : 단절권계수(pitch factor)

이 되는데, 이들을 모두 고려한 동기발전기의 합성 기전력은 다음과 같이 된다.

$$E = 4.44\,K_D\,K_p\,f\,W\Phi[\mathrm{V}]$$
$$= 4.44\,K_W \cdot f\,W\Phi[\mathrm{V}] \qquad (4\text{-}51)$$

7. 동기발전기의 병렬운전

가. 개요

2대 이상의 동기발전기를 병렬로 모선(母線; Bus bar)에 연결하여 부하에 전력을 공급하는 것을 **병렬운전(竝列運轉; Parallel running)**이라 한다(그림 4-22 참조). 일반적으로 발전기는 전부하(全負荷) 부근에서 최대효율이 되도록 설계되므로 대용량의 발전기 1대보다는 소용량의 발전기 2대 이상을 설치하여 부하의 경중(輕重)에 따라 적절히 단독운전 혹은 병렬운전을 하는 것이 효율적이다.

㈜ 모선(母線; Bus bar) : 여러 개의 전원 또는 공급회로가 접속되는 도선(導線)이다.

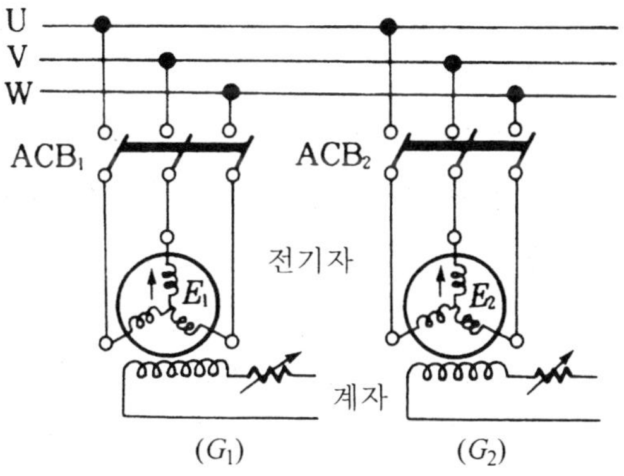

그림 4-22 | 동기발전기의 병렬운전

나. 병렬운전의 조건

(1) 기전력(起電力)의 크기가 같을 것

여기서 크기는 실효치(實效値)이다.

(2) 기전력의 주파수가 같을 것

주파수는 원동기(原動機; Prime mover)의 속도에 의해 조정된다. 양 발전기의 주파수의 일치를 확인하기 위해 동기검정기(同期檢定器; Synchroscope)가 사용된다.

(3) 기전력의 위상(位相)이 같을 것

이상의 3가지 조건 외에 기전력의 파형(波形)과 상순(相順)이 같아야 한다. 그리고 부하 변동에 따른 각 발전기의 균등한 부하 분담을 위해 원동기는 다음 조건을 갖추는 것이 필요하다.

① 균일한 각속도(角速度)를 가질 것

② 적절한 속도변동률을 가질 것

다. 병렬운전 시기

(1) 한 발전기로 부하를 감당할 수 없을 때

(2) 특히 선박의 경우 출입항, 협수로 및 위험수로 항해 시

라. 난조

동기발전기의 병렬운전 중 갑작스런 부하의 변동이 생겼을 때 한 발전기에서 타 발전기로 부하가 번갈아 이동하는 경우가 있다.

이러한 현상은 원동기의 조속기(調速機; Governor)가 너무 민감하거나 원동기의 회전력이 불균일할 때 발생한다. 이같이 병렬운전중인 발전기가 동기속도를 중심으로 상하로 요동하는 현상을 **난조(亂調; Hunting)**라 한다.

난조가 심하게 되면 발전기의 동기성(同期性)을 상실하게 되는데 이런 경우에는 제동권선(制動捲線; Damping winding)을 설치하거나, 플라이휠(Flywheel)을 달거나, 조속기의 니들밸브(Needle valve)를 둔하게 하면 난조가 방지된다.

마. 병렬운전 절차

이미 정격전압, 정격주파수로 운전하여 부하에 전력을 공급하고 있는 발전기 G_1에 발전기 G_2를 병렬 운전코자 할 때에는 다음 순서에 따라 조작하면 된다.

① G_2를 기동하여 정격속도까지 올린다.

② G_2의 계자가감저항기를 조정하여 단자전압을 모선의 전압까지 올린다.

③ G_2의 조속기를 조정하여 G_2의 주파수가 G_1의 주파수보다 약간 높게 한다.

④ 전압이 같고 동기검정기(Synchroscope)의 지침(指針)이 중앙 위치에 약간 못 왔을 때 G_2의 자동차단기(ACB_2)를 빨리 닫는다.

⑤ G_2의 조속기를 조정하여 부하를 G_2에 옮긴다.

[4-5] 동기전동기

1. 구조

동기발전기의 회전계자형(回轉界磁型; Revolving field type)과 같은 구조로 되어 있다.

가. 고정자

3상권선이 감겨 있다. 이 권선을 고정자 권선 혹은 전기자 권선이라 한다. 여기에 3상 교류전원이 공급된다.

나. 회전자

계자극(界磁極)이 되는 부분이다. 회전자 축상에 2개의 슬립 링(Slip ring)이 설치되어 있으며 이것을 통해서 여자전류(직류)가 공급된다.

2. 작동원리

그림 4-23은 동기전동기의 작동원리를 나타내는 것이다.

극수 P인 동기전동기의 고정자 권선에 f의 3상 교류전압을 공급하면 동기속도 N_S [rpm]로 회전하는 회전자계(回轉磁界)가 공극(Air gap)에 발생된다.

그리고 회전자를 어떤 방법에 의해 회전자계가 돌아가는 방향으로 동기속도에 가깝게 회전시켜 놓은 상태에서 슬립링을 통해 직류 여자전류를 공급하면, 회전자계와 계자극 사이에 같은 극(極)은 서로 반발하고 다른 극끼리 서로 흡인(吸引)해서 일정한 토크가 회전자에 발생하므로 동기속도로 회전하게 된다.

㈜ 계자극 끝에 농형권선을 약간 설치하여 기동시 동기속도(회전자계속도) 부근까지 회전자가 돌아가도록 한다.

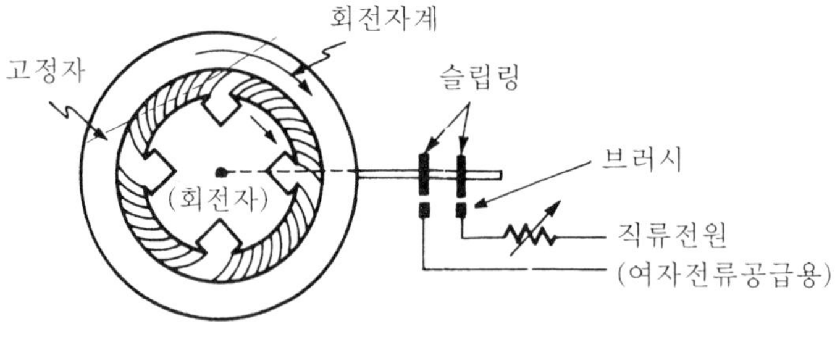

그림 4-23 | 동기전동기의 작동원리

3. 특징

① 자기동(自起動; Self-starting)이 되지 않는다. 그러므로 계자극 끝에 기동용의 농형권선을 약간 설치한다.

② 고정자에는 3상교류를 공급하고, 회전자에는 축상(軸上)에 설치된 2개의 슬립링(Slip ring)을 통해서 직류를 공급한다.

③ 정속도(定速度) 전동기이다. 항시 동기속도로 운전된다.

④ 계자전류를 조정해서 역률 교정용으로 사용한다. 역률을 100[%]로 운전할 수 있다. 이때 역률 개선용으로 사용된 동기전동기를 **동기조상기(同期調相機)**라 한다.

[4-6] 유도전동기

1. 3상유도전동기의 기본원리

가. 아라고의 원판(Arago's disc)

그림 4-24는 유도전동기(誘導電動機)의 기본원리가 되는 아라고의 원판을 나타낸다. 영구자석을 화살표 방향으로 움직이면 원판(圓板; Disc)은 자석이 움직이는 방향으로 회전하게 된다. 이것은 영구자석에 의해 발생한 자속(ϕ)이 영구자석과 함께 이동하기 때문에 원판(도체)은 자속을 쇄교하며 따라서 플레밍의 오른손법칙에 의해 원판 내에 기전력이 유기되어 나선모양의 전류가 흐르게 되기 때문이다.

이때 원판은 자속과 유기전류에 의해 전자력(電磁力)이 생겨 자석을 움직이는 방향으로 돌아가게 된다.

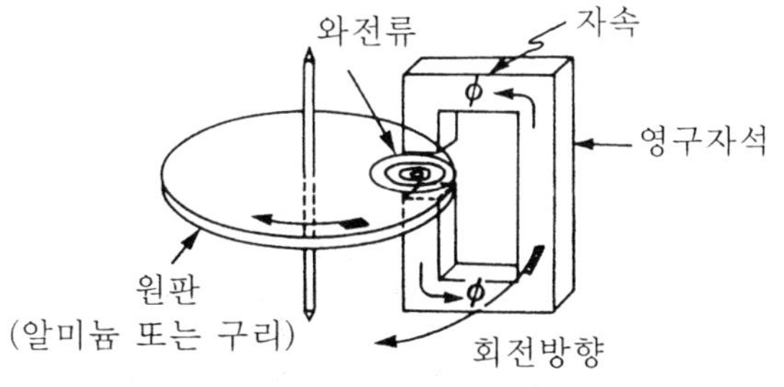

그림 4-24 | 아라고의 원판

이것을 아라고의 원판(Arago's disc)이라 한다.

㈜ 원판의 회전은 플레밍의 왼손법칙에 따른다.

나. 3상유도전동기의 작동원리

3상유도전동기는 아라고의 원판의 원리를 이용한 것으로 영구자석을 이동하는 대신에 회전자계를 응용한다. 먼저 고정자 철심(Stator core) 내측에 3상권선을 배치하고, 원통형의 회전자 철심(Rotor core) 외측에는 도체로 회로를 만들어 놓는다. 그리고 고정자에 3상교류를 공급하면 회전자계(回轉磁界)가 발생하며, 이 자계에 의해 회전자 도체에는 기전력이 유기되어 전류가 흐르게 된다. 이때 회전자에는 고정자의 회전자계와 회전자 도체의 유기전류에 의해 전자력이 발생한다. 따라서 회전자계가 움직이는 방향으로 돌아가게 된다.

2. 3상유도전동기의 구조

주요 구성부분은 고정자와 회전자이다.

가. 고정자(固定子; Stator)

고정자는 고정자 틀(Stator frame), 철심(Iron core) 및 권선(Coil) 등의 세 부분으로 되어 있으며, 전원으로부터 3상 교류전력을 공급받아 회전자계를 만들고, 전자유도작용(電磁誘導作用)에 의해 전력을 회전자에 전달하는 역할을 한다.

그림 4-25는 고정자 틀의 내부에 규소강판을 성층한 원통형의 철심을 설치한 구조를 나타낸다. 이 철심의 슬롯(Slot)에 3상권선을 △ 혹은 Y형으로 설치한다.

㈜ 고정자에 감겨 있는 권선을 1차권선(Primary winding)이라 한다.

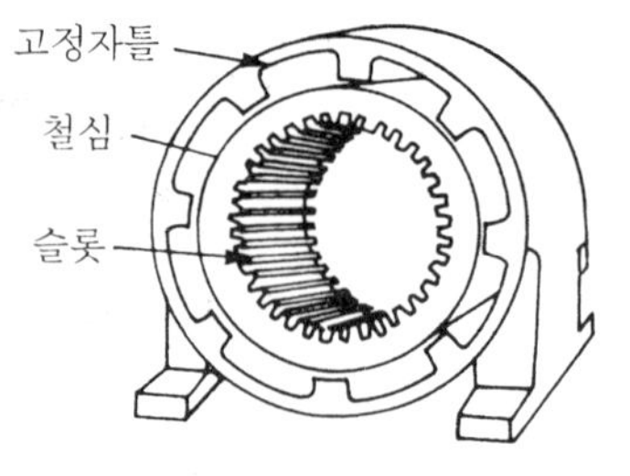

그림 4-25 | 고정자의 구조

나. 회전자(回轉子; Rotor)

회전자는 철심, 권선 및 축 등의 세 부분으로 이뤄지며, 회전자의 모양과 철심의 슬롯에 감기는 권선의 종류에 따라 농형 회전자(籠型回轉子; Squirrel cage rotor)와 권선형 회전자(捲線型回轉子; Wound rotor)의 두 가지로 나누어진다.

(1) 농형 회전자

0.35[mm] 정도의 규소강판(Silicon sheet steel)을 성층(成層)해서 그림 4-26 처럼 만들고, 철심 외주의 슬롯 내에 구리봉(Copper bar)을 넣은 후 양 끝에서 커다란 구리환으로 단락(短絡; Short)한 것이다. 여기서 구리환을 단락환(短絡環; End ring)이라 한다.

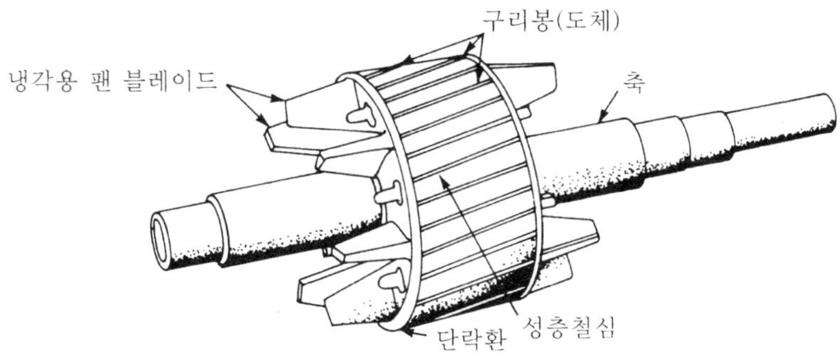

그림 4-26 | 농형 회전자

(2) 권선형 회전자

고정자 권선과 같이 3상권선을 Y결선하고 그 단자는 회전자 축상에 배치된 3개의 슬립링(Slip ring)에 연결하여 브러시를 거쳐 외부의 기동저항(起動抵抗; Starting resistor)에 연결되는 구조로 되어 있다(그림 4-27 참조).

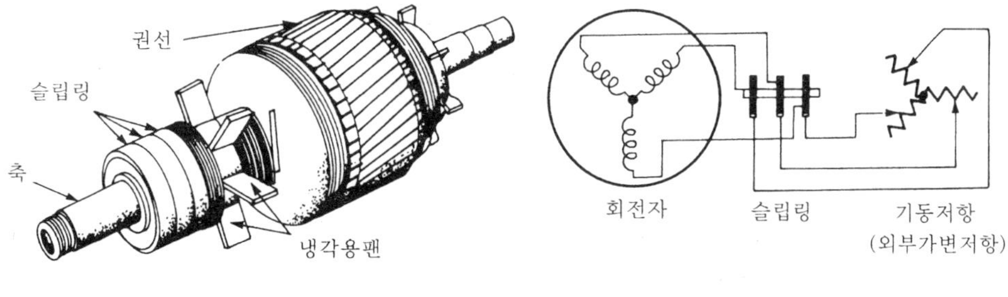

그림 4-27 | 권선형 회전자

3. 3상유도전동기의 종류

회전자의 형태에 따라 다음 두 가지가 있다.

가. 농형 유도전동기(Squirrel cage induction motor)

농형(籠型) 회전자를 가진 유도전동기이다.

나. 권선형 유도전동기(Wound rotor induction motor)

권선형(捲線型) 회전자를 가진 유도전동기이다.

4. 3상유도전동기의 특징

유도전동기의 특성으로는 동기속도, 슬립, 유기기전력, 1차 및 2차 전류, 토크, 역률 및 효율 등을 생각할 수 있다.

가. 동기속도(同期速度)

회전자계속도를 동기속도(Synchronous speed)라 하여 분당회전수[rpm]로 나타낸다. 주파수와 극수에 의해 결정되며, 식 (4-40)으로부터 다음과 같이 주어진다.

$$N_S = \frac{120}{p} f\,[\text{rpm}]$$

단, N_S : 동기속도[rpm]

p : 극수

f : 공급전원의 주파수[Hz]

나. 슬립(Slip)

교류전동기에서 회전속도를 나타내는 용어이다. 슬립은 동기속도(N_S)에 대하여 자속을 끊는 속도($N_S - N$)의 비(比)로서 정의된다. 즉

$$S = (N_S - N)/N_S \tag{4-52}$$

$$= \frac{N_S - N}{N_S} \times 100\,[\%] \tag{4-53}$$

단, S : 슬립

N : 전동기의 회전속도[rpm]

이다. 여기서 식 (4-52)를 변형하면

$$N = N_S(1 - S)[\text{rpm}] \tag{4-54}$$

이 얻어진다.

유도전동기의 경우 슬립은 부하의 증·감에 따라 변하며, 부하가 증가하면 슬립도 증가하는데 대체로 전부하 시에 슬립은 3～8[%] 정도로 된다.

주) 슬립 $s = 0$은 전동기가 동기속도(N_s)로 회전하고 있는 상태이며, 그리고 $s = 1$은 전동기가 정지된 상태($N = 0$[rpm])임을 의미한다.

다. 유기기전력

고정자 권선에 여자전류(勵磁電流; Exciting current)가 흐르면 1차 및 2차 권선에는 각각 다음과 같은 기전력이 유도된다.

(1) 1차 유기기전력

$$E_1 = 4.44\,K_{W1} \cdot W_1 \cdot f \cdot \Phi[\text{V}] \tag{4-55}$$

단, E_1 : 1차 유기기전력[V],

K_{W1} : 1차권선의 권선계수

W_1 : 1차 1상(相)분의 권선수,

Φ : 매극당 자속[Wb]

(2) 2차 유기기전력

2차측 권선에는 전동기가 기동 전 정지상태($S = 1$)에 있는 경우 회전자계가 1차권선을 끊는 속도와 동일한 속도로 2차권선을 끊으므로 공급전압과 같은 주파수의 기전력 E_2가 유기된다.

$$E_2 = 4.44 K_{W2} \cdot W_2 \cdot f \cdot \Phi[\text{V}] \tag{4-56}$$

단, K_{W2} : 2차권선의 권선계수

W_2 : 2차 1상분의 권선수

그러나 회전자가 슬립 S로 회전하고 있을 경우 회전자 도체가 회전자계를 쇄교하는 속도는 회전자가 정지하고 있을 때의 S배로 되므로 이때의 2차 유기기전력 E_2'는 다음 식 (4-57)로 된다.

$$E_2' = SE_2 = 4.44K_{W2} \cdot W_2 \cdot Sf \cdot \Phi[\mathrm{V}] \tag{4-57}$$

단, $f_2 = Sf$

그리고 이상에서 유기기전력과 권선수(捲線數) 및 권선비 사이에는 다음 식 (4-58)이 성립한다.

$$\frac{E_1}{E_2} = \frac{K_{W1}W_1}{K_{W2}W_2} = \alpha \tag{4-58}$$

단, α : 권선비(Turn ratio)

라. 토크(迴轉力; Torque)

유도전동기는 고정자 권선이 만드는 회전자계와 회전자측의 2차전류에 의해 다음 식으로 주어지는 토크를 발생한다. 즉

$$\tau_m = K \cdot \Phi \cdot I_2 \cdot \cos\theta_2 \,[\mathrm{N \cdot m}] \tag{4-59}$$

단, τ_m : 유도전동기의 발생토크 [N·m],
ϕ : 자속 [Wb],
I_2 : 2차전류 [A],
$\cos\theta_2$: 2차역률,
K' : 상수

이다.

그림 4-28은 3상유도전동기에서 슬립 S를 매개변수(Parameter)로 하여 $S=0$에서 $S=1$까지 S를 미소 변환시켰을 때의 전류-슬립, 토크-슬립, 역률-슬립 및 효율-슬립 등의 특성곡선을 나타낸다.

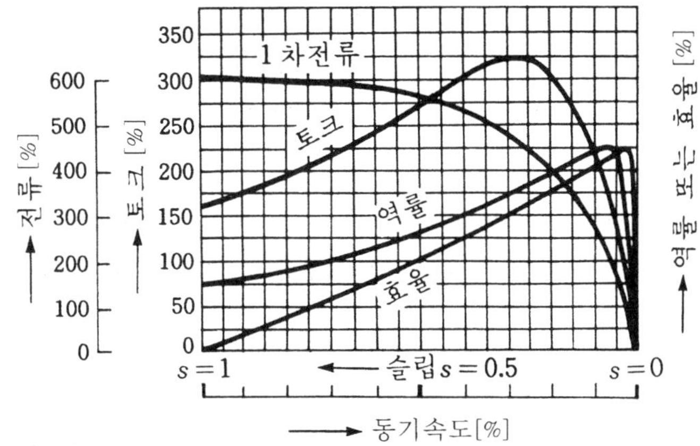

그림 4-28 | 3상유도전동기의 슬립에 대한 여러 가지 특성곡선

마. 권선형 유도전동기의 비례추이

유도전동기에서 2차전류는

$$I_2 = \frac{E_2'}{Z_2'} = \frac{sE_2}{\sqrt{r_2^2 + (sx_2)^2}} = \frac{E_2}{\sqrt{\left(\frac{r_2}{s}\right)^2 + x_2^2}} [\mathrm{A}] \qquad (4\text{-}60)$$

이고, 토크는

$$\tau_m = K' \frac{sE_2^2 \cdot r_2}{r_2^2 + (sx_2)^2} = K' \frac{E_2^2 \cdot \left(\frac{r_2}{s}\right)}{\left(\frac{r_2}{s}\right)^2 + x_2^2} [\mathrm{N \cdot m}] \qquad (4\text{-}61)$$

이다.

위 두 식에서 I_2와 τ_m은 $\frac{r_2}{s}$의 함수이고, r_2와 s가 변하더라도 그 비율만 일정하면 I_2와 τ_m의 값은 변하지 않는다.

즉 r_2을 m배 할 경우 같은 크기의 I_2 및 τ_m은 슬립이 ms일 때 생기게 된다. 이같이 전압이 일정할 때 같은 크기의 전류 및 토크에 대한 슬립은 2차저항 r_2에 외부저항을 접속하는 것에 비례해서 추이(推移)하는데 이러한 현상을 권선형 유도전동기의 비례추이(比例推移; Proportional shifting)라 한다.

권선형 유도전동기에서는 기동시에 적당한 크기의 외부저항을 2차회로에 삽입하여 기동전류는 감소시키고 반면에 기동 토크는 증가시킨 상태에서 기동하며, 정상운전 시에는 외부저항을 단락해서 2차권선의 저항만으로 운전한다. 권선형 유도전동기는 비례추이 원리를 이용하여 기동특성을 개선할 뿐만 아니라 전동기의 회전속도도 제어한다.

그림 4-29는 권선형 유도전동기에서 2차회로의 저항이 각각 r_2 및 mr_2일 때의 전류-슬립 특성곡선(Current-slip characteristic curve)과 토크-슬립 특성곡선(Torque-slip characteristic curve)을 나타낸다.

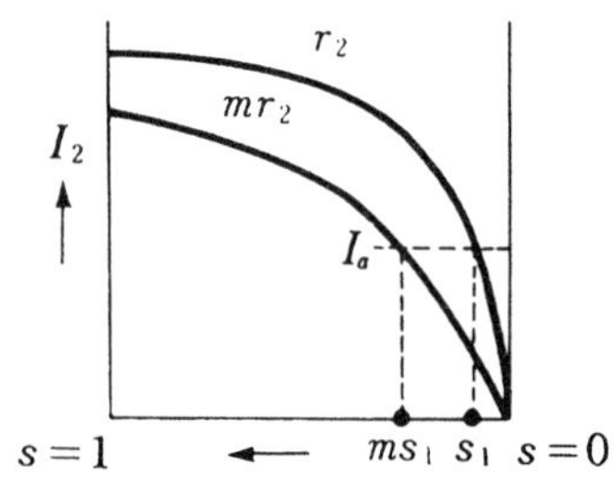

(a) 전류-슬립 특성곡선

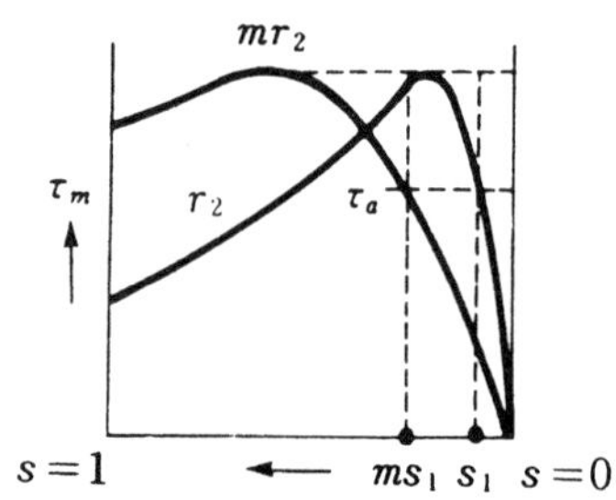

(b) 토크-슬립 특성곡선

그림 4-29 | 권선형 유도전동기의 전류-슬립 및 토크-슬립 특성곡선

5. 유도전동기의 기동법

유도전동기가 정지상태에 있을 때 정격전압을 가하면 기동전류는 전부하전류의 약 400~600[%]로 되고, 기동 토크(Starting torque)는 약 150[%] 내외로 되는 것이 보통이다.

권선형 유도전동기에서는 비례추이(比例推移)를 이용해서 기동전류를 감소시키고, 기동토크를 증가시킬 수 있으나 농형 유도전동기는 구조상 2차저항을 변화시킬 수 없기 때문에 기동전류를 줄이기 위해서 공급전압을 낮추어 기동시키고 정상속도에 도달하면 정격전압을 가하는 방법을 채택하고 있다.

3상유도전동기의 기동법에는 다음과 같은 것들이 있다.

가. 전전압 기동법(Full voltage starting)

전동기 단자에 직접 정격전압(定格電壓)을 가해서 기동시키는 방법으로 직입기동법(直入起動法)이라고도 한다. 5kw이하의 소형 농형유도전동기에 일반적으로 사용된다.

나. Y-△기동법

5-15kw 정도의 전동기에 사용되는 기동법이다.

그림 4-30처럼 고정자 권선의 6단자를 전동기 밖으로 뽑아내어 기동시(起動時)에는 Y결선으로 운전하고, 전동기속도가 정상속도의 85~90%에 도달했을 때는 △결선(전동기 본래의 결선)으로 전환하여 운전하는 기동법이다.

여기서 기동시 Y결선으로 하면 고정자의 각 상전압(相電壓)은 전원전압의 $1/\sqrt{3}$로 되어 기동전류가 감소하게 되며, 정상속도에 가까워졌을 때 △결선으로 바꾸면 각 상전압은 전원전압(전전압)으로 운전된다.

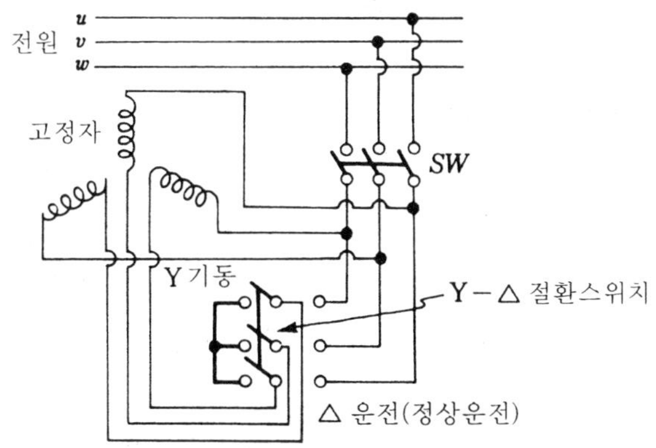

그림 4-30 | Y-△ 기동법

이 방법에 따르면 기동전류와 기동토크는 전전압 기동법에 비해 각각 1/3로 된다.

다. 기동보상기법

기동시 전동기에 공급되는 전압을 그림 4-31처럼 3개의 단권변압기(單捲變壓器; Auto-transformer)로 구성된 기동보상기(起動補償器; Starting compensator)에 의해 일시적으로 낮춰 기동시 전류를 제한하는 방법을 기동보상기법(起動補償器法; Starting compensator method)이라 한다.

이 방법은 탭(tap)을 이용하여 전동기의 단자전압을 85~50[%] 정도로 낮추어 기동하고, 기동 후에는 전 전압을 직접 접속하는 것으로 15kw를 초과하는 전동기에 사용된다.

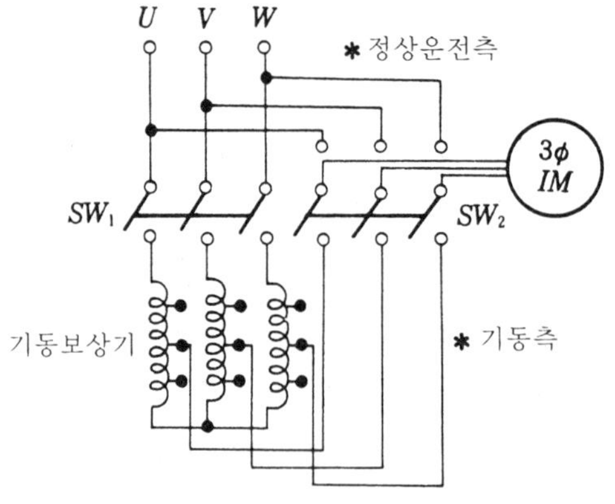

그림 4-31 | 기동보상기법

라. 리액터기동법(Reactor starting)

기동보상기 대신에 리액터(Reactor) L을 전원과 유도전동기의 사이에 설치한 것이다. 리액터에 의한 전압강하분(電壓降下分)만큼 낮은 전압이 전동기에 인가되므로 기동전류는 적게 흐른다. 기동 후 정상운전측 스위치를 닫으면 전원의 전 전압이 유도전동기에 인가된다. 그림 4-32는 리액터기동법을 나타낸다.

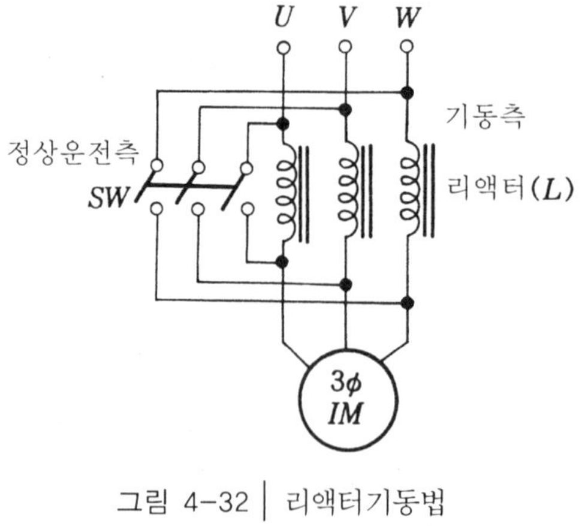

그림 4-32 | 리액터기동법

마. 2차저항기동법

권선형 유도전동기에 사용되는 기동법으로 2차회로에 접속된 외부저항(外部抵抗)을 조정하여 기동전류 및 기동토크를 비례추이(比例推移) 원리를 이용하여 제어한다(그림 4-27 및 그림 4-29 참조).

6. 유도전동기의 속도제어

3상유도전동기의 속도제어 방법을 분류하면 다음과 같다.

- 3상유도전동기
  - 농형 유도전동기
    - 극수변환법
    - 주파수제어법
    - 1차전압제어법
    - 전자커플링에 의한 제어법
  - 권선형 유도전동기
    - 2차저항제어법
    - 2차여자제어법
      - 크레머방식
      - 셀비어스방식

가. 극수변환법

유도전동기의 속도제어식

$$N = N_s(1-S) = \frac{120}{P} f(1-S) \tag{4-62}$$

에서 극수 P를 변환하는 방법이다.

이 방법은 2단 혹은 3단 속도제어 시 주로 사용되는데, 예로서 고정자 권선에 4극과 6극 권선을 설치하면 2단 속도제어가 가능하게 된다.

나. 주파수제어법

전원주파수 f를 변화시키면 동기속도 N_s가 f에 비례하여 변화하므로 유도전동기의 회전속도 N을 제어할 수 있다.

이 방법은 전용 교류발전기와 같은 가변주파수(可變周波數) 전원장치를 별도로 필요로 한다. 요즘은 전력용 반도체소자의 발달로 인버터(Inverter)나 사이클로컨버터(Cycloconverter)와 같은 **정지형(靜止形) 주파수 변환장치**가 주로 이용되고 있다.

다. 1차전압제어법

유도전동기의 발생토크가 공급전압의 제곱에 비례하는 특성을 이용하여 1차전압에 의해 속도를 제어하는 방식이다.

그림 4-33은 농형 유도전동기의 1차전압을 사이리스터(Thyristor) 역병렬(逆竝列)방식으로 제어하는 것을 나타내며, 그림 4-34는 1차전압 제어에 따른 전동기의 토크-슬립 특성곡선을 변화시켜 속도제어를 행하고 있음을 보여준다.

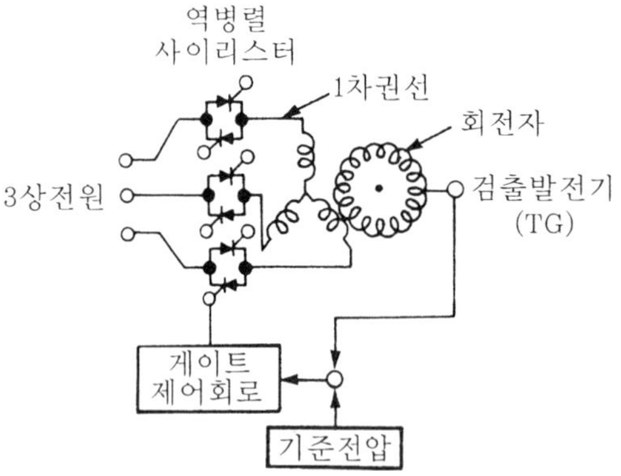

그림 4-33 | 사이리스터를 이용한 1차전압제어

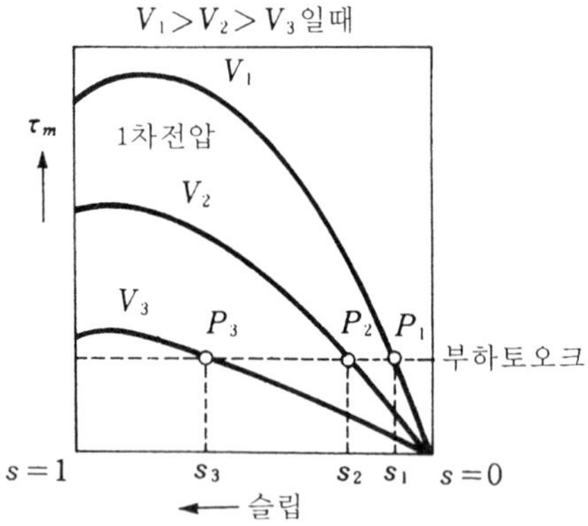

그림 4-34 | 토크-슬립 특성곡선

라. 전자(電磁)커플링에 의한 속도제어법

농형 유도전동기와 부하 사이에 전자커플링을 설치하여 한쪽(주철제 원통형 드럼)은 전동기에, 다른 쪽(회전자 자극)은 부하에 연결한 다음 여자전류(勵磁電流)를 가감하여 넓은 범위에 걸쳐 속도를 제어하는 방식이다. 이 방식은 저속에서 전자커플링내의 손실이 많아 효율이 떨어지는 결점이 있으나 간편한 방법이다.

그림 4-35는 전자커플링에 의한 속도제어법의 개략적인 구조와 토크-슬립 특성곡선을 나타낸다.

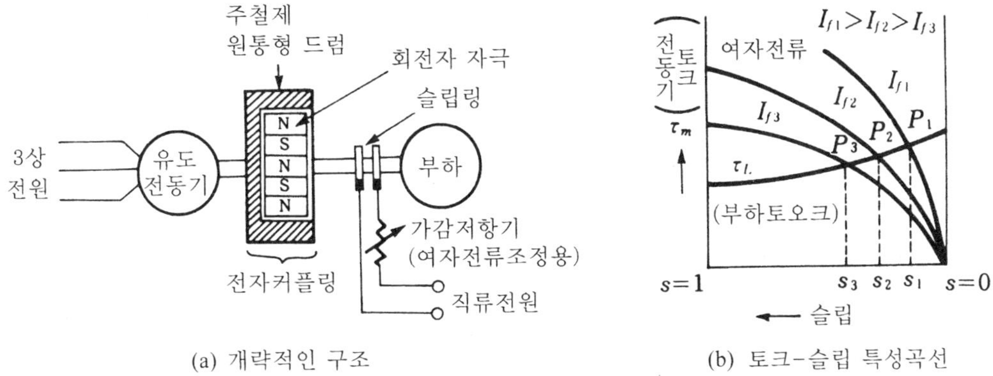

그림 4-35 | 전자커플링에 의한 속도제어법

마. 2차저항제어법

권선형 유도전동기에서 비례추이 원리에 의해 외부저항을 이용하여 2차회로의 저항값을 변화시켜 속도제어를 하는 방식이다.

매우 간단하나 2차동손이 증가하고 효율이 나빠지는 결점이 있다.

7. 역전

3상유도전동기는 고정자의 3단자 중 임의의 2단자를 바꾸어 주면 회전자계의 방향이 바뀌어져서 역전(逆轉)이 이뤄진다.

8. 단상유도전동기

가. 구조

단상권선(單相捲線)이 감겨 있는 고정자(固定子; Stator)와 농형(籠型) 회전자로 되어 있다.

나. 작동원리

고정자 권선에 단상교류를 공급하면 교번자계(交番磁界; Alternating magnetic field)가 발생한다. 이 자계는 기동토크를 발생시키지 못하므로 어떤 방법으로 불완전하게나마 회전자계를 만들어주면 정격속도에 도달하여 정상운전된다.

다. 응용

1마력(HP) 이하 1/8마력 정도의 소형전동기에 사용된다.

라. 단상유도전동기의 종류와 특징

단상유도전동기는 자기동(自起動) 능력이 없으므로 어떤 기동장치를 해 주어야 하는데 이런 장치의 종류에 따라 다음과 같은 것이 있다.

(1) 분상기동(分相起動) 단상유도전동기

그림 4-36은 고정자와 농형회전자로 되어 있는 분상기동(Split phase starting) 단상유도전동기의 구조를 나타낸다. 여기서 고정자는 주권선(主捲線; Main winding) 외에 주권선과 병렬로 설치된 기동권선(起動捲線) 그리고 이 기동권선에 직렬로 접속된 다소 높은 저항 R로 이뤄진다.

따라서 단상유도전동기에 전원을 인가하면 기동권선에서 발생하는 자속이 최대가 된 후에 주권선에서 발생하는 자속이 최대가 되므로 불완전하게나마 회전자계가 발생하여 기동하게 된다. 이 전동기는 35~200[W] 정도의 송풍기, 세탁기, 원심분리기 등에 사용된다.

주) ① 주권선과 기동권선과의 전기각(電氣角)은 90°이다.
② 회전방향은 주권선이나 기동권선 중 어느 한 쪽 단자를 교환하여 바꿀 수 있다.
③ 원심개폐기는 동기속도의 약 75% 정도에서 개로(開路) 된다.

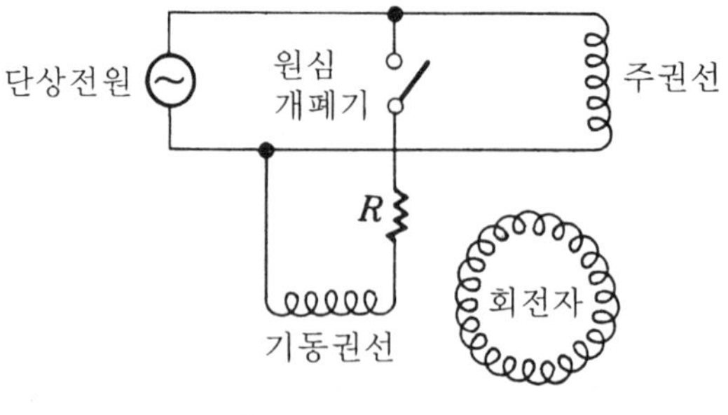

그림 4-36 | 분상기동 단상유도전동기

(2) 콘덴서전동기(Condenser motor)

그림 4-37과 같이 분상기동 단상유도전동기의 저항 R 대신에 콘덴서를 넣은 것이다. 이 경우 기동권선의 전류는 전원전압보다 위상(位相)이 앞서고, 주권선의 전류는 전원전압보다 위상이 뒤지게 되며, 이 두 전류의 위상차는 거의 $\frac{\pi}{2}$에 가까워져서 거의 완전한 회전자계가 발생되어 전동기가 기동된다.

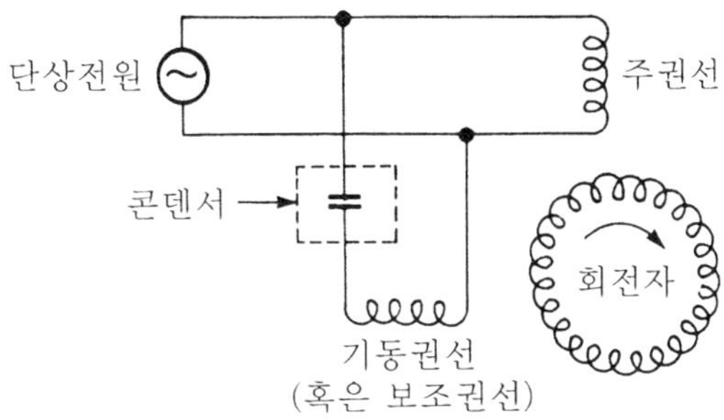

그림 4-37 | 콘덴서전동기

기동권선(혹은 보조권선)과 직렬로 연결된 콘덴서(4～20[μF])를 운전 중에도 그냥 접속하여 두는 경우도 있는데 이것은 콘덴서를 역률개선(力率改善)용으로 사용하기 위해서이다.

(3) 세이딩 코일형 전동기(Shaded pole motor)

그림 4-38(a)처럼 고정자의 자극에 홈을 파고 굵은 동환(銅環) 즉 세이딩 코일(Shading coil)을 끼운 구조로 된 것이다.

이 전동기의 고정자권선에 단상전압을 공급하면 자속이 발생하며, 그 중 일부분(그림 4-38(b)의 ⓑ)의 자속 Φ_b는 세이딩 코일과 쇄교하여 자속 Φ_b보다 위상이 90° 뒤진 전압을 세이딩 코일에 유기시키므로 세이딩 코일에는 단락전류(短絡電流) I_C가 흐르게 된다.

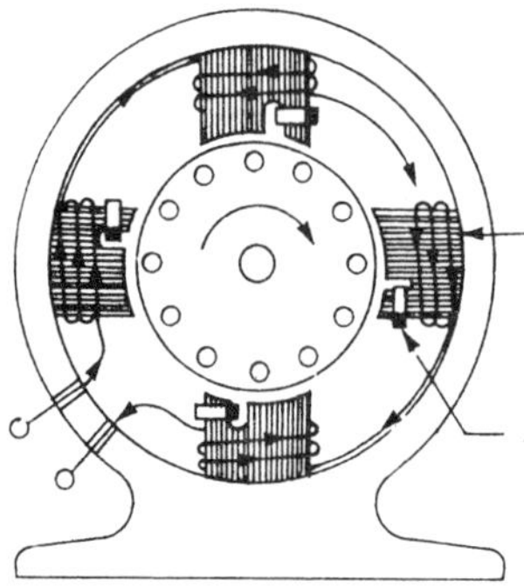

(a) 구조

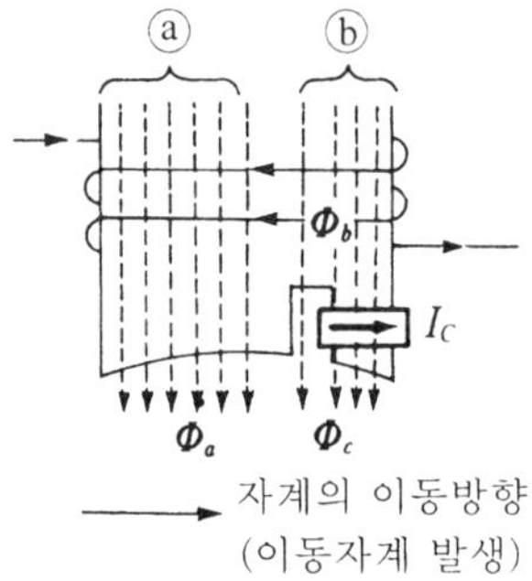

(b) 1극에서의 자속관계

그림 4-38 | 세이딩 코일형 전동기

여기서, 단락전류에 의해 생긴 자속은 Φ_b보다 위상이 뒤져서 변화하게 되므로 각 자극 밑에는 ⓐ부분에서 ⓑ부분으로 향하는 이동자계(移動磁界; Shifting magnetic field)가 생기며 회전자 도체는 자속을 쇄교하므로 전자력이 발생하여 전동기는 기동하게 된다.

이 전동기는 65[W] 이하의 전축 등에 사용되며, 세이딩 코일이 있는 방향으로 회전하므로 회전방향을 바꿀 수 없는 특징을 가지고 있다.

(4) 반발기동(反撥起動)전동기(Repulsion motor)

그림 4-39는 반발기동전동기의 구조를 나타낸다. 고정자는 단상권선으로 되어 있고, 회전자는 직류전동기의 전기자(電氣子)처럼 권선과 정류자로 되어 있다. 그리고 전기각 180° 떨어져서 정류자와 접촉하고 있는 2개의 브러시는 굵은 도선으로 단락되어 있는 것이 특징이다. 이 전동기는 고정자 권선에 단상전압을 가하면 반발전동기로서 기동되다가, 동기속도의 70~80%에 도달하면 원심력에 의해 기계적으로 정류자가 단락(短絡)되어 농형회전자로서 작동된다.

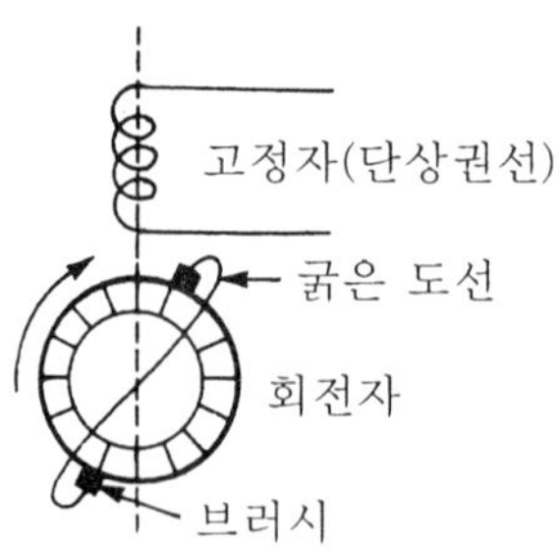

그림 4-39 | 반발기동전동기

연습문제

문제 … 1 유도전동기의 기동법으로서 속도제어를 겸할 수 있는 것은?

정답 2차저항기동법

㊟ 권선형 유도전동기에서 응용된다.

문제 … 2 가정 냉장고용 단상유도전동기로서 가장 많이 사용되고 있는 형은?

정답 콘덴서 기동형

문제 … 3 직류전동기의 회전력 특성식은?

정답 $\tau = K \cdot \Phi \cdot I_a$ [N-m]

단, τ : 회전력(Torque) [N-m]

Φ : 자속 [Wb]

I_a : 전기자전류 [A]

문제 … 4 운전 중 무부하(No load) 상태가 되면 과속하여 기계적인 손상을 초래하는 전동기는?

정답 직권전동기(Series motor)

문제 … 5 변압기에 직류회로를 연결했을 때 일어나는 현상은?

정답 1차측은 과부하(過負荷)가 되고, 2차측은 전기가 통하지 않게 된다.

문제 … 6 단권변압기(Auto-transformer)가 전동기의 기동회로에 사용되는 이유를 설명하라.

정답 기동시 공급전압을 떨어뜨림으로써 기동전류를 감소시키기 위함이다. (기동보상기에 의한 기동법)

문제 … 7 변압기의 전압을 일정히 유지한 상태에서 주파수만 증가시킬 때 일어나는 현상은?

정답 철손은 공급전압에 비례하고 주파수에는 반비례한다.

문제 … 8 3상유도전동기에 콘덴서를 병렬로 연결하여 사용하는 이유는 무엇 때문인가?

정답 역률개선

문제 … 9 변압기의 고압측의 특징은?

정답 가는 코일이 많이 감겨 있다.

문제 … 10 분권전동기에 부하를 걸었을 때 일어나는 현상은?

정답 속도 및 역기전력의 감소

문제 … 11 부하가 동기전동기로부터 제거될 때 전동기의 속도는 어떻게 되는가?

정답 일정

㈜ 동기전동기는 무부하에서 전부하까지 일정한 속도로 운전된다.

문제 … 12 단상유도전동기에서 원심력스위치는 동기속도의 몇 %에서 동작하는가?

정답 75% 정도

문제 … 13 단상유도전동기가 기동시 기동 회전력(Starting torque)이 없는 이유는?

정답 회전자계가 없기 때문이다.

㈜ 단상유도전동기에는 교번자계(혹은 왕복자계)가 발생한다.

문제 … 14 권선형 유도전동기에서 2차저항을 증가시킬 경우 최대 회전력은 어떻게 되는가?

정답 불변

문제 … 15 3상유도전동기에서 회전력은 공급전압이나 주파수와 어떤 관계가 있는가?

정답 회전력은 공급전압의 제곱에 비례하고 주파수에 반비례한다.

문제 … 16 3상유도전동기를 역전(逆轉)시키고자 한다. 필요한 조치는?

정답 3선 중 임의로 2선만 바꾼다.
(∵ 회전자계 방향이 바뀌기 때문이다.)

문제 … 17 440[V] 교류용 전동기를 장기간 방치하여 두었다가 다시 사용하고자 할 때 절연저항값은 최소 몇 [MΩ] 이상이어야 하는가?

정답 1[MΩ] 이상

문제 … 18 교류발전기를 병렬운전하고자 할 때 필요한 조건은?

정답 기전력(실효치), 주파수, 위상 등이 일치해야 된다.

문제 … 19 유도전동기의 일반적인 운전상태에서 슬립(Slip)의 범위는 몇 [%] 정도인가?

정답 3~8[%]

문제 … 20 직류전동기에서 기동저항을 삽입하는 이유는?

정답 기동시에 역기전력이 없으므로 전기자(Armature)에 대전류가 흐르는 것을 방지하기 위해서이다.

문제 … 21 유도전동기의 1차전압 변화에 의한 속도제어에서 사이리스터를 사용하는 경우 변화시키는 것은?

정답 위상각(位相角)

문제 … 22 변압기에서 효율이 가장 좋은 때의 조건은?

정답 철손 = 동손

문제 … 23 6극 발전기가 매분 1800 회전하면 발생되는 주파수는 몇 [Hz]인가?

풀이 $f = N_s \cdot \dfrac{P}{120} = 1800 \times \dfrac{6}{120} = 90[\text{Hz}]$

단, f : 주파수,
N_s : 동기속도,
P : 극수

문제 … 24 직류전동기에서 공급전압이 100[V]이고, 전기자 전류가 5[A], 전기자 저항이 0.2[Ω]일 때 역기전력을 계산하라.

풀이 $E_c = V - I_a R_a = 100 - 5 \times 0.2 = 99$[V]

단, E_c: 역기전력[V],
V: 공급전압[V],
I_a: 전기자 전류[A],
R_a: 전기자 저항[Ω]

문제 … 25 권수비가 $\frac{1}{33}$인 변압기의 1차측 전압이 2,200[V]일 때 2차측 전압을 구하라.

풀이 $\frac{1}{33} = 1:33$

$\therefore$ 2,200 × 33 = 72,600 [V]
= 72,6 [KV]

문제 … 26 6극, 60[Hz] 3상유도전동기에서 슬립이 5%일 때 이 전동기의 회전속도를 구하라.

풀이 $N_S = \frac{120}{P} f = \frac{120}{6} \times 60 = 1200$

$\therefore N = Ns(1-S) = 1200(1-0.05) = 1{,}140$

단, Ns : 동기속도[rpm],
N: 전동기 회전속도[rpm],
S: 슬립

문제 … 27 3상, 60[Hz]의 전원으로 운전되는 전동기가 정격부하에서 1,750[rpm]으로 회전할 때 이 전동기의 극수와 슬립[%]을 구하라.

풀이 $P = \frac{120}{Ns} \cdot f = \frac{120}{1800} \times 60 = 4$[극]

$\text{Slip[\%]} = \frac{Ns - N}{Ns} \times 100 = \frac{1800 - 1750}{1800} \times 100 \fallingdotseq 2.7$[%]

문제 … 28 8극 유도전동기가 855[rpm]으로 회전할 때 슬립을 구하라.
단, 전원주파수는 60[Hz]이다.

풀이 $N_S = \frac{120}{P} \cdot f = \frac{120}{8} \times 60 = 900$[rpm]

$\text{Slip[\%]} = \frac{Ns - N}{Ns} \times 100 = \frac{900 - 855}{900} \times 100 = 5$[%]

문제 … 29 권선형 유도전동기의 2차저항이 0.25[Ω]이고 슬립이 0.25에서 최대 회전력이 나온다. 기동시에 최대 회전력이 발생하도록 하려면 몇 [Ω]의 외부저항을 연결해야 하는가?

풀이 권선형 유도전동기의 비례추이 원리에 의하면 다음 식이 성립한다.

$$\frac{\text{전동기의 2차저항}+(\text{외부저항})}{\text{기동시의 슬립}} = \frac{\text{전동기의 2차저항}}{\text{최대 회전력이 나오는 슬립}}$$

따라서 주어진 값을 대입하면 $\frac{0.25+x}{1} = \frac{0.25}{0.25}$ 이다.

그러므로 구하고자 하는 외부저항은 $x = 0.75[\Omega]$ 이다.

문제 … 30 단자전압 200[V], 전류 10[A], 역률 72[%], 효율 82[%]인 3상유도전동기는 몇 마력 전동기인가?

풀이

$$P = \sqrt{3}\, VI\cos\phi \cdot \eta$$

$$= \sqrt{3} \times 200 \times 10 \times 0.72 \times \frac{1}{746}$$

$$= 3.34[\text{HP}]$$

단, 1HP = 746[W]

제 5 장

전력 발생과 전송

[5-1] 전력 발생

1. 수력발전

수력발전(水力發電)은 높은 곳에 위치한 하천(河川)이나 저수지의 물로 낮은 곳에 설치한 수차(水車; Water turbine)를 돌리고 수차에 연결된 발전기로부터 전기에너지를 얻는 것이다.

에너지 변환 측면에서 봤을 때 물이 갖는 위치에너지는 수차에서 기계에너지로 변환되며 발전기에서 전기에너지로 된다.

가. 발전전력의 결정요소

수력발전소(Hydraulic power station)에서 발생되는 전력은 유량(流量)과 낙차(落差; Head)에 의해서 결정된다.

(1) 유량(流量)

하천의 어떤 지점에서 일정 단면적에 흐르는 단위 시간당의 수량(水量)이다. 단위는 [m^3/sec]이다.

(2) 낙차(落差)

높은 곳에서 낮은 곳으로 떨어지거나 흘러 내리는 물의 높낮이의 차(差)를 말한다. 수력발전소는 이 낙차에 의한 위치에너지를 이용하여 발전을 하는데 대체로 하천의 기울기를 이용하거나 댐을 축조하여 저수지 또는 조정지(調整池)를 만들어 낙차를 얻고 있다.

나. 발전방식

구조에 따라 다음과 같이 분류된다.

(1) 수로식(水路式) 발전소

경사가 심한 하천의 상류측에 취수(取水)댐을 설치하고 여기에 물을 취수하여 비교적 길고 완만한 수로(水路)를 통과시켜 상류와 하류 사이의 낙차를 얻어 발전하는 방식이다.

물은 취수댐 → 취수구 → 수로 → 침사지(沈砂池) → 수로 → 수조(水槽) → 수압관(水壓管) → 수차(水車: 발전소) → 방수로(放水路) 등의 순서를 따라 흐른다.

(2) 댐(Dam)식 발전소

하천을 막아 높은 댐(Dam)을 건설하여 많은 물을 저수시키고 낙차를 만들어 발전하는 방식이다. 물은 댐 → 취수구(取水口) → 수압관 → 수차(발전소) → 방수로 등을 따라 흐른다.

(3) 양수(揚水)발전소

심야(深夜) 또는 전력계통의 경부하(輕負荷)시 잉여전력을 이용하여 양수펌프를 운전해 낮은 곳에 있는 저수지의 물을 높은 곳의 저수지로 퍼 올려 중부하(重負荷)시에 양수(揚水)된 물을 사용하여 발전하는 형식이다.

(4) 조력(潮力)발전소

해수의 간만차(干滿差)를 이용하는 발전방식으로 간만에 의한 낙차가 큰 해안이 좋다. 고조지(高潮池)와 저조지(低潮池) 사이에 발전소가 설치된다(그림 5-1 참조).

그림 5-1 | 조력발전소의 블록선도

다. 출력

수력발전소에서의 출력은 유량(流量)과 낙차(落差)에 의해 결정된다. 따라서 수력발전소를 건설할 때에는 어떻게 하여 큰 유량과 낙차를 경제적으로 얻을 수 있을까 하는 것을 중요시 하게 된다.

이론적으로 $Q[\mathrm{m^3/s}]$의 유량이 $H[\mathrm{m}]$의 높이에서 낙하(落下)할 때 단위 시간에 하는 일은, $1[\mathrm{m^3}]$의 물의 중량을 1,000[Kg]이라 할 때

$$P = 1{,}000\,QH[\mathrm{Kg \cdot m/s}] \tag{5-1}$$

단, P: 이론수력(理論水力)

이며, 이 식 (5-1)은

$$\begin{aligned} P &= 1{,}000\,QH \times 9.8\ [\mathrm{J/S}] \\ &= 9.8\,QH[\mathrm{KW}] \end{aligned} \tag{5-2}$$

단, $1[\mathrm{Kg \cdot m}] = 9.8[\mathrm{J}]$, $1{,}000[\mathrm{J/S}] = 1[\mathrm{KW}]$

로 나타내어진다.

또 수차와 발전기의 효율을 각각 η_W, η_G라 하면 발전기의 출력은

$$P_G = 9.8\,QH\eta_W\,\eta_G\,[\mathrm{KW}] \tag{5-3}$$

단, P_G: 발전기의 출력 [KW]

으로 표시된다.

2. 화력발전

석유, 석탄, 천연가스 등과 같은 연료를 이용하여 얻어진 열에너지를 동력(기계에너지)

으로 바꿔서 발전기를 돌려 발전(전기에너지)하는 것을 **화력발전(火力發電)**이라 한다.

초창기 우리나라의 전력계통(電力系統)은 화력발전이 주로 사용되었으나 산업발전과 국민 생활수준의 향상으로 전력수요(電力需要)가 급증함에 따라 전력공급이 다양화되었다. 그래서 요즘은 원자력발전소와 화력발전소가 기저부하(基底負荷; Base load)를 공급하고, 양수발전과 수력발전소가 첨두부하(尖頭負荷; Peak load)를 공급하고 있다.

주 ① 기저부하(Base load) : 지정된 기간 내에서의 최저부하를 의미한다.
② 첨두부하(Peak load) : 지정된 기간 내에서의 최대부하를 말한다. 기간은 일(日)을 쓰는 경우가 많다.

가. 화력발전의 분류

설비 측면에서 분류하면 다음과 같다.

- 화력발전
  - 기력발전(汽力發電)
  - 내연력발전(內燃力發電)
    - 디젤기관 발전
    - 가스터빈 발전
  - 특수화력발전(特殊火力發電)
    - 폐열(廢熱)발전
    - 지열(地熱)발전

나. 기력발전

기력발전(汽力發電)은 석탄, 중류, LNG 등의 연료를 연소시켜 고온 고압의 증기를 만들고 이 증기로 터보발전기(Turbo-generator)를 운전하여 발전하는 것이다. 기력발전을 통상 화력발전(火力發電)이라 한다.

(1) 주요설비

보일러, 증기터빈, 발전기 등으로 구성된다.

(가) 보일러(Boiler)

고온 고압의 증기를 발생하는 설비이다. 수관식과 화관식 보일러가 있는데 대체로 수관식(水管式; Water tube boiler) 보일러가 많이 사용된다.

(나) 증기터빈(Steam turbine)

발전기의 원동기(原動機; Prime mover)로 사용되는 것이다. 증기터빈은 보일러에서 생성(生成)된 고온 고압의 과열증기를 주로 사용하며, 이 증기를 터빈 내의 노즐(Nozzle)에서 단열팽창(斷熱膨脹)시켜 열에너지(Thermal energy)를 속도에너지(Velocity energy)로 바꾼 다음 이 속도에너지에 의한 동압력(動壓力; Dynamic pressure)을 회전 블레이드(Moving blade)에 작용시켜 회전력(廻轉力; Torque)을 얻는다.

그리고 보일러의 증기드럼(Steam drum)에서 발생한 포화증기(飽和蒸氣; Saturated steam)를 다시 과열기(過熱器; Superheater)를 통과시켜 과열증기(過熱蒸氣; Superheated steam)로 만드는데 그 이유는 과열증기가 보다 많은 열을 흡수 저장하여 더 많은 일을 할 수 있을 뿐만 아니라 포화증기를 사용함으로써 야기되는 부식(腐蝕)과 침식(侵蝕) 등의 피해를 방지할 수 있기 때문이다.

(다) 발전기(Generator)

이 발전기는 증기터빈에 의해 운전되므로 터보발전기(Turbo-generator)라 한다. 이 터보발전기는 원동기가 고속 회전하기 때문에 원심력(遠心力)이 커서 철극형(凸極形) 회전자는 사용할 수 없으므로 기계적 강도를 고려하여 직경이 작고 축 방향으로 긴 구조의 원통형 회전자를 사용한다.

그리고 극수(極數)는 상용주파수(60Hz)를 얻기 위해서 증기터빈의 속도가 3,600[rpm]일 때 2극이며, 1,800[rpm]일 때는 4극이다.

(2) 증기사이클

보일러에서 발생한 증기가 증기터빈에서 일을 한 후 복수기(復水器; Condenser)에 의해서 다시 물(復水)로 되며 급수펌프(Feed pump)의 작용으로 보일러에 압입(壓入)되어 재순환된다. 즉

- 증기발생(蒸氣發生; Steam generation)……보일러(Boiler)
- 증기팽창(蒸氣膨脹; Steam expansion)……증기터빈(Steam turbine)
- 복수(復水; Condensate)……복수기(Condenser)
- 급수(給水; Feed water)……급수펌프(Feed pump)

등의 네 개의 과정을 차례로 계속 반복하는데 이것을 증기사이클(Steam cycle)이라고 한다. 기력발전시스템에서는 이 증기사이클에 따라 발전이 이뤄지게 된다.

다. 내연력발전

내연력발전(內燃力發電)은 디젤기관이나 가스터빈과 같은 내연기관(內燃機關; Internal combustion engine)을 원동기(原動機; Prime mover)로 사용하는 발전방식이다. 즉 기관 내부에서 직접 연료를 연소시켜 기계적에너지(동력)로 변환하여 발전기를 운전하는 것이다.

이 발전은 구조가 비교적 간단하고, 기동과 정지가 단시간에 가능하므로 정전이 없어야 하는 전력설비에 대한 비상용 또는 예비 전원용으로서 비교적 소용량의 경우에 쓰이고 있다.

100 ~ 5,000[KW] 정도의 디젤발전기(Diesel-generator)가 사용 중에 있다.

라. 특수화력발전

(1) 폐열발전(廢熱發電)

용광로가스, 코크스로(Cokes 爐) 가스 등의 폐열에너지(1,000 ~ 1,100℃)로 보일러를 운전하여 전력을 발생하는 것이다.

(2) 지열발전(地熱發電)

지하에서 분출(噴出)되는 고온의 천연증기의 열에너지로 증기터빈(Steam turbine)을 운전하여 발전하는 방식이다.

천연증기나 뜨거운 물이 충분한 압력과 온도를 가지고 있어야 하며 장기간 안정된 공급이 가능해야 한다. 미국, 뉴질랜드, 이탈리아 등지에서 볼 수 있다.

3. 원자력발전

가. 개요

우라늄(Uranium)이나 플루토늄(Plutonium) 등의 핵연료(核燃料)가 원자로(原子

爐; Nuclear reactor) 내에서 핵분열(核分裂)할 때 발생하는 원자핵에너지로 증기를 만들고, 이 증기로 증기터빈을 돌려 전력을 발생하는 방식이다.

나. 핵분열(核分裂; Nuclear fission)과 방출열(放出熱)

두 개 혹은 그 이상의 핵(核)이 따로 따로 흩어져 있을 때에 비해 이들이 결합하여 하나의 핵을 이룰 때는 질량이 오히려 감소하며, 이때 질량차이(質量差異)는 에너지(Energy)로 변한다. 「질량과 에너지는 서로 전환된다」는 아인슈타인(Einstein)의 상대성 원리(相對性 原理)에 의하며 다음 식으로 표현된다.

즉,

$$E = mc^2 \text{ [erg]} \tag{5-4}$$

단, E : 핵연료의 에너지

m : 질량 [g]

c : 광속(光速), 3×10^{10}[cm/sec]

이다.

가령 ${}_{92}U^{235}$가 핵분열하여 1gr의 질량의 감소를 가져왔다면 상기 식에서

$$\begin{aligned} E &= 1\,gr\times(3\times10^{10}cm/\sec)^2 = 9\times10^{20}\ [\text{gr}\cdot\text{cm}^2/\text{sec}^2] \\ &= 9\times10^{20}\ [\text{erg}] \\ &\fallingdotseq 2\times10^{10}\ [\text{Kcal}] \end{aligned} \tag{5-5}$$

의 에너지를 방출하게 된다.

이해를 돕기 위해서 석탄이나 석유 등의 연소반응(燃燒反應)과 앞서 언급한 핵반응을 방정식을 이용해서 좀 더 구체적으로 비교해보기로 한다.

연소의 일반적 화학반응식은

$$C+O_2 \rightarrow CO_2+Q_1(\text{완전연소시}) \tag{5-6}$$

이고, 핵 반응식은

$${}_7N^{15}+{}_1H^1 \rightarrow {}_6C^{12}+{}_2H_e{}^4+Q_2 \tag{5-7}$$

이다.

여기서 처음 반응은 1개의 탄소원자(석유 또는 석탄)가 2개의 산소원자와 결합하여 1개의 이산화탄소(CO_2) 분자를 생성하고 연소열(燃燒熱) Q_1을 방출하는 것을 의미한다.

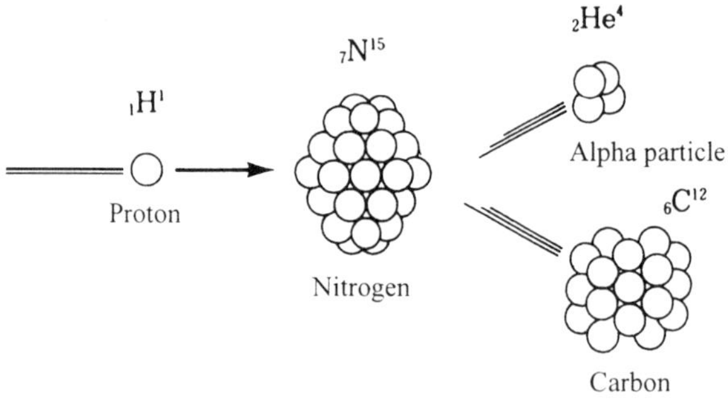

그림 5-2 | 질소핵의 양자 충격

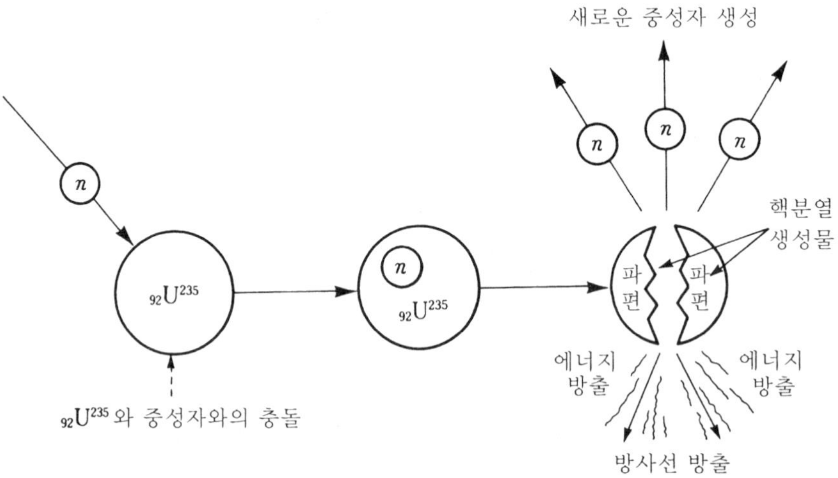

그림 5-3 | 핵분열의 원리

그리고 태양에너지의 근원을 나타내는 반응은 그림 5-2에서 처음 1개의 수소핵(양자)으로서 질소핵을 충격하는 것을 나타내며, 이때 질소핵은 수소핵(양자)을 흡수하여 1개의 헬륨핵(알파 입자)을 방사하고 또 다른 하나의 탄소핵($_6C^{12}$)과 핵반응(核反應)에 관련된 에너지 Q_2를 방출한다. 여기서 주목되는 것은 핵반응으로부터의 평균에너지 방출률이 연소반응에서 방출되는 화학적 에너지의 수백만 배나 된다는 사실이다.

예를 들면 1파운드(1b)의 우라늄-235($_{92}U^{235}$)를 1시간 동안 핵분열시켜서 재래식 동력기관에 사용한다면 13,000,000[hp-hr] 혹은 10,000,000[kwh] 이상의 동력을 얻을 수 있다. 또 이것은 1파운드의 $_{92}U^{235}$를 연쇄 핵분열시킴으로써 약 300,000갈론의 기름 혹은 1,500톤의 석탄(약 38개의 화물차량분)을 연소시켜 얻을 수 있는 에너지 량에 해당하는 열에너지를 얻을 수 있다는 뜻이다.

대체로 1개의 원자핵분열(原子核分裂)에 의해서 방출된 전 에너지(약 200MeV)의 90%는 열에너지로 되고, 나머지 약 10%가 각종 방사선 에너지로 된다. 우라늄(Uranium) $_{92}U^{235}$, $_{92}U^{238}$, 플루토늄(Plutonium) $_{94}Pu^{239}$ 등의 질량수가 많은 원자핵의 경우에는 중성자(中性子; Neutron)와 저속도(低速度)로 충돌하면 그림 5-3과 같이 2개의 원자핵으로 분열되고 막대한 에너지와 함께 평균 2～3개의 고속(高速)의 중성자가 방출되는데 이같은 반응을 핵분열(核分裂; Nuclear fission)이라 한다.

이 현상의 중요한 점은 주어진 하나의 핵을 최초로 분열시키는 데는 단 하나의 중성자가 필요하며, 이런 핵분열의 결과 2～3개의 중성자를 얻으므로 자립적인 연쇄반응(連鎖反應; Chain reaction)이 가능하게 되는 것이다. $_{92}U^{235}$와 $_{94}Pu^{239}$는 대표적인 분열성 핵물질이다.

주 ① 원자구조(原子構造)

지금까지 알려진 원자는 103개이며, 루더포드 보어(Rutherford Bohr)이론에 의하면 원자구조는 태양계와 흡사하다. 각 원자의 중앙에 원자핵(原子核)이 있으며 그 주위 궤도를 한 개 혹은 두 개 이상의 음전하(-전기)를 가진 전자(電子; Electron)가 회전한다. 그리고 원자핵은 양전하(+전기)를 가진 양자(陽子; Proton)와 같은 수의 전하를 갖지 않는 중성자(中性子; Neutron)로 구성되어 있으며, 전자질량의 약 2,000배나 된다.

② 동위원소(同位元素; Isotope)

우라늄의 동위원소에는 $_{92}U^{234}$, $_{92}U^{235}$, $_{92}U^{238}$이 있다. 양자의 수는 92이고, 원자질량수는 234, 235, 238이며, 중성자 수는 각각 142, 143, 146이다.

다. 원자로(原子爐; Reactor)

분열 가능한 물질의 원자핵(原子核)에 중성자(中性子)를 충격시킴으로써 핵분열(核分裂)을 일으켜 막대한 에너지를 얻는 곳으로 핵연료, 감속재, 냉각재, 제어봉, 반사체 및 차폐벽 등으로 구성되어 있다. 노(爐)에 삽입된 제어봉(制御棒; control rod)의 상·하 이동으로 핵반응(核反應)이 제어된다. 그림 5-4는 가압수형 원자로의 구조를 나타낸다.

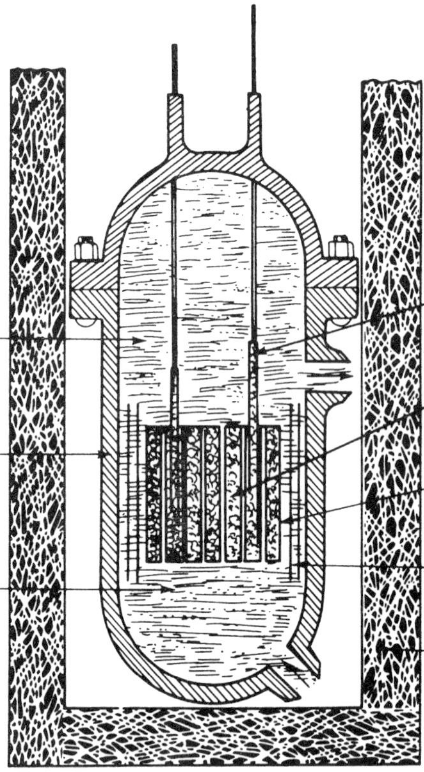

그림 5-4 | 가압수형 원자로(Pressurized water reactor)

(1) 원자로의 분류

가압수형과 비등수형이 있다.

(가) 가압수형(加壓水型) 원자로(Pressurized water reactor : PWR)

냉각재가 원자로 내에서 비등(沸騰)하게 되면 냉각재의 비열이 적어져 열이동 효율도 떨어지고 평형(平衡)도 깨진다. 따라서 냉각재로 사용되는 물질의 비등점을 높이기 위해 압력을 증가시키는데 이러한 가압수형(加壓水型)에는 가압경수로와 가압중수로가 있다.

가압경수로(加壓輕水爐 : PWR)는 저농축 우라늄을 핵연료로 하고 경수

(輕水, H_2O)를 감속재 및 냉각재로 사용하며, 가압중수로(加壓重水爐: PHWR)는 천연우라늄을 핵연료로 하고 중수(重水, D_2O)를 감속재와 냉각재로 사용한다.

이 가압수형은 1차계통(원자로계통)과 2차계통(증기터빈계통)이 열교환기로 분리되어 있으므로 비등수형보다 방사능(放射能)에 대하여 상대적으로 안전하다.

(나) 비등수형(沸騰水型) 원자로(Boiling water reactor : BWR)

저농축(低濃縮) 우라늄을 핵연료로 사용하고 경수를 감속재 및 냉각재로 사용한다. 원자로 내부에서 냉각수를 비등시켜 이때 발생한 증기로 직접 증기터빈을 구동시키는 형식으로 열교환기와 냉각수 순환펌프 등이 필요 없다. 그러나 증기가 강한 방사능을 띠게 되므로 증기회로(蒸氣回路)의 터빈, 펌프 및 배관 등의 방호(防護)와 부식이 문제시 된다. 그림 5-5는 가압수형과 비등수형 원자력발전의 구성을 나타낸다.

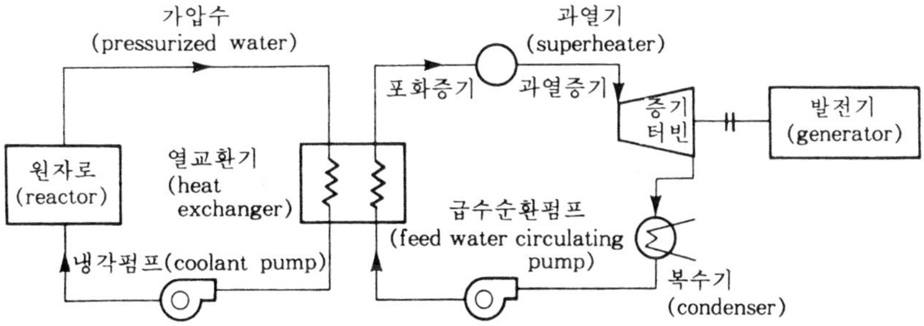

(a) 가압수형(加壓水型)

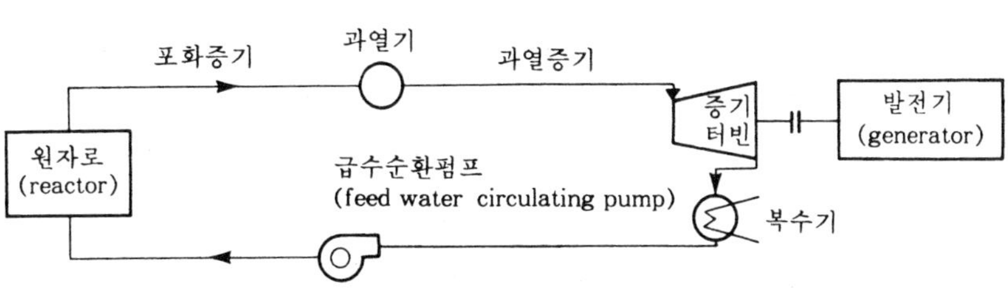

(b) 비등수형(沸騰水型)

그림 5-5 | 가압수형과 비등수형의 원자력발전

(2) 원자로의 구성

핵연료, 감속재, 냉각재, 제어봉, 차단재 등으로 구성된다.

(가) 핵연료

핵연료(核燃料)로는 $_{92}U^{235}$, $_{94}U^{239}$ 등이 있다.

천연 우라늄광속에는 $_{92}U^{238}$이 약 99.280%, $_{92}U^{233}$이 약 0.006% 그리고 분열성(分裂性)인 $_{92}U^{235}$는 겨우 0.714% 정도가 중량비(重量比)로 함유되어 있을 뿐이다.

천연 우라늄광으로부터 $_{92}U^{235}$의 농축도를 2-4%까지 높이면 핵연료로 사용할 수 있다.

그림 5-6은 핵연료가 가공(加工)되어 원자로에서 핵분열 반응을 한 후 재처리(再處理) 및 폐기물(廢棄物) 처리되는 과정을 블록선도로 나타낸 것이다.

주) $_{91}Pu^{239}$는 증식로(增殖爐)의 핵연료로서 중요시되고 있다.

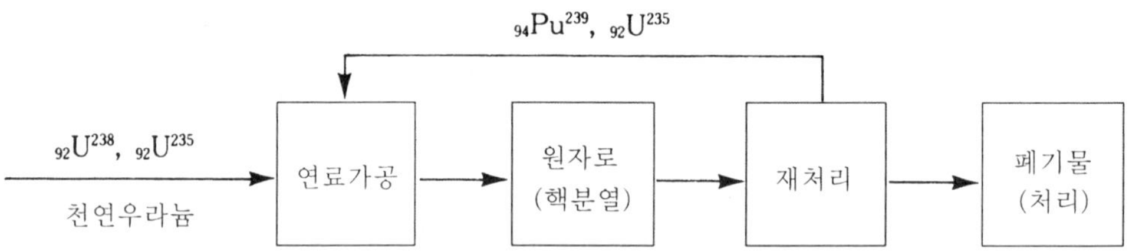

그림 5-6 | 핵연료의 가공 및 처리 과정

(나) 감속재

핵분열 과정에서 방출되는 중성자는 1.5MeV 정도의 높은 운동에너지를 갖는 고속중성자(高速中性子; Fast neutron)인데 이것은 연쇄반응(連鎖反應; Chain reaction)의 역할을 하지 못한다. 따라서 계속적인 연쇄반응을 일으키기 위해서는 고속중성자의 속도를 감소시켜 열중성자(熱中性子; Thermal neutron)로 바꾸어 주는 것이 필요하게 되는데 이러한 역할을 하는 것이 **감속재(減速材; Moderator)**이다. 감속재로는 경수(輕水; H_2O), 중수(重水; D_2O), 흑연(C), 베릴륨(Be) 등이 있으나 통상 경수나 흑연이 사용된다.

(다) 냉각재

냉각재(冷却材; Coolant)는 1차냉각계통(Primary coolant system)을 순환하는 액체로서 원자로 내에서 발생된 막대한 열에너지를 흡수하고, 열교환기 내에 흐르는 급수(給水; Feed water)를 가열하여 증기를 발생시키는 역할을 한다.

대체로 경수가 사용되나 이산화탄소(CO_2), 헬륨(He), 나트륨(Na) 등이 사용되기도 한다. 냉각재로서 갖추어야 할 몇 가지 조건을 열거하면 다음과 같다.

① 열전도율(熱傳導率)이 좋아야 한다.
② 비열(比熱)이 커야 한다.
③ 중성자의 흡수가 적어야 한다.
④ 열과 방사선에 대하여 안전해야 한다.
⑤ 접촉부분에 화학적 변화를 일으키지 않아야 한다.

(라) 제어봉

원자로를 작동 및 정지시키고, 어떤 임의의 운전출력에 대하여 평형상태(平衡狀態)를 유지시킬 수 있게 하기 위해서는 제어장치가 필요하게 된다. 원자로에서 발생되는 출력의 제어는 원자로 노심(Reactor core) 내에서의 주어진 한 점에 대한 단위 시간, 단위 면적당에 통과하는 중성자속(中性子束; Neutron flux)의 수를 증감함으로써 가능하다. 따라서 분열되지 않으면서 중성자를 잘 흡수하는 물질이 함유된 제어봉(Control rod)을 노심(爐心) 내에 길게 뻗쳐 설치 사용한다.

붕소(硼素; B), 카드뮴(Cadmium-C_d), 하프늄(H_f) 등을 재료로 한 봉(棒)을 핵연료 속에 넣었다, 빼었다하여 중성자 수를 조절함으로써 노 내에서 끊임없이 연쇄반응이 일어나게 하는데 이것을 **제어봉**(制御棒; Control rod)이라 한다.

(마) 차단재

원자로 노심(Reactor core)으로부터 밖으로 방사선이나 방사능 물질이 누설하면 인체에 극히 위험을 초래하며 중성자가 새어 나가면 효율이 떨어지게 된다. 따라서 방사선, 방사능 물질 및 중성자가 노심(爐心) 밖으로 누설되어 나가는 것을 막기 위해서 차단재(遮斷材; Shielding material)를 사용한다.

① 반사체(反射體; Reflector)
중성자가 밖으로 누설되어 나가는 것을 방지하기 위해서 노심 주위를 중성자의 산란 단면적이 크고, 흡수 단면적이 작은 경수나 흑연 등의 반사성 물질로 된 층으로 둘러 싸 놓은 것이다.
중성자의 누출을 최소로 제한하므로 상당량의 분열성 물질을 절약할 수 있으며 원자로의 크기를 축소시키는 효과가 있다.

② 열 차단체(熱遮斷體; Thermal shielding)
원자로에서 방사선이 누설하는 것을 막기 위해 철판을 여러 개 겹쳐 놓은 것이다.

③ 생체 차단체(生體遮斷體; Biological shielding)
핵분열 중에 원자로에서 발생되는 중성자 및 α, β, γ선 등의 방사선의 누출을 막기 위해서 원자로 주위에 철, 철판, 납, 광석 등을 섞어 만든 콘크리트로서 최소 1m ~ 수m 정도이다.

라. 핵동력사이클(Nuclear power system)
간접사이클방식과 직접사이클방식이 있다.

(1) 간접사이클방식
1차냉각재(Primary coolant)를 열교환기(Heat exchanger)로 이끌어 여기서 증기를 발생시켜 그 증기로서 증기터빈(Steam turbine)을 구동시키는 방식이다.
증기터빈에서 팽창하고 나온 배기(排氣; Exhaust steam)는 복수기(復水器)에서 응결된 후 재순환 된다.

(2) 직접사이클방식
냉각재로서 경수(輕水)를 사용하여 원자로 속에서 증기를 만들어 이 증기로 직접 증기터빈을 구동시키거나 또는 냉각재로서 기체를 사용해서 원자로(原子爐)로부터의 고온가스로 직접 가스터빈(Gas turbine)을 구동시키는 방식이다.

마. 원자력발전장치

그림 5-7은 원자력발전장치의 개략도이다. 원자로(Reactor)에서 핵분열 결과 방출되는 막대한 열은 냉각재(冷却材; Coolant)에 전달되며 열에너지를 흡수한 냉각재는 열교환기에서 증기터빈에 사용될 증기를 발생시킨다.

열교환기에서 급수(給水)에 열을 전달하고 난 냉각재는 1차 냉각재 펌프(Primary coolant pump)에 의해서 다시 원자로에 들어가 원자핵의 분열 결과 발생된 열을 흡수하여 재순환 된다. 한편, 열교환기에서 냉각재에 의해서 발생된 증기는 증기터빈을 통과하는 동안 팽창하여 회전력이 발생되도록 하며, 터빈에서 일을 마친 배기는 복수기(復水器; Condenser)에서 냉각수와 열교환하고 응결(復水)된 다음 급수 순환펌프(Feed water circulating pump)에 의해 계통을 재순환하게 된다.

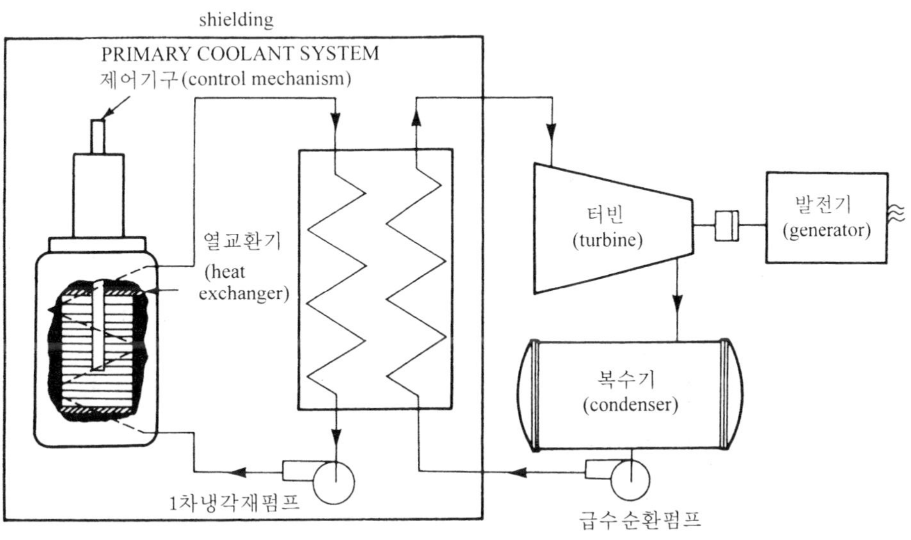

그림 5-7 | 원자력발전장치의 개략도(PWR형)

바. 원자력발전의 특징

(1) 극소량의 연료를 연소시킴으로써 막대한 에너지가 방출되므로 다량의 연료를 수송(輸送), 취급, 저장할 필요가 없다.

(2) 연료로는 천연 우라늄이나 농축(濃縮)우라늄(Enriched uranium)이 사용되며, 1년에 1~2회 또는 필요시 약간 보충하는 것으로 충분하다. 화력발전에서와 같이 다량의 연료를 연속적으로 공급할 필요는 없다.

(3) 화력발전(火力發電)에서의 기름이나 석탄의 연소생성물의 처리가 용이한 반면에 핵연료(核燃料)는 타고 남은 것에도 ${}_{92}U^{235}$나 ${}_{94}Pu^{239}$가 포함되어 있으며 또한 강한 방사능을 가지고 있기 때문에 그 처리가 매우 힘들다.

(4) 방사선 차폐로 인하여 소형화가 어렵다.

사. 원자력발전과 화력발전

원자력발전(原子力發電)은 그림 5-8에서 보는 바와 같이 원자로(原子爐)에서 핵분열(核分裂) 결과 방출되는 열을 이용해서 증기발생기(Heat exchanger)에서 증기를 만들고 이것으로 증기터빈을 돌림으로써 동일 축에서 연결된 발전기가 돌아 필요한 전기를 얻는 장치이다.

반면에 재래식의 화력발전(火力發電)은 보일러에서 기름이나 석탄을 연소시켜 증기를 발생시키고, 이 증기로 증기터빈을 회전시켜 전기를 만든다.

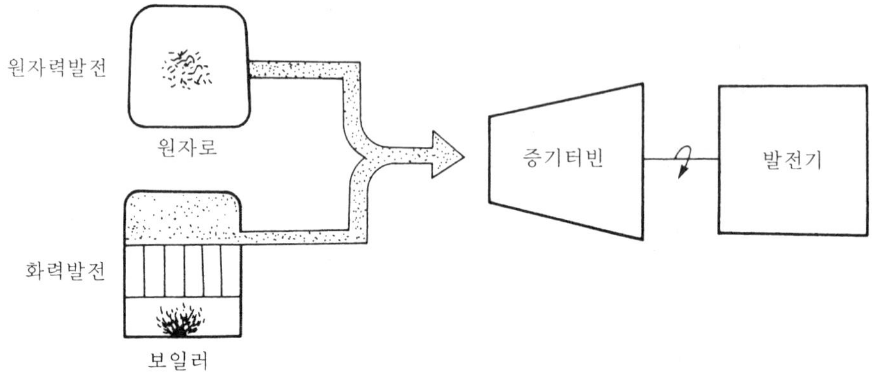

그림 5-8 | 원자력발전과 화력발전의 원리 비교도

아. 원자폭탄 제조원리와 원자로

핵무기(核武器)의 개발에는 핵분열을 일으키는 핵분열성(核分裂性) 물질을 만드는 것과 한꺼번에 연쇄 핵분열을 일으키는 기술 및 핵탄두(核彈頭)를 실어 보내는 운반 수단인 로켓장치들이 포함된다.

이 중에서 원자폭탄 개발의 핵심요소는 역시 고순도(高純度)의 핵분열성 물질을 얻는데 있다. 원자폭탄의 제조 원료가 되는 대표적인 핵분열성 물질은 우라늄-235($_{92}U^{235}$)와 플루토늄-239($_{94}U^{239}$) 등의 두 가지이다.

여기서 우라늄-235를 90% 이상으로 농축(濃縮)한 후에 기폭제(起爆劑)에 의해 급격한 핵분열 연쇄반응을 일으켜 폭발하도록 한 것이 **우라늄탄**이며, 원자로에서 타고 남은 연료(使用後 核燃料)에서 플루토늄을 추출하여 원자폭탄의 원료로 사용하는 것이 **플루토늄탄**이다.

저농축 우라늄을 핵연료로 사용하는 경수로의 경우에 타고 난 핵연료에는 플루토늄이 1~3% 정도 함유되어 있다. 사용 후 핵연료에서 방사성 폐기물 같은 찌꺼기를 제거한 다음 유용한 핵분열성 $_{92}U^{235}$나 $_{94}Pu^{239}$를 화학적 처리과정을 통해서 회수 및 분리해 내는 것을 **재처리(再處理)**라고 한다. 여기서 얻어진 $_{94}Pu^{239}$는 고속증식로(高速增殖爐) 등의 상업용 원자로의 연료로 사용되기도 하나 대부분 핵폭탄의 원료로 사용되고 있다.

그 이유는 대체로 $_{92}U^{235}$가 0.7% 정도 함유된 천연 우라늄광으로부터 농축도를 90% 이상 높이려면 막대한 에너지와 정교한 시설이 필요한 반면에 $_{94}Pu^{239}$는 재처리 과정에서 비교적 손쉽게 뽑아낼 수 있기 때문이다. 그래서 오늘날 대부분의 원자폭탄은 $_{94}Pu^{239}$를 원료로 하고 있다.

과거 일본의 히로시마에 투하(投下)된 최초의 원자폭탄은 우라늄탄이었으며, 3일 후에 나가사끼에 투하된 것은 플루토늄탄이었다. 핵폭탄의 위력은 대단하여 그 피해 또한 엄청나고 원자로 가동 시 쉽게 제조될 수 있기 때문에 핵무기 제조용 원료인 농축우라늄이나 플루토늄 등은 국제적으로 엄격한 규제와 감시를 하고 있는 것이다.

그림 5-9는 원자폭탄과 원자로의 기본적인 차이점을 비교하여 나타낸 것이다.

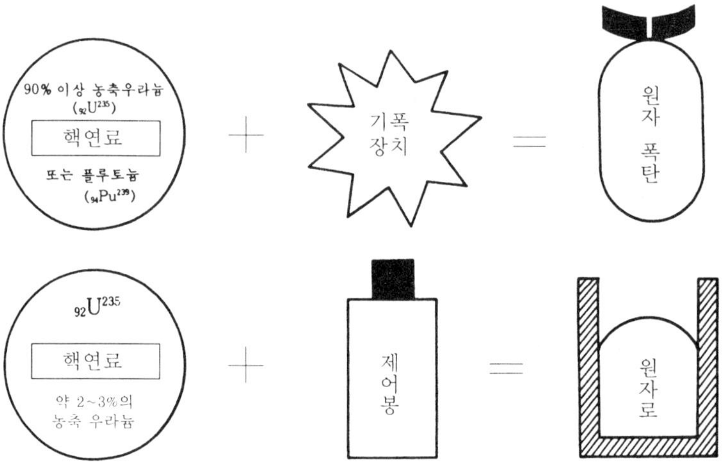

그림 5-9 | 원자폭탄과 원자로의 비교

자. 핵분열과 인체 안전

원자로의 운전 중에 핵분열 결과 중성자 및 α, β, γ선이 방출되며 방사성 폐기물에도 상당량의 방사능이 함유될 수 있으므로 유의해야 된다.

일반적으로 이들이 체내에 들어가게 되면 세포조직의 파괴, 탈모(脫毛), 백혈병(白血病), 암(癌), 빈혈(貧血) 등을 일으키며, 유전인자에도 나쁜 영향을 준다.

따라서 방사선의 다량 조사(照射)를 피하고, 방사능이 함유된 물이나 음식물을 먹지 않도록 해야 하며, 방사성 폐기물의 처리도 완벽하게 해야 된다.

4. 특수발전

가. MHD발전

전자유체역학(電磁流體力學)을 응용한 발전방식이다.

일반적으로 기체는 상온(常溫)에서 전기적으로 절연물 상태이나 온도를 아주 높여주면 도전성(導傳性)의 기체 즉 플라즈마(Plasma)가 된다.

이처럼 도전성(導電性)을 띤 것을 고속으로 자계(磁界) 중에 통과시키면 패러데이(Faraday)의 전자유도작용에 의하여 기전력이 유기되는데 이러한 원리를 이용한 발전을 MHD발전(Magneto hydrodynamics generation)이라 한다.

그림 5-10은 MHD발전의 원리를 나타내고 있다.

이 발전방식은 자장 내에서 도체의 이동으로 발전하는 종래의 방법과 원리상의 차이는 없으나 도체로서 물질의 제4형태라고 불리워지는 플라즈마를 사용하는 것이 발전기의 구성에 있어서 근본적으로 다른 점이다.

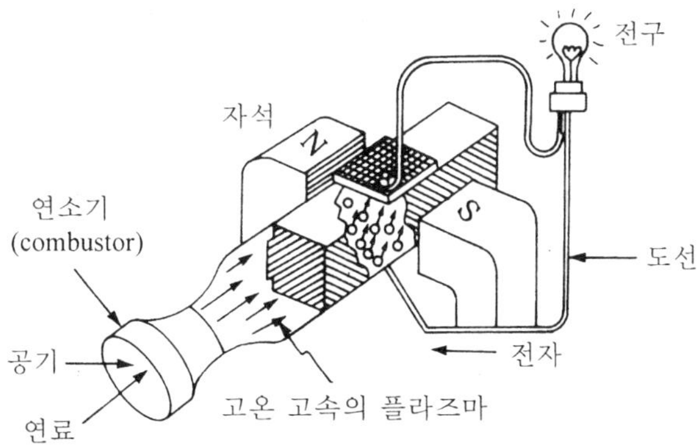

그림 5-10 | MHD발전 원리도

나. 조력발전(潮力發電; Tidal generation)

조석(潮汐)에 따라 생기는 간만(干滿)의 차를 이용하는 것이다.

간만의 차가 큰 곳에 댐을 건설하여 발전하는 방식이다. 우리나라의 경우 서해안은 조력발전을 위한 좋은 입지조건을 갖고 있다.

다. 태양에너지에 의한 발전

태양에너지(Solar energy)에 의한 발전은 태양열 에너지를 이용한 **태양열발전(太陽熱發電)**과 태양광 에너지를 이용한 **태양광발전(太陽光發電)** 등이 있다.

전자는 태양열 에너지를 1차 집열시스템에 의해 집열한 다음 열기관(熱機關; Heat engine)을 이용하여 그 열을 전력으로 바꾸는 것이며, 후자는 태양으로부터의 빛에너지를 전기에너지로 변환하는 태양전지(太陽電池; Solar cell)에 의해 직접 전력으로 바꾸는 것이다.

다음은 태양광발전시스템(Photovoltaic power generating system, PV 시스템)에 대한 원리, 구성과 기능, 종류 등에 관한 내용이다.

(1) 원리

태양광발전은 무한정, 무공해의 태양에너지를 직접 전기에너지로 변환하는 기술이다. 기본원리는 반도체 PN집합으로 구성된 태양전지(Solar cell)에 태양광이 조사(照射)되면 광에너지에 의한 전자, 전공의 쌍이 생겨나고 이들이 이동하여 전류가 흐르게 되는 광전효과(光電效果; Photovoltaic effect)에 의해 전기가 만들어져서 외부에 접속된 부하에 전류가 흐르게 된다.

그런데 태양전지는 비, 눈 또는 구름 등에 의해 햇빛이 비치지 않는 날과 밤에는 전기가 발생되지 않을 뿐만 아니라 일사량(日射量)의 강도에 따라 균일하지 않는 직류가 발생된다.

PV 시스템은 태양전지모듈, 전력저장용 축전지(Solar battery), 전력조정기(Power controller), 직류-교류변환장치(Inverter) 등으로 구성된다.

(2) 구성과 기능

(가) 태양전지(Solar cell)

태양광에너지를 전기에너지(직류)로 변환하는 반도체 소자이다. 재질에 따라 결정질 실리콘 태양전지(Crystalline silicon cells), 비결정질 실리콘 태양전지(Amorphous silicon cells), 화합물 반도체 등이 있다. 태양전지의 효율은 7-18%이고 수명은 20년 정도이다.

(나) 전력변환장치(Inverter)

태양전지에서 발전된 DC전력을 교류부하에서 필요하거나, 전력회사에서 공급되는 전력과 같은 전압과 주파수의 AC전력으로 변환하는 장치이다.

(다) 전력저장용 축전지(Solar battery)

(라) 전력조정기(Power controller)

(마) 모니터링시스템(Monitering system)

PV시스템의 운전상태를 계측하고 자가 진단하여 이상 유무를 기록, 저장, 표시 및 통보하는 장치이다.

(3) 종류

계통연계형과 독립형이 있다.

(가) 계통연계형시스템(Line linked system)

일반적으로 도시지역의 주택, 건물 또는 대단위 상업 발전용에 적용되는 형태로서 축전지가 없는 것이 특징이다(그림 5-11 참조)

야간이나 전력 부족 시 또는 잉여전력 발생 시 한전 계통선에 연계 사용하는 시스템으로서 고가의 축전장치가 필요 없고 효율이 좋아서 주택용으로 이상적이다.

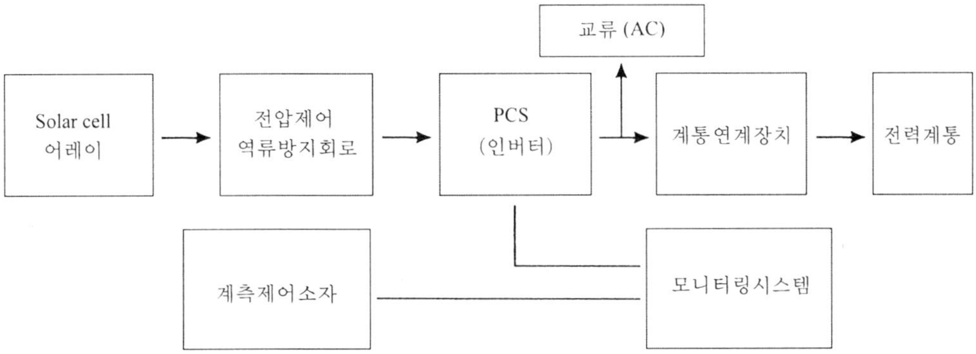

그림 5-11 | 계통연계형 태양광발전시스템의 블록선도

(나) 독립형시스템(Independent system)

전력회사의 배전선과 연계하지 않는 시스템으로 낙도(落島)나 산간벽지에서 많이 사용된다. 무인등대, 도로정보 표지판, 인공위성 등에 축전지와 인버터 등을 이용하여 DC부하나 AC부하에 전력을 공급한다. 고가의 축전설비와 넓은 설치 공간이 필요한 단점이 있다.

[5-2] 송전 및 배전

1. 송전

발전소(發電所)에서 발전된 전력을 수용지(需用地) 부근에 있는 배전용 변전소(配電用變電所)까지 전송(傳送)하는 것을 **송전(送電; Power transmission)**이라 한다.

가. 송전계통

발전소로부터 수용지의 배전용 변전소까지의 일련의 계통을 **송전계통(送電系統; Power transmission system)**이라 하는데 그림 5-12는 수력발전소의 송전계통의 블록선도를 나타낸다.

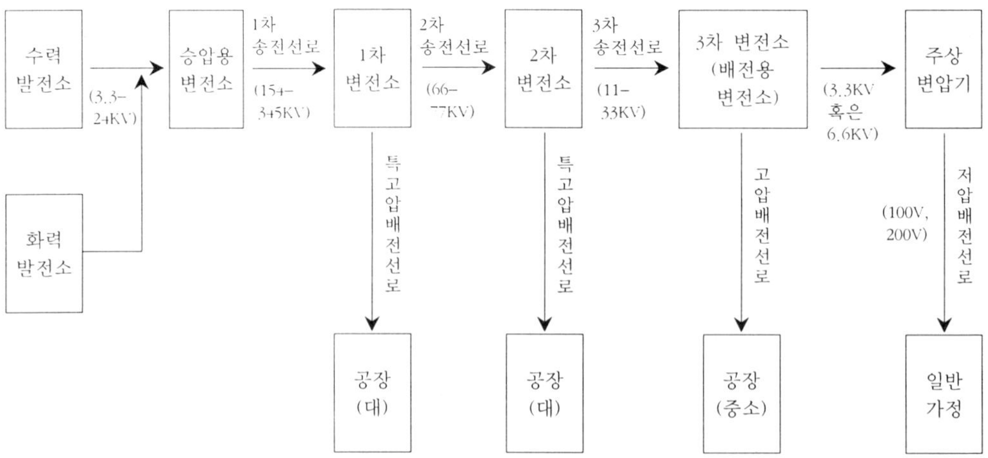

그림 5-12 | 송전계통의 블록선도

그림 5-12에서 보는 것처럼 대체로 발전소에서 얻어진 전력은 전압이 3.3~24[KV]이며, 부속한 승압용 변전소에서 장거리 전송에 알맞게 66~345[KV]로 승압된 뒤 1차송전선로에 보내진다. 그리고 1, 2차 변전소를 거쳐 3차변전소(변전용변전소)에 이르게 되며, 여기서 3.3[KV] 혹은 6.6[KV]로 강압되어 고압배전선로로 보내진다. 또 주상변압기에서는 100[V] 혹은 200[V]로 강압된 뒤 일반 가정에 공급된다.

나. 송전방식과 전압

(1) 송전방식

송전방식에는 직류식과 교류식이 있다.

직류송전방식(直流送電方式)은 그림 5-13에서 보는 것처럼 송전단 변전소에서 교류전력이 변압기에 의해 승압(昇壓)된 후 순변환부(順變換部)에서 정류기(整流器)에 의해 직류전력으로 변환된다. 그리고 직류송전선로를 따라 송전되며 수전단 변전소에서 인버터에 의해 다시 교류로 역변환된다.

그림 5-13 | 직류송전방식의 블록선도

이 방식은 대전력의 장거리 송전 및 해저 케이블에 의한 해협 횡단 등에 이용되고 있다. 교류송전방식(交流送電方式)은 변압기에 의해 각각의 선로에 적합한 전압으로 쉽고, 효율 좋게 승압 및 강압시킬 수 있어 송전방식으로 주로 사용된다.

(2) 송전전압

일정한 전력을 일정한 거리에 송전할 경우에 선로의 저항손은 전압의 제곱에 반비례하므로 송전전압이 높을수록 전력손실이 적어 효율은 좋아진다. 또 저항손을 일정하게 하면 전선의 단면적은 전압의 제곱에 반비례해서 가늘게 되므로 전선 비용도 적게 든다.

그러나 전압이 높아지면 절연을 강화해야 하고 애자(碍子)의 수가 증가하며, 선간거리는 넓어져 대형의 지지물이 필요하게 된다.

따라서 송전전압은 선로손실, 애자나 지지물 등의 비용을 고려해 볼 때 가장 경제적인 값이 있게 되는데 전압의 종류가 너무 많으면 선로의 상호 연결이 불편하게 되므로 몇 가지 종류의 전압을 표준화하고 있다. 이런 표준송전전압을 **공칭전압(公稱電壓)**이라고 한다.

공칭전압으로는 11[KV], 22[KV], 33[KV], 66[KV], 77[KV], 110[KV], 154[KV], 220[KV], 275[KV], 345[KV] 등이 있다.

㊟ 전압의 등급

- 저압 : 600[V] 이하
- 고압 : 600[V] 이상 7,000[V] 이하
- 특고압 : 7,000[V] 이상
- 초고압 : 200[KV] 이상

(3) 주파수

우리나라의 전력계통의 상용주파수는 60[Hz]로 통일되어 있다. 외국의 경우 미국은 60[Hz]가 많으나 25[Hz]를 사용하는 지역도 일부 있으며, 유럽이나 아시아 등지에서는 50[Hz]가 대부분이다. 그리고 일본은 50[Hz]와 60[Hz]를 함께 쓰고 있다.

다. 송전선로

발전소 상호간, 변전소 상호간 또는 발전소와 변전소 상호간에 연결하는 전선로 및 이에 부속된 개폐소와 기타의 전기 공작물을 송전선로(送電線路)라 한다.

송전선로의 송전방식으로는 주로 교류 3상 3선식이 사용되며, 1, 2차 송전선로는 가공전선로 그리고 3차 송전선로는 지중전선로(地中電線路)의 경우가 많다.

여기서 가공전선로(架空電線路)는 전선, 애자, 지지물 및 각종 사고와 피해를 예방하거나 감소시키기 위한 보호시설 등으로 되어 있다. 전선(電線)으로는 강심(鋼心)알루미늄 연선(撚線) (Aluminium cable steel reinforce : ACSR)이 주로 사용되며, 이밖에 전압이 낮은 송전선에는 경동연선(硬銅撚線; Hard drawn copper cable : HDCC)이 사용된다.

또 지지물(支持物)에는 철탑(鐵塔), 철주(鐵柱), 철근콘크리트주, 목주(木柱) 등이 사용되는데 송전선로는 전압도 높고 전선도 굵으며 중요도가 높으므로 철탑이 대부분 사용되고 중요도가 다소 낮은 선로에 대해서는 철주, 철근콘크리트주, 목주 등이 사용된다.

지중전선로(地中電線路; Underground line)는 지중(地中)에 시설된 전선로로서 지중전선인 전력케이블과 이것을 보호하는 부속설비로 되어 있다. 또 이것은 기상의 영향을 거의 받지 않으며 사고도 적고 미관상 좋으므로 대도시에 많이 적용되고 있다.

2. 변전소

발전소에서 발전한 전력을 다른 변전소나 수용지까지 경제적으로 전송하기 위해서는 전압을 높이거나 낮출 필요가 있다. 또 역률을 조정하는 경우도 있는데 이러한 설비를 갖춘 장소를 변전소(變電所; Sub-station)라 한다.

가. 변전소의 분류

변전소는 전력계통의 위치에 따라 승압용 변전소와 강압용 변전소가 있으며, 강압용 변전소에는 1차변전소, 2차변전소, 3차(배전용)변전소 등이 있다. 그리고 제어방식에 따라 수동제어식 변전소, 자동제어식 변전소, 원거리(원격) 감시제어식 변전소가 있다.

또 주요기기의 설치장소에 따라 옥외식 변전소, 옥내식 변전소, 반옥외식 변전소, 지하변전소 등으로 구분된다.

나. 변전소의 주요 설비

변전소에는 주요 설비로서 주변압기, 조상설비, 차단기, 단로기, 배전반, 계측장치, 보호계전기, 피뢰기, 통신설비 등이 있다.

(1) 조상설비(調相設備)

전력계통에서 송·수전단 전압은 부하의 변동에 관계없이 일정한 값으로 유지하는 정전압 송전방식(定電壓送電方式)을 사용하고 있다.

따라서 중부하(重負荷)시에는 진상전류를 공급하고, 경부하(輕負荷)시에는 지상전류를 공급해야 할 필요가 있는데 이러한 역할을 담당하는 설비가 **조상설비(調相設備)**이다.

동기조상기(同期調相機; Synchronous condensor)와 분로리액터(Shunt reactor) 등으로 구성된다.

㈜ 동기조상기 : 동기전동기를 무부하(無負荷) 즉 영역률(零力率)로 운전하여 송전선의 역률 조정을 하는 것이다.

(2) 차단기(遮斷器; Circuit breaker)

송·배전계통이나 저압회로에 있어서 부하를 개폐하거나 또는 접지(接地; Ground), 단락(短絡; Short) 등의 사고가 발생할 경우에 전류를 차단하는데 쓰이는 장치이다.

고압, 대전류용으로 절연유조(絕緣油槽)에서 발생하는 전호(電弧; Arc)를 유중(油中)에서 소멸시키는 유입차단기(Oil circuit breaker : OCB)와 전호에 고압공기를 뿜어 주어서 소호작용(消弧作用)을 하는 공기차단기(Air blast circuit breaker : ABB) 등이 있으며 이외에도 자기차단기(Magnetic blow-out circuit breaker : MBB), 가스차단기(Gas circuit breaker : GCB), 진공차단기(Vacuum circuit breaker : VCB) 등이 있다.

저압회로에 쓰이는 것에는 퓨즈를 겸한 배선용차단기(配線用遮斷器; No fuse breaker : NFB)가 있다.

(3) 단로기(斷路器; Disconnecting switch : DS)

이것은 전기설비를 점검하거나 수리를 해야 할 때 전로(電路)를 일시 분리하기 위해 쓰는 개폐기(開閉器)이다.

(4) 배전반(配電盤; Power board, Switchboard)

전력을 공급하기 위하여 필요한 각종 계기, 스위치 및 과전류 보호장치(過電流保護裝置) 등을 내장한 것이다.

(5) 피뢰기(避雷器; Arrester)

천둥과 같은 이상 충격전압이 기기(機器)에 침입하는 것을 방지하기 위하여 선로(線路)와 대지(大地) 간에 접속하는 장치이다. 이상 충격전압(Surge voltage)을 대지로 방전(放電)하여 기기의 단자전압을 내전압(耐電壓) 이하로 낮추어 기기의 절연파괴를 방지한다.

3. 배전

배전(配電; Power distribution)이란 수용지구(需用地區)에서 각 수용가(需用家)에 전력을 직접 분배하는 것이다. 대체로 선로의 길이가 짧고, 전압도 낮은 것이 특징이다.

가. 배전방식

(1) 배전전력의 종류에 따라 직류식과 교류식 배전방식이 있다.
직류식 배전방식은 초창기에 많이 채용되었던 것으로 2선식과 3선식이 있다. 이 방식은 전기분해 공장이나 전동기의 회전수를 자주 광범위하게 제어해야 하는 경우에 사용된다.
그리고 교류식 배전방식으로는 단상 2선식과 3선식, 2상 3선식과 4선식, 3상 3선식과 4선식 등이 있다.

(2) 부하접속 방법에 따라 병렬식과 직렬식이 있다.
병렬식 배전방식(Parallel distributing system)은 부하를 전원과 병렬로 접속해서 배전하는 것으로 현재 가장 널리 쓰이고 있는데 이것은 각 부하에 단자전압이 일정하게 유지되므로 정전압 배전방식이라고 부르고 있다.
반면에 직렬식 배전방식(Series distributing system)은 부하를 전원과 직렬로 접속해서 배전하는 것으로 부하밀도가 높은 가로등 전용의 배선선로와 같은 특수한 용도에만 쓰이고 있다.
이 방식은 부하전류가 항상 일정하게 유지되므로 정전류 배전방식이라고도 한다.

나. 배전전압

전선로(電線路)의 전압은 공칭전압(公稱電壓)으로 나타낸다.
여기서 공칭전압이란 그 선로를 대표하는 선간전압을 말한다.
종래 우리나라에서의 배전선(配電線)의 전압은 3상 3선식(Three-phase three-wire system) 3.3[KV]와 6.6[KV]를 고압선으로 하고, 단상 2선식(Single-phase two-wire system) 100[V]와 3상 3선식 200[V]를 저압선으로 통일하여 사용해 왔으나 생산력 증가와 국민 생활수준의 향상으로 전력수요가 증가함에 따라 전압강하와 전력손실을 줄이기 위해 승압을 실시하여 현재에는 다음과 같은 전압이 사용되고 있다.

- 단상 3선식 : 100[V], 200[V]
- 3상 3선식 : 200[V]
- 3상 4선식 : 200[V], 380[V](전등/동력용)
  265[V], 460[V](빌딩용)

그리고 배전선로의 선전류(Line current)는

$$I = \frac{P}{\sqrt{3}\ V\cos\theta}\ [\mathrm{A}] \tag{5-8}$$

단, P : 3상전력[W],
V : 선간전압[V],
$\cos\theta$: 역률

이며, 전선 1선의 저항을 $R[\Omega]$이라 하면 선로의 저항손 즉 전력손실은

$$P_l = 3I^2R\,[\mathrm{W}] \tag{5-9}$$

단, P_l : 저항손(전력손실) [W]

로 나타내어진다.

따라서 식 (5-8)과 식 (5-9)에서 전력을 일정하게 하면 선전류는 전압에 반비례하며, 선로의 저항손(전력손실)은 전압의 제곱에 반비례함을 알 수 있다.

다. 배전선로

배전선로(配電線路; Distribution line)란 배전용변전소와 수용장소까지를 연결하는 선로(線路)로서, 배전용변압기를 중심으로 해서 고압측을 1차(고압)배전선로라 하고, 저압측을 2차(저압)배전선로라 한다.

대체로 배전용변전소와 수용장소 까지는 600[V]~7,000[V] 정도의 고압이나 또는 7,000[V] 이상의 특고압으로 배전하고, 일반 수용지점 부근의 주상변압기에서는 600[V] 이하의 저압으로 내려 공급한다.

(1) 배전선로의 구성

배전선로는 급전선(給電線), 간선(幹線) 및 분기선(分岐線)으로 구성된다.

그림 5-14는 배전선로의 구성을 나타낸다.

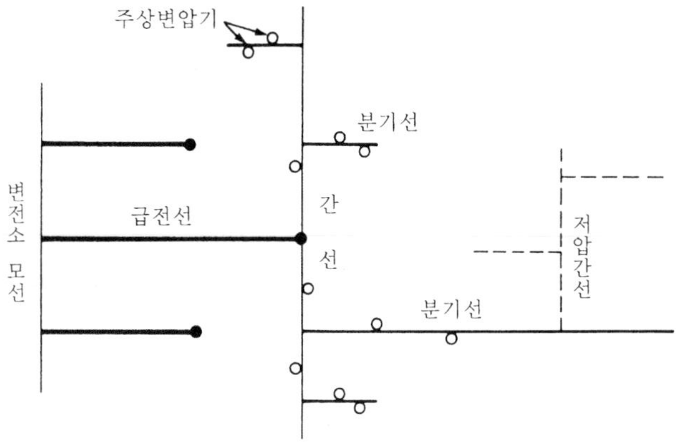

그림 5-14 | 배전선로의 구성

(가) 급전선(給電線; Feeder)

이것은 배전구역까지의 송전선으로 부하가 접속되어 있지 않는 부분이다.

(나) 배전 간선(Distributing main line)

급전선에 접속된 수용지역에서의 배전선로 가운데에서 부하의 분포상태에 따라 배전한 것이다.

(다) 분기선(Branch line)

간선으로부터 분기(分岐)한 배전선로의 가지(Branch) 모양으로 된 부분이다.

(2) 배전선로의 형태

일반적으로 배전선의 형태는 수지식(樹枝式), 환상식(環狀式) 및 망상식(網狀式) 등의 3가지로 나누어진다.

(가) 수지식(Tree system)

그림 5-15는 수지식의 배전 간선을 나타낸다.

발전소 및 변전소로부터 인출된 배전 간선이 부하의 분포에 따라 나뭇가지 모양(樹枝式)으로 분기선을 내면서 각 방면에 이르는 것이다.

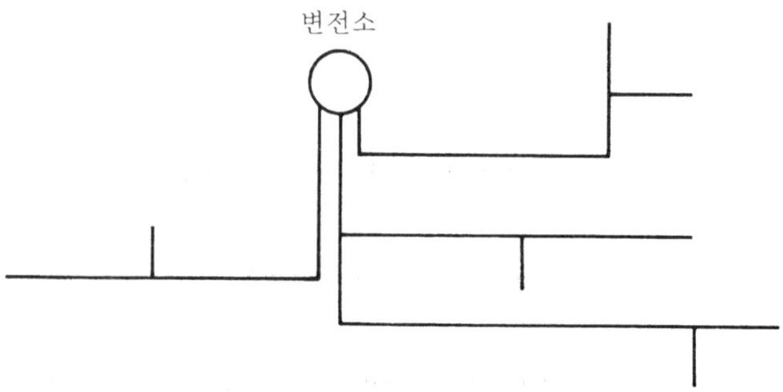

그림 5-15 | 수지식 배전 간선

이 방식은 수요의 증가시 선로를 쉽게 연장 또는 증가할 수 있으나 사고시 다른 간선(幹線)으로 대체시킬 수 없기 때문에 정전(停電)을 면할 수 없는 결점이 있다.

과거에는 대부분 이 방식을 사용하여 왔으나 요즘은 환상 및 망상식으로 개선되어 나가고 있다.

(나) 환상식(Loop system)

그림 5-16에서 보는 것처럼 배전 간선이 환상(環狀; Loop type or Ring type)으로 구성된 것이다. 수요에 따라 임의의 장소에서 분기선을 끌어 전력을 공급할 수 있고 고장 개소의 분리가 용이하다.

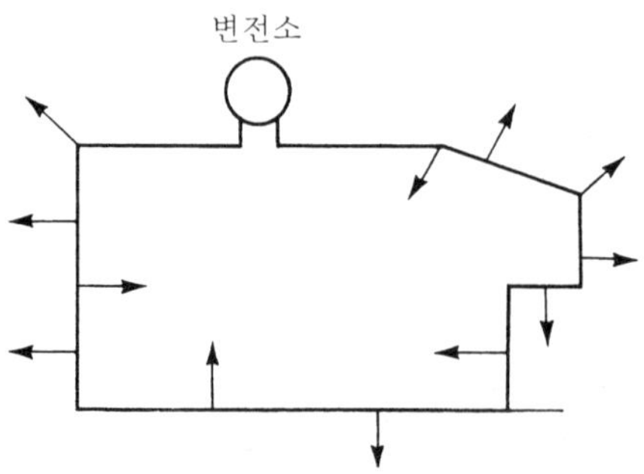

그림 5-16 | 환상식 배전 간선

(다) 망상식(Mesh or Network system)

그림 5-17과 같이 배전 간선을 망상(網狀)으로 접속하고, 그 수개소의 접속점에 급전선(給電線)을 연결한 것이다.

이 방식은 환상식보다는 무정전(無停電) 공급의 신뢰도가 한층 개선된 것으로 구미(歐美)의 대도시에서는 주로 이것이 채용된다.

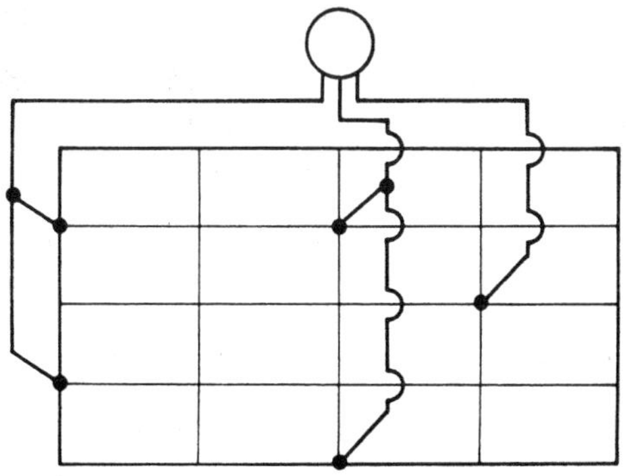

그림 5-17 | 망상식 배전 간선

4. 옥내배선

발전소에서 얻어진 전력은 송전선로, 변전소, 배전선로 등을 거쳐 수용장소(需用場所)에 도달하며 옥내배선(屋內配線; Interior wiring)에 의해서 전등이나 가전제품 혹은 전동기와 같은 부하에 공급된다. 옥내배선은 전력계통의 맨 마지막이기는 하지만 다른 송전선로나 배전선로에 못지않게 중요한 것이다.

가. 옥내배선의 구성

그림 5-18은 일반 가정의 옥내배선을 나타내고 있다.

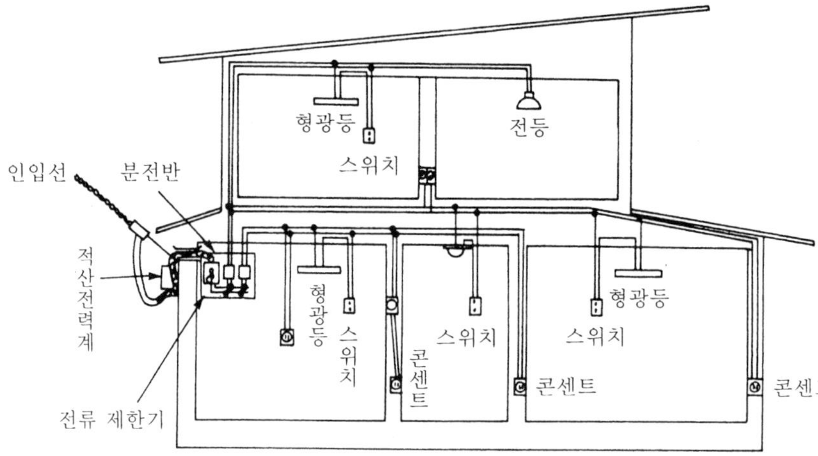

그림 5-18 | 일반 가정의 옥내배선

적산전력계(積算電力計)를 거쳐 옥내에 들어 온 선은 간선(幹線), 분전반(分電盤), 분기회로(分岐回路) 등을 거쳐 소켓(Socket)과 콘센트(Concent)에 이르게 된다.

그리고 소비전력이 50[KW]를 넘는 공장이나 빌딩과 같은 수용가에서는 고압이나 특고압으로 공급받아 구내의 자가용 변전설비에서 전압을 낮추어 고압 또는 저압의 부하에 전력을 공급한다.

나. 옥내 배선방식과 전압

다음과 같은 옥내 배선방식과 전압이 사용되고 있다.

(1) 단상 2선식, 100[V]

전등 및 가정의 소형 기기용이다. 옥내배선으로 가장 많이 사용되어 왔다.

(2) 단상 3선식, 100/200[V]

단상 2선식에 비해 전력손실이 감소되고 소요 전선량이 절약되나 부하의 불평형(不平衡)과 중성선의 단선(斷線)으로 전압에 불평형이 생기기 쉽다.

(3) 단상 2선식, 200[V]

고층건물이나 공장의 40[W] 이상의 형광등에 사용된다. 일반가정에도 설비되고 있다.

(4) 3상 3선식, 200[V]

동력용으로 이 방식이 가장 많이 사용된다. 빌딩과 공장의 조명(형광등)에도 널리 사용되고 있다.

(5) 3상 4선식, 265/460[V]

최근 외국에서 부하밀도가 높은 빌딩과 공장용으로 보급되고 있는 것이다.

다. 배선기구(配線器具) 및 안전장치

배선기구 및 안전장치에는 배전반, 분전반, 개폐기, 접속기, 배선용차단기, 누전차단기, 열동형계전기, 퓨즈 등이 있다.

(1) 배전반(配電盤; Power board or Switchboard)

전기 수용장소의 전기실 또는 제어실에 설치되는 것으로 계기류, 개폐기, 보호장치 등을 장치한 것이다.

(2) 분전반(分電盤; Cabinet panel or Panel board)

저압 옥내 간선(幹線)에서 분기용 개폐기(分岐用開閉器) 및 과전류 보호장치를 설치한 것이다.

(3) 개폐기(開閉器; Switch)

나이프 스위치(Knife switch)와 컷아웃 스위치(Cutout switch)가 있다.

옥내배선의 고장 점검이나 수리시 회로를 개방하거나 전등의 ON/OFF 및 전동기의 기동/정지시 사용한다.

(4) 접속기(接續器)

플러그(Plug)와 콘센트(Concent)가 있다. 소형 전기기구의 코드와 옥내배선의 접속개소에 사용되는 것으로 코드 끝에 플러그를 달아 벽면등에 설치된 콘센트에 삽입하여 사용한다.

(5) 배선용차단기(配線用遮斷器; No fuse breaker : NFB)

전기기기의 단락 및 과부하시에 전로를 자동 차단하는 안전장치이다. 이것은 차단 동작 후 간단히 복귀하여 다시 사용된다.

(6) 누전차단기(漏電遮斷器; Earth leakage breaker)

옥내배선이나 가정용 전기기기의 절연(絕緣)이 나빠졌을 때 회로를 순간적으로 개방하여 감전사고를 방지해 주는 것이다.

(7) 열동형계전기(熱動形繼電器; Thermal relay)

전자개폐기와 조합하여 사용되는 것으로 과부하전류 시 전동기를 보호하는 계전기이다. 동작은 전류의 열효과(熱效果)에 의한다.

(8) 퓨즈(Fuse)

전기회로의 중간에 삽입하여 과부하나 단락에 의한 과전류가 흘렀을 때 생기는 열로 녹아서 회로를 차단하여 기기를 보호하거나 화재의 위험을 방지하는 것이다.

과전류 보호기의 가장 간단한 것으로 한 번 동작되면 교환해야 하는 불편이 있다.

연습문제

문제 … 1 동기발전기의 정격(定格)은?

정답 KVA

주) 동기발전기는 피상전력으로 정격이 표시된다.

문제 … 2 440[V] 대칭 3상 교류 기전력의 순시치의 합은 얼마인가?

정답 0

문제 … 3 송전선로나 배전선로에 사용될 전선의 굵기를 결정하는 요소 중 가장 중요한 것은?

정답 선로의 전류용량

문제 … 4 발전기의 배전반에 달려 있는 계전기(Relay) 중 대전류가 흐를 때 기기(機器)를 보호하는 것은?

정답 과전류 계전기

문제 … 5 NFB는 어떤 기기인가?

정답 NFB(No fuse breaker)는 휴즈를 겸한 차단기이다.

문제 … 6 3상 3선식 선로에서 단상부하는 어떻게 연결되는가?

정답 △결선

문제 … 7 피상전력에 대한 유효전력의 비율을 무엇이라 하는가?

정답 역률(Power factor)

문제 … 8 선로에 전류가 흘러 발생되는 손실은?

정답 동손(I^2R)

문제 … 9 3상 교류회로에서 성형(Y) 결선의 상전압은 선간전압과 어떤 관계에 있는가?

정답 상전압 $= \frac{1}{\sqrt{3}}$ 선간전압

$\left(V_P = \frac{1}{\sqrt{3}} V_L\right)$

문제 … 10 역률 개선을 위하여 송전선로에 접속하여 사용하는 동기전동기를 무엇이라 하는가?

정답 동기조상가(Synchronous modifier)

문제 … 11 동기발전기의 계자전선에 여자전류를 공급하는 역할을 하는 소형 직류발전기를 무엇이라 하는가?

정답 여자기(Exciter)

문제 … 12 4극 교류발전기에서 원동기(原動機)인 디젤기관의 속도가 1,200[rpm]일 때, 이 발전기에 유기되는 기전력의 주파수는 몇 [Hz]인가?

풀이 $f = \frac{P \cdot N_s}{120} = \frac{4}{120} \times 1{,}200 = 40[\text{Hz}]$

문제 … 13 12극, 60 사이클 교류발전기의 동기속도를 계산하라.

풀이 $N_s = \frac{120}{P} f = \frac{120}{12} \times 60 = 600[\text{rpm}]$

문제 … 14 22 KVA의 부하에서 역률이 0.8일 때 무효전력을 계산하라.

풀이 $\cos\phi = 0.8 = \frac{4}{5}$ 이므로 피다고라스 정리에 따라 생각하면 $\sin\phi = \frac{3}{5}$ 이 된다.

$\therefore$ 무효전력 = 피상전력 $\times \sin\phi$

$= 22 \times \frac{3}{5} = 13.2[\text{KVAR}]$

문제 … 15 자속밀도 10[Wb/m^2]인 균일한 자계 내에서 길이 20[cm]의 직선도체가 자계에 수직으로 5[m/s]의 속도로 운동할 때 최대 유기기전력을 계산하라.

풀이 $e = B \cdot l \cdot v = 10 \times 20 \times 10^{-2} \times 5 = 10[\text{V}]$

문제 … 16 유효 낙차 100[m], 유량 50[m^3/s]의 수력지점(水力地點)이 있다. 이론 수력과 발생전력을 구하라, 단, 수차(水車)와 발전기의 효율은 각각 0.85, 0.9이다.

풀이 ① 이론수력 : $P_W = 9.8QH$

$$= 9.8 \times 50 \times 100 = 49,000[KW]$$

② 발생전력 : $P_E = P_W \times \eta_W \times \eta_G$

$$= 49,000 \times 0.85 \times 0.9$$

$$= 37,485[KW]$$

문제 … 17 3상 3선식의 배전선로에 역류 0.75의 3상 평형부하 50[KW]를 연결할 때 배전선로의 전압강하 및 전력손실을 계산하라. 단, 부하의 전압은 200[V]이고 전선 1선의 저항은 0.03[Ω]이며 리액턴스는 무시하기로 한다.

풀이 3상 3선식의 배전선에 있어서 전압강하는 $v = \sqrt{3}\, I(R\cos\theta + X\sin\theta)$ [V] 이고, 전력손실은 $P = 3I^2R$ [W]이다. 먼저 선전류를 구해보면

$$I = \frac{P}{\sqrt{3}\, V\cos\theta} = \frac{50 \times 10^3}{\sqrt{3} \times 200 \times 0.75} \fallingdotseq 192.5[A]$$

이다.
따라서 배전선로의 전압강하 및 전력손실은 다음과 같다.

① $v = \sqrt{3} \times 192.5 \times (0.03 \times 0.75) \fallingdotseq 7.5[V]$

② $P = 3 \times (192.5)^2 \times 0.03 \fallingdotseq 3,335[W] = 3.34[KW]$

문제 … 18 단권변압기를 사용해서 3,000[V]의 전압을 3,300[V]로 승압하고, 용량 50[KW], 역률 65[%] 지상(遲相)의 단상 부하(單相負荷)에 전력을 공급하는 경우 단권변압기의 자기용량(自己容量)을 계산하라. 단, 부하전압은 33,000 [V]이다.

풀이 단권변압기의 자기용량은 $W = VI \times 10^{-3}$[KVA]이다.
부하전압 33,000[V], 부하전력 50[KW], 역률 0.65이므로 부하전류는

$$I = \frac{50 \times 10^3}{33000 \times 0.65} \fallingdotseq 23.3[A]$$

이고, 또 승압전압은 $V = 3,300 - 3,000 = 300$[V]이므로
구하고자 하는 단권변압기의 자기용량은

$$W = 300 \times 23.3 \times 10^{-3} \fallingdotseq 6.99[KVA]$$

이다. 따라서 정격용량(定格容量)은 7[KVA] 이상의 것이어야 한다.

문제 … 19 8극, 회전수 900[rpm]의 동기발전기와 병렬운전하는 극수 12극인 동기발전기의 주파수와 회전속도를 구하라.

풀이

구분 / 발전기	극수	회전수	주파수
#1발전기	8	900	f_1
#2발전기	120	N_s	f_2

① 8극, 900[rpm]인 발전기의 주파수는

$$f_1 = \frac{PN_S}{120} = \frac{8 \times 900}{120} = 60[\text{Hz}]$$

이다.

② 병렬운전 시 양 발전기의 주파수는 같다.
따라서 12극 발전기의 주파수는 60[Hz]이다.

$$f_1 = f_2 = 60[\text{Hz}]$$

③ 극수 12인 동기발전기의 회전속도는

$$N_S = \frac{120}{P} f_2 = \frac{120}{12} \times 60 = 600[\text{rpm}]$$

이다.

문제 … 20 MHD발전의 원리를 설명하라.

문제 … 21 양수식 발전소의 필요성을 설명하라.

문제 … 22 발전용 원자로의 종류를 들고 각각에 대하여 기술하라.

문제 … 23 배전계통의 구성과 배전방식을 설명하라.

문제 … 24 송전 및 배전의 전기방식으로서 통상 교류가 사용되는 이유를 설명하라.

문제 … 25 원자력발전과 기력발전(汽力發電)을 비교 설명하라.

제 6 장

디지털논리

[6-1] 개요

디지털 전자공학 분야는 오늘날 새로운 정보화(情報化) 시대를 맞이하여 그 중요성이 더욱 높아지고 있다. 컴퓨터를 중심으로 한 정보처리(情報處理), 계측(計測), 연산(演算), 제어(制御), 통신 등 광범위하게 확산되어 나가고 있는 이 디지털 공학기술은 다가오는 시대를 주도하는 기술의 하나가 될 것이 분명하다.

따라서 본 장에서는 관련된 기초 이론을 소개하여 디지털 시스템을 이해하고 다소나마 응용할 수 있도록 수의 체계와 2진수의 연산으로부터 논리함수의 간략화에 이르기까지 설명하고자 한다.

[6-2] 수 체계(數體系)와 2진수의 연산

1. 수(數)의 체계

우리들이 일상생활에서 쓰고 있는 수의 표시법은 10진법(十進法)이다. 이것은 0에서 9까지 세면 다음에 자리가 하나 바뀌어 10으로 되는 셈법이다.

10진법으로 735는

$$735_{(10)} = 7 \times 10^2 + 3 \times 10^1 + 5 \times 10^0$$

(단, 좌변의 괄호속의 첨자는 10진수를 의미함)

으로 나타낼 수 있다.

이것을 일반화시키면 r진법에서의 식 (7-1)을 얻을 수 있다. 즉

$$\begin{aligned} N &= a_n a_{n-1} \cdots a_2 a_1 a_{-1} a_{-2} \cdots a_{-m(r)} \\ &= a_n \cdot r^n + a_{n-1} \cdot r^{n-1} + a_{n-2} \cdot r^{n-2} + \cdots a_2 \cdot r^2 + a_1 \cdot r^{1+} a_0 \\ &\quad + a_{-1} \cdot r^{-1} + a_{-2} \cdot r^{-2} + \cdots a_{-m} \cdot r^{-m} \\ &= \text{정수부} + \text{소수부} \\ &= \sum_{i=-m}^{n} a_i r^i \end{aligned} \tag{6-1}$$

단, r : 진수(radix 또는 base)

a_i : 계수 또는 디지트(digit)

이다.

따라서 2진수 $1101.11_{(2)}$은

$$\underbrace{1101.11}_{\text{계수}}\underbrace{{}_{(2)}}_{\text{진수}} = 1 \times 2^3 + 1 \times 2^2 + 0 \times 2^1 + 1 \times 2^0 + 1 \times 2^{-1} + 1 \times 2^{-2}$$
$$= 13.75_{(10)}$$

이고, 16진수 $B91F_{(16)}$는

$$\underbrace{B91F}_{\text{계수}}\underbrace{{}_{(16)}}_{\text{진수}} = 11 \times 16^3 + 9 \times 16^2 + 1 \times 16^1 + 15$$
$$= 47391_{(10)}$$

이다.

여기서 10진수 체계는 0에서 9까지의 10개의 숫자를 사용하고, 2진수는 0, 1의 2개, 8진수는 0, 1, 2, …, 7개의 8개, 그리고 16진수는 0, 1, …, 9, A, B, C, D, E, F의 16개를 사용한다.

표 6-1 | 상이한 진수의 수에 대한 비교

10진수 (밑수 10)	2진수 (밑수 2)	8진수 (밑수 8)	16진수 (밑수 16)
00	0000	00	0
01	0001	01	1
02	0010	02	2
03	0011	03	3
04	0100	04	4
05	0101	05	5
06	0110	06	6
07	0111	07	7
08	1000	10	8
09	1001	11	9
10	1010	12	A
11	1011	13	B
12	1100	14	C
13	1101	15	D
14	1110	16	E
15	1111	17	F

표 6-1은 10진수, 2진수, 8진수, 16진수 체계에 있어서의 처음 16까지의 수를 비교해서 나타낸 것이다.

2. 진수변환(進數變換)

가. 10진수와 2진수의 상호 변환

10진수(Decimal number) $353_{(10)}$을 2진수(2進數; Binary number)로 바꾸어보면

	나머지	계수
2) 353		
2) 176	1	(a_0)
2) 88	0	(a_1)
2) 44	0	(a_2)
2) 22	0	(a_3)
2) 11	0	(a_4)
2) 5	1	(a_5)
2) 2	1	(a_6)
1	0	(a_7)
└		(a_8)

↑ 2진수계수

$$
\begin{aligned}
\therefore 353_{(10)} &= a_8a_7a_6a_5a_4a_3a_2a_1a_{0(2)} \\
&= 101100001_{(2)}
\end{aligned}
$$

이고, $0.43_{(10)}$을 2진수로 바꾸려면 먼저 0.43에 2를 곱해서 새로운 정수와 소수를 얻고, 다시 이 새로운 소수에 2를 곱해서 또다시 새로운 정수와 소수를 얻는다. 이러한 과정은 소수가 0이 되거나 충분한 정밀도가 얻어질 때까지 반복된다. 2진수의 계수는 다음과 같이 정수에서 얻는다.

	→		→		→		→		
0.43		0.86		0.72		0.44		0.88	
× 2		× 2		× 2		× 2		× 2	⋯
0.86		1.72		1.44		0.88		1.76	
↓		↓		↓		↓		↓	
⓪		①		①		⓪		①	

$\therefore\ 0.43_{(10)} = 0.01101_{(2)}$

그리고 2진수 $1011.101_{(2)}$을 10진수로 바꾸어보면

$$
\begin{aligned}
1011.101_{(2)} &= 1\times2^3 + 0\times2^2 + 1\times2^1 + 1\times2^0 + 1\times2^{-1} + 0\times2^{-2} + 1\times2^{-3} \\
&= 8+2+1+0.5+0.125 \\
&= 8.625_{(10)}
\end{aligned}
$$

이다.

나. 10진수의 8진수, 16진수로의 변환

(1) 10진수를 8진수와 16진수로 변환하는 방법

10진수를 8진수나 16진수로 변환하는 것은 10진수를 2진수로 바꾸는 방법과 같이 하면 된다.

예제 6-1

10진수 $254.1875_{(10)}$를 8진수로 변환하라.

풀이

	나머지
8) 254	
8) 31	6 ↑
8) 3	7
0	3

$$0.1875 \times 8 = 1.5000 \rightarrow ①$$

$$0.5 \times 8 = 4.0 \rightarrow ④$$

$\therefore\ 254.1875_{(10)} = 376.14_{(8)}$

예제 6-2

10진수 $46687_{(10)}$을 16진수로 변환하라.

풀이

	나머지
16) 46687	
16) 2917	15(F) ↑
16) 182	5
16) 11	6
0	11(B)

$\therefore\ 46687_{(10)} = B65F_{(16)}$

(2) 2진수의 8진수, 16진수로의 변환

$2^3=8$이고 $2^4=16$이므로 8진 숫자는 3개의 2진 숫자에 대응되며, 16진 숫자는 4개의 2진 숫자에 대응된다. 따라서 2진수에서 8진수로 바꾸려면 2진수의 소수점을 중심으로 왼쪽과 오른쪽으로 각각 세 숫자씩 묶으면 되고, 2진수에서 16진수로 바꾸려면 2진수를 4개씩 묶으면 된다.

예제 6-3

2진수 $110101001.111110_{(2)}$을 8진수로 변환하라.

풀이

110	101	001	·	111	$110_{(2)}$	= $651.76_{(8)}$
6	5	1		7	6	

예제 6-4

2진수 $10110001110110.11110010_{(2)}$을 16진수로 변환하라.

풀이

10	1100	0111	0110	·	1111	$0010_{(2)}$	= $2C76.F2_{(16)}$
2	C	7	6		F	2	

(3) 8진수, 16진수의 2진수로의 변환

8진수 또는 16진수를 2진수로 바꾸려면 앞서 했던 절차와 반대로 8진수는 3개의 2진수로 하고, 16진수는 4개의 2진수로 변환하면 된다.

예제 6-5

8진수 $571.423_{(8)}$을 2진수로 변환하라.

풀이

$571.423_{(8)}$ =	101	111	001	·	100	010	$011_{(2)}$
	5	7	1		4	2	3

예제 6-6

16진수 $B3F1.B_{(16)}$을 2진수로 변환하라.

풀이

$B3F1.B_{(16)}$ =	1011	0011	1111	0001	·	$1011_{(2)}$
	B	3	F	1		B

[6-3] 2진 코드(Binary codes)

코드(Code)는 정보를 나타내기 위한 기호의 체계로서 여러 가지 방식이 있다. 코드는 컴퓨터의 프로그래밍(Programming)에서 명령이나 수식을 나타내고 펄스통신이나 자동 전신에서 신호 내용을 나타내기 위해 사용되는 부호(符號)이다.

1. 8421 코드

수 0에서 9까지를 2진수로 부호화(符號化; Coding)한 것이다. 어떤 10진수 X를

$$X = A \cdot 2^3 + B \cdot 2^2 + C \cdot 2^1 + D \cdot 2^0 \tag{6-2}$$

의 형태로 나타내었을 때 계수 A, B, C, D가 8421코드이다. 이것은 각 자리를 나타내는 계수 A, B, C, D에 각각 $2^3 = 8$, $2^2 = 4$, $2^1 = 2$, $2^0 = 1$의 무게(Weight)가 부여되어 있음을 알 수 있다.

8421 코드를 가중(加重) 코드(Weighted code)라 하며 대표적인 코드로 사용하고 있다.

2. 3증(增) 코드(Excess-3 code)

어떤 10진수의 숫자에 3을 더한 수를 8421 코드로 나타낸 것이다. 그러므로 $7_{(10)}$을 나타내는 3증 코드는

$$7 + 3 = 1 \times 2^3 + 0 \times 2^2 + 1 \times 2^1 + 1 \times 2^0$$

이므로 1010이다.

3. 그레이 코드(Gray code)

2진수의 형태를 써서 서로 인접한 수의 표시를 반드시 한 자리만이 다르도록 설계한 코드의 일종이다. 예로서 10진수 7은 그레이 코드로 0100이며 8은 1100이다.

여기서 왼쪽에 첫 번째 자리만이 달라져 있을 뿐이다.
교번(交番) 코드(Reflected code)라고도 한다.

가. 8421 코드의 그레이 코드로의 변환

2진수 $0111_{(2)}$을 그레이 코드로 바꾸면 다음과 같이 0100이 된다.

8421 코드 :	0 → 1 → 1 → 1
	↓ ⊕ ↓ ⊕ ↓ ⊕ ↓
그레이 코드 :	0 1 0 0

나. 그레이 코드의 8421 코드로의 변환

위에서와 같이 그레이 코드로 0101을 8421 코드로 바꾸면 0110이 된다.

그레이 코드 :	0 ↗ 1 ↗ 0 ↗ 1
	↓ ⊕ ↓ ⊕ ↓ ⊕ ↓
8421 코드 :	0 1 1 0

㈜ 8421 코드와 그레이 코드의 상호변환 시 최상위 숫자(Most significant digit : MSD)는 그대로 내린 후 보기에서처럼 캐리(Carry)는 없애고 합(合)만을 기록해 나가면 된다.

표 6-2는 10진수에 대한 몇 가지 2진 코드를 상호 비교해 나타낸 것이다.

표 6-2 | 10진수에 대한 2진 코드

10진 숫자	(BCD) 8421	3증(增)	84-2-1	2421	(2-5 코드) 5043210
0	0000	0011	0000	0000	0100001
1	0001	0100	0111	0001	0100010
2	0010	0101	0110	0010	0100100
3	0011	0110	0101	0011	0101000
4	0100	0111	0100	0100	0110000
5	0101	1000	1011	1011	1000001
6	0110	1001	1010	1100	1000010
7	0111	1010	1001	1101	1000100
8	1000	1011	1000	1100	1001000
9	1001	1100	1111	1111	1010000

4. BCD 코드

10진수 한 자리를 2진수로 나타내려면 4비트(bit)가 필요하다. 10진수의 각 자리를 각각 4비트(bit) 씩의 2진수로 나타낸 코드를 2진화 10진 코드(Binary coded decimal code : BCD)라고 한다.

예로서, 10진수 $1988_{(10)}$은 다음과 같이 BCD 코드로 나타낼 수 있다.

10진수 :	1	9	8	8
BCD코드 :	0001	1001	1000	1000

주) 10진수 $13_{(10)}$을 BCD코드로 바꾸면 $00010011_{(BCD)}$가 되고, 8421코드로 바꾸면 $1101_{(2)}$가 된다. 여기서 10진수 $13_{(10)}$을 나타내는데 8421코드는 4비트(bit)만으로 가능하다. BCD코드는 8비트가 필요하게 되는 결점이 있다.

[6-4] 논리 게이트(Logic gates)

1. 개요

논리대수에 의한 연산(演算)을 하기 위하여 쓰이는 **논리회로(論理回路; Logical circuit)**라고 한다. 논리회로는 논리연산(論理演算)을 행하는 단위 회로소자인 **논리게이트(Logic gate)**들로 구성된다. 디지털 공학에 있어서는 한 개 이상의 입력에 대하여 단지 하나의 출력이 나타나도록 구성된 논리소자(論理素子)를 게이트(Gate)라고 정의한다.

기본 논리게이트에는 AND 게이트, OR 게이트, NOT 게이트 등이 있으며, 이 외에 이들을 조합한 NAND 게이트, NOR 게이트, XOR 등이 있다.

2. AND 게이트(AND gate)

모든 입력이 "1"일 때에만 출력이 "1"이 되는 게이트이다.

그림 6-1은 논리신호 A, B를 입력으로 하여 Z와 같은 신호를 출력하는 경우의 기능을 나타낸 무접점회로, 접점회로, 회로 상에서 AND 게이트의 표시기호(Symbol), 진리표(眞理表; Truth table), 타임차트(Time chart) 등을 나타낸다.

그림 6-1(a)는 다이오드(Diode)에 의한 AND 게이트를 나타내는 무접점(無接點) 릴레이 회로로서 입력 A, B의 어느 하나라도 0[V]로 되면 저항 R을 통해서 전류가 $+E_c$[V]에서 0[V]쪽으로 흐르므로 출력 Z는 $+E_c$[V]가 된다.

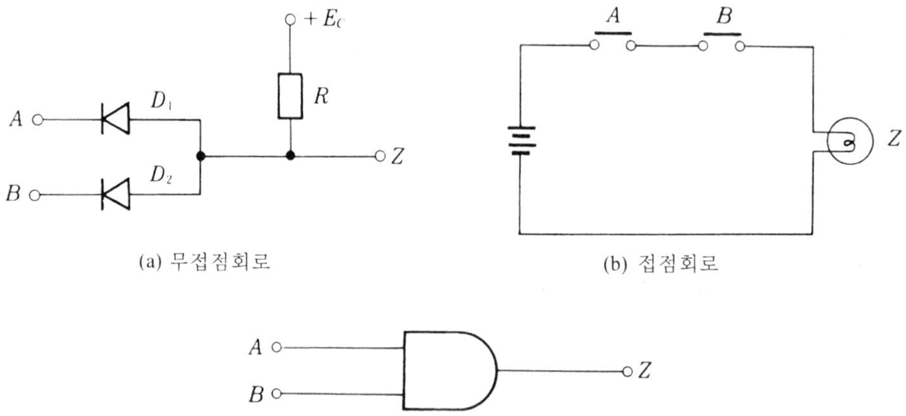

(a) 무접점회로

(b) 접점회로

(c) 기호(Symbol)

입 력		출 력
A	B	Z
0	0	0
0	1	0
1	0	0
1	1	1

(d) 진리표(Truth table)

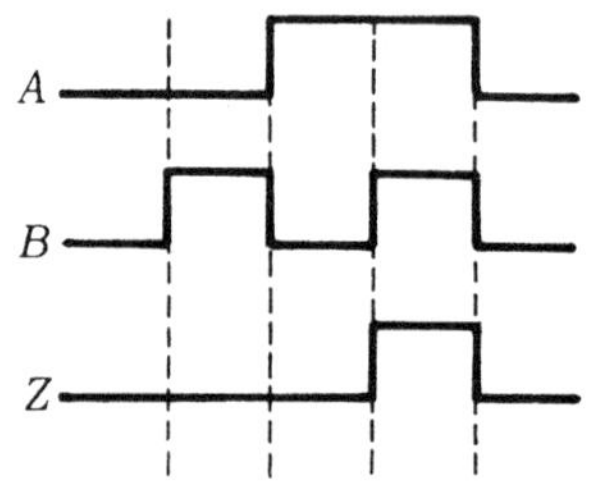

(e) 타임차트(Time chart)

그림 6-1 | AND 게이트와 관련내용

따라서 $+E_c$[V]를 논리값(Logic level) "1"에 대응시키고, 0[V]를 "0"에 대응시키면 입력이 전부 "1"일 때에만 출력에 "1"을 발생하게 되어 AND 게이트의 기능을 갖게 됨을 알 수 있다.

그림 6-1(c)는 AND 게이트의 논리기호(Logic symbol)이며, 그림 6-1(d)는 AND 게이트에 대한 진리표이다. 진리표(眞理表; Truth table)란 논리 게이트 또는 논리회로에서 입력변수(入力變數)의 모든 상태에 대하여 출력의 상태를 논리값 "0"과 "1"을 가지고 나타낸 표를 의미한다. 일반적으로 입력이 n개일 때는 진리표상에 2^n개의 입력항이 나타나게 되는데 여기서는 입력변수가 A, B 2개이므로 입력신호의 조합은 $2^2=4$가 된다. 만약 입력변수가 A, B, C 3개이면 입력신호의 조합은 $2^3=8$이 될 것이다.

한편, AND 게이트를 부울대수식(혹은 논리식)으로 표시하면

$$Z = A \cdot B \tag{6-3}$$

이며 "Z는 A and B" 또는 "Z는 AB"라고 읽는다.

식 (6-3)에서 "·"의 기호는 일반 대수학에서 적(積; 곱하기)의 의미를 가지지 않고 단순한 하나의 기호를 나타내는 것에 불과하다.

3. OR 게이트(OR gate)

입력신호 중 어느 하나라도 "1"일 때 출력이 "1"이 되는 게이트이다.

즉 입력 중 어느 하나라도 신호가 들어오면 출력이 나가는 것이다. 그림 6-2는 논리신호 A, B를 입력으로 하여 Z와 같은 신호를 출력으로 하는 경우의 기능을 나타낸 무접점회로, 접점회로, 회로상에서 *OR* 게이트의 표시기호, 진리표, 타임차트(Time chart) 등을 나타낸다.

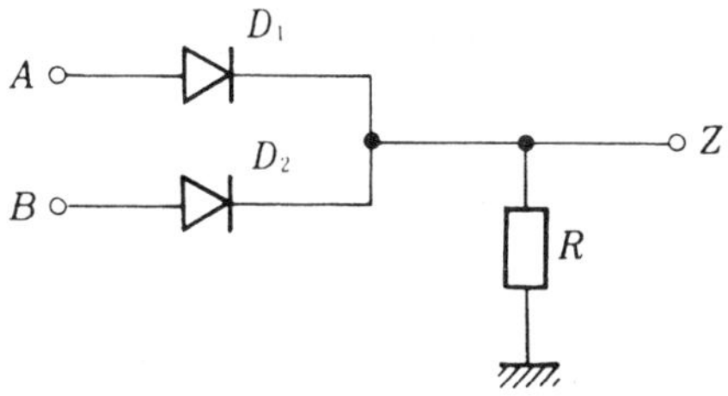

(a) 무접점회로

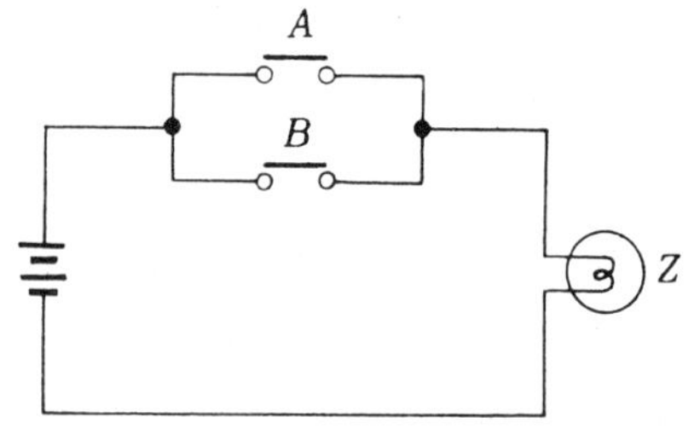

(b) 접점회로

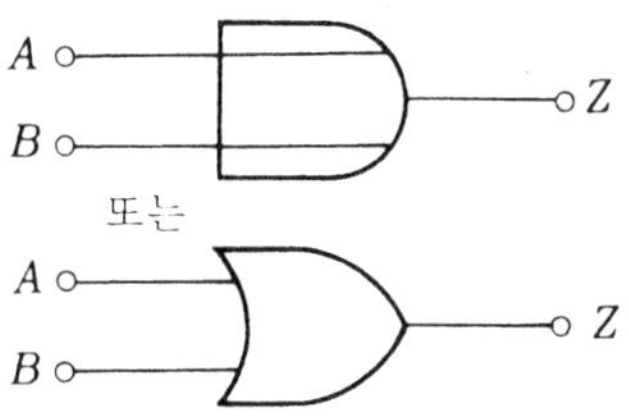

(c) 기호

입	력	출 력
A	B	Z
0	0	0
0	1	1
1	0	1
1	1	1

(d) 진리표 (Truth table)

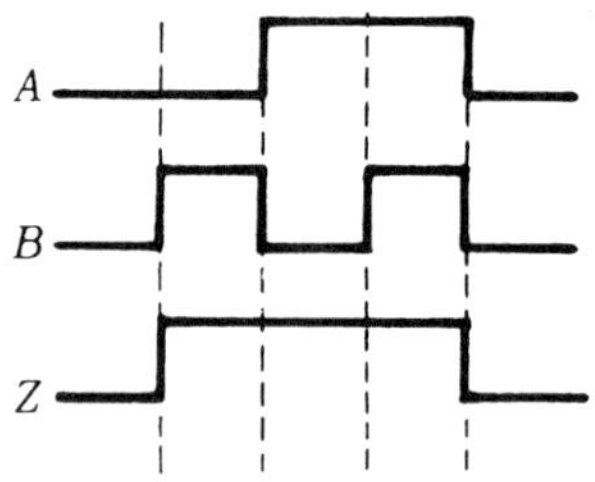

(e) 타임차트 (Time chart)

그림 6-2 | OR 게이트와 관련내용

그림 6-2(a)는 다이오드에 의한 OR 게이트를 나타내는 무접점 릴레이회로로서 입력 A, B 중 어느 하나 또는 그 이상이 (+)의 전압레벨(Voltage level)일 때 출력 Z는 (+)의 전압레벨이 되고, A, B 모두가 0[V]일 때 출력 Z는 0[V]가 된다. 그림 6-2(b)의 접점회로에서는 접점 A와 B가 병렬(竝列)로 접속되어 있음을 보여주고 있다. 그리고 그림 6-2(c)는 OR 게이트의 논리기호를 나타내며, 그림 6-2(d)는 입력변수 2개에 대한 출력의 상태를 나타내는 OR 게이트의 진리표(眞理表)이다.

또 그림 6-2(e)는 입력과 출력에 대한 타임차트를 보여주고 있다.

한편, OR 게이트를 부울대수식으로 표시하면

$$Z = A + B \qquad (6\text{-}4)$$

이며 "Z는 A or B" 라고 읽는다.

논리식 (6-4)에서 "+"의 기호는 AND게이트에서와 마찬가지로 일반 대수식에서의 합(合; 더하기)의 의미를 가지지 않는 단순한 하나의 기호일 뿐이다.

4. NOT 게이트(NOT gate)

입력신호에 대한 반전신호(反轉信號)가 출력에 나타나도록 만들어진 게이트로서 일명 인버터(Inverter)라고 부르기도 한다.

그림 6-3은 논리신호 A를 입력으로 하여 Z와 같은 신호를 출력으로 하는 경우의 기능을 나타낸 무접점회로, 접점회로, NOT 게이트의 표시기호, 진리표, 타임차트 등을 나타낸다. 그림 6-3(a)는 트랜지스터(Transistor)에 의한 NOT 게이트를 나타내는 무접점 릴레이회로로서 입력 A가 0[V]일 때 전류는 $+E_c$[V]에서 저항 R_1을 통해서 A단자에 흐르므로 트랜지스터의 베이스(B)는 부전위(負電位)가 되어 트랜지스터는 차단(OFF) 상태가 된다. 그러므로 출력단자 Z에는 $+E_c$[V] 즉, 논리값 "1"이 된다.

반대로 입력 A가 "1"이 되면 $+E_c$[V]에서 저항 R_1을 통해서 흐르는 전류는 R_2를 통하고, 트랜지스터의 베이스에 흘러 들어가므로 트랜지스터는 도통(Turn on) 상태가 되며 출력 Z는 "0"이 된다.

그림 6-3(b)의 접점 릴레이회로에서 제어회로의 접점 A가 붙지 않은 상태($A = 0$)에서는 주회로의 전구에 불이 켜져 있게 되나 반대로 보조회로의 접점 A를 붙여준 상태($A = 1$)에서는 전자석이 여자(勵磁)되어 주회로의 접점($\overline{Z}$)을 떼어주므로 주회로의 전구는 불이 커지게 된다.

그림 6-3(c)는 NOT 게이트의 논리기호를 나타내며, 그림 6-3(d)는 입력변수 A에 대한 출력 Z의 상태를 나타내는 NOT 게이트의 진리표이다.

그리고 그림 6-3(e)는 NOT 게이트의 타임차트이다. NOT 게이트에서 입력 A인 경우에 출력 Z를 부울대수식으로 나타내면

$$Z = \overline{A} \qquad (6\text{-}5)$$

이며 "Z는 A바(Bar)라고 읽는다."

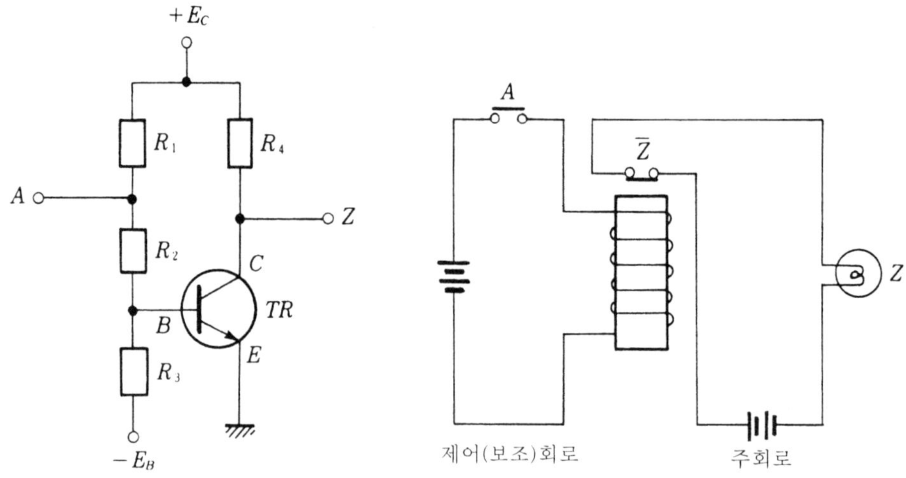

(a) 무접점회로　　(b) 접점릴레이회로

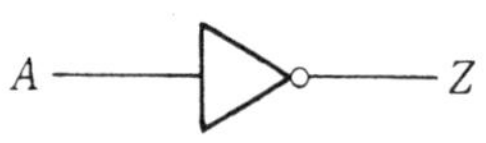

입 력	출 력
A	Z
0	1
1	0

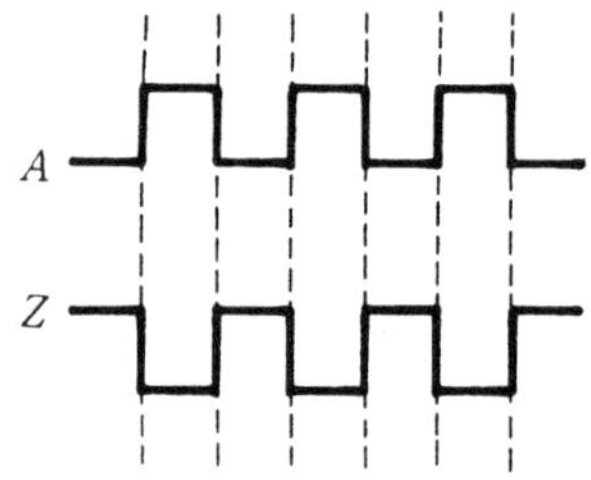

(c) 기호　　(d) 진리표　　(e) 타임차트

그림 6-3 | NOT 게이트와 관련내용

5. NAND 게이트(NAND gate)

NAND 게이트는 실제로 빈번히 사용되는 논리소자(論理素子)로서 AND 게이트에 NOT 게이트를 직렬로 연결한 것과 같은 동작을 한다. NAND 게이트는 두 개 또는 그 이상의 입력신호들이 모두 "논리-1" 일 때에만 출력이 "논리-0"으로 되는 게이트이다.

즉 NAND 게이트는 AND 게이트의 출력을 부정(NOT)한 것이며, 논리기호는 AND 게이트의 논리기호 끝에 NOT 게이트의 논리기호에서 따온 작은 동그라미를 붙여서 그린다.

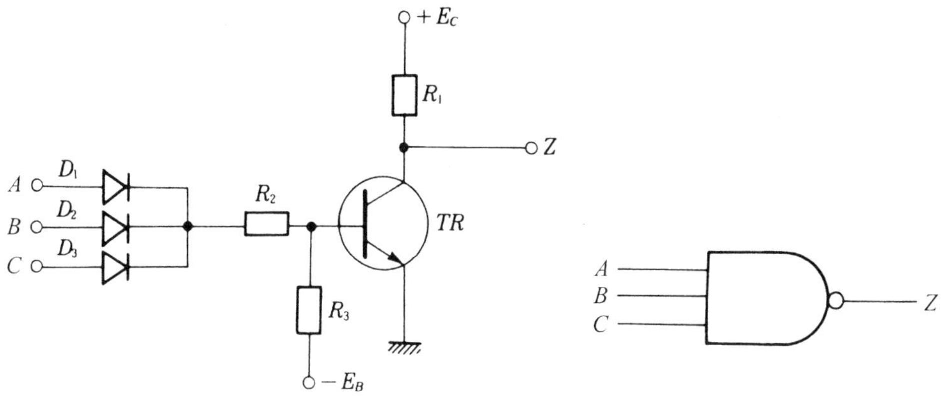

(a) 무접점 릴레이회로　　(b) 논리기호

입력신호값			출력신호값
A	B	C	Z
0	0	0	1
0	0	1	1
0	1	0	1
0	1	1	1
1	0	0	1
1	0	1	1
1	1	0	1
1	1	1	0

(c) 진리표

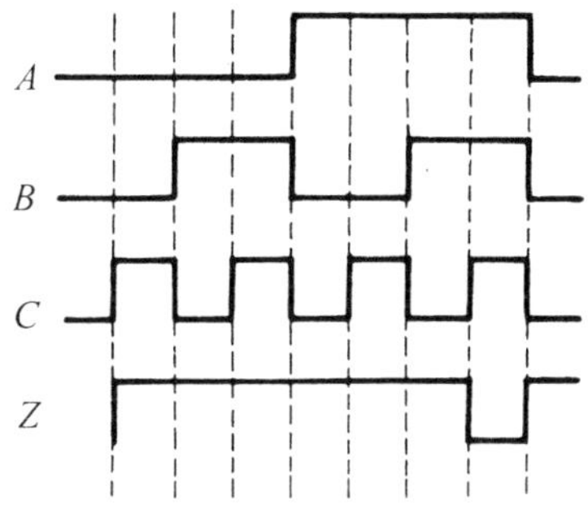

(d) 타임차트

그림 6-4 | 3입력 NAND 게이트와 관련내용

그림 6-4는 3입력 NAND 게이트의 기능을 나타낸 무접점회로, 논리기호, 진리표, 타임차트 등을 나타낸다.

그림 6-4(c)의 진리표에서 A, B, C 입력 중에서 하나만 "0"이면 출력은 "1"이 되고 세 개의 입력이 모두 "1"인 때에만 출력이 "0"이 된다.

NAND 게이트의 부울대수식은

$$Z = \overline{A \cdot B \cdot C} \tag{6-6}$$

로 나타내면 "Z는 ABC 바(bar)"라고 읽는다.

그리고 NAND 게이트는 만능 게이트(Universal gate)로서 그 응용은 그림 6-5에서 보는 바와 같이 여러 가지 조합에 의해서 NOT 게이트, AND 게이트, OR 게이트 등의 기능을 갖는 논리회로를 만들 수 있다.

여기서 NAND 게이트의 입력을 모두 함께 묶으면 NOT 게이트와 같이 동작하게 되고, NAND 게이트 두 개를 직렬로 연결시키면 AND 게이트의 역할을 하게 되며, 세 개를 그림 6-5(c)처럼 접속시키면 OR 게이트로 동작하게 된다.

주) $A' = \overline{A}$이며, A'는 "A 프라임(prime)"이라 읽는다.

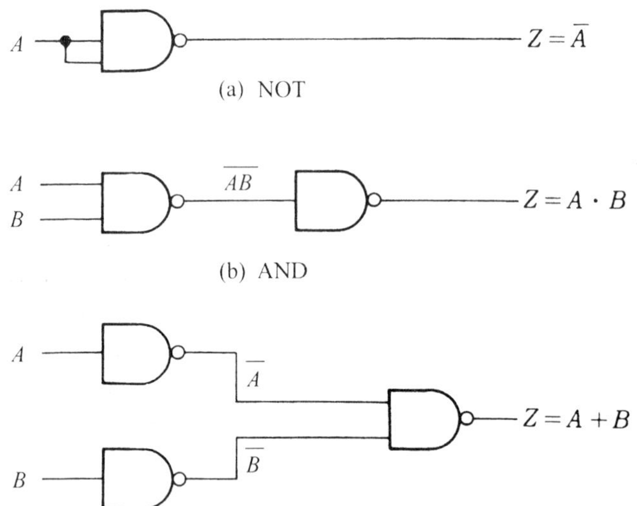

(a) NOT

(b) AND

(c) OR

그림 6-5 | NAND 게이트의 응용

6. NOR 게이트(NOR gate)

NOR 게이트는 NAND 게이트와 더불어 빈번히 사용되는 논리소자로서 OR 게이트에 NOT 게이트를 직렬로 연결한 것과 같은 동작을 한다. NOR 게이트는 두 개 또는 그 이상의 입력신호들이 모두 "논리-0"일 때만 출력이 "논리-1"이 되는 게이트이다.

즉 NOR 게이트는 OR 게이트의 출력을 부정(NOT)한 것이며, 논리기호는 OR 게이트의 논리기호 끝에 NOT 게이트의 논리기호를 나타내는 작은 동그라미를 붙여서 나타낸다.

그림 6-6은 3입력 NOR 게이트의 기능을 나타낸 무접점회로, 논리기호, 진리표, 타임차트 등을 나타낸다. 그림 6-6(c)의 진리표에서 세 개의 입력 A, B, C 모두가 "0"일 때만 출력이 "1"이고, 어느 하나라도 "1"이면 출력은 "0"으로 된다.

NOR 게이트의 부울대수식은

$$Z = \overline{A + B + C} \tag{6-7}$$

로 나타내며, "Z는 A or B or C의 바(bar)"라고 읽는다.

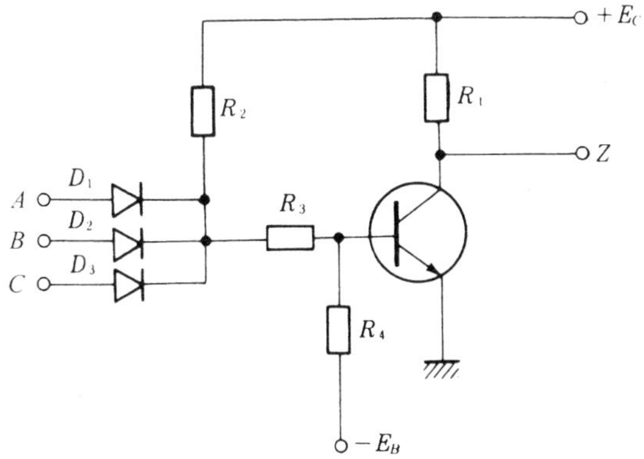

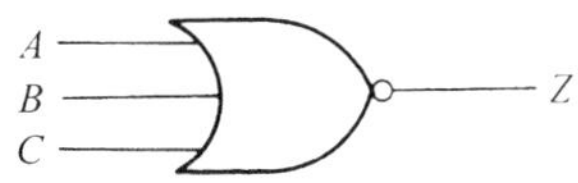

(a) 무접점 릴레이회로 (b) 논리기호

입력신호값			출력신호값
A	B	C	Z
0	0	0	1
0	0	1	0
0	1	0	0
0	1	1	0
1	0	0	0
1	0	1	0
1	1	0	0
1	1	1	0

(c) 진리표

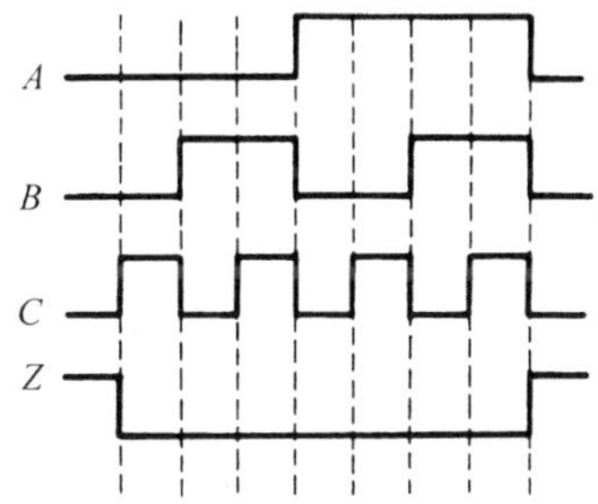

(d) 타임차트

그림 6-6 | 3입력 NOR 게이트와 관련내용

NOR 게이트는 NAND 게이트와 마찬가지로 NOT 게이트, OR 게이트, AND 게이트 등의 기능을 갖는 논리회로를 만들 수 있다. 그림 6-7은 NOR 게이트를 응용한 예를 나타낸다.

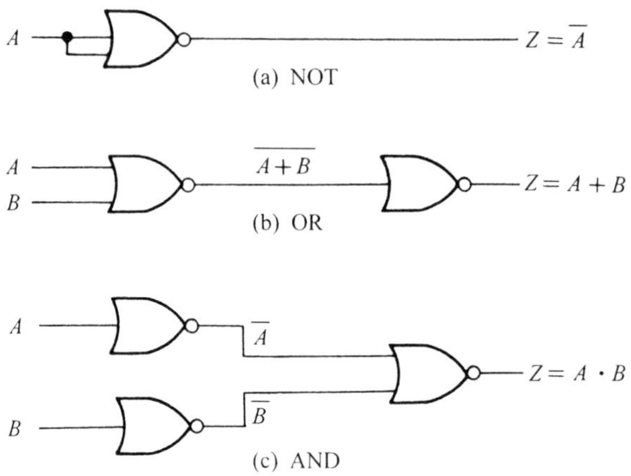

그림 6-7 | NOR 게이트의 응용

7. XOR 게이트(Exclusive OR gate)

배타적 논리합(排他的論理合)이라고도 한다. 입력신호가 같을 때에는 출력이 "0"이 되고, 입력신호가 다를 때에는 출력이 "1"로 되는 논리소자로서 그레이 코드(Gray code) 변환과 패리티 확인(Parity check) 등에 사용된다. XOR 게이트의 부호로는 "⊕"를 사용하며 부울대수식은

$$Z = A \oplus B = A\overline{B} + \overline{A}B \tag{6-8}$$

로 나타낸다.

그림 6-8은 XOR 게이트의 논리기호와 진리표를 나타낸다.

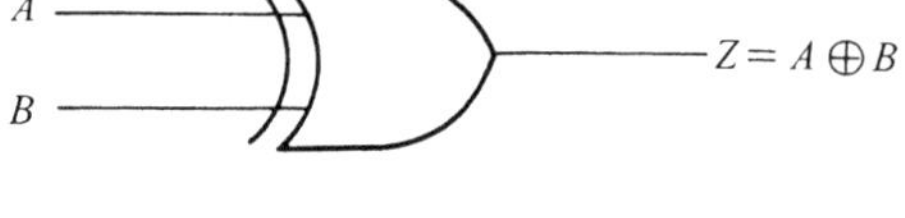

(a) 논리기호

입 력		출 력
A	B	Z
0	0	0
0	1	1
1	0	1
1	1	1

(b) 진리표

그림 6-8 | XOR 게이트의 기호와 진리표

게이트명칭	논리기호	부울함수	진리표
AND	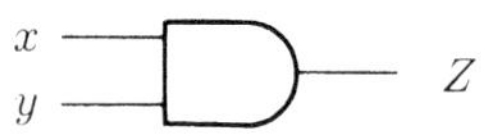	$Z=xy$	x y | Z 0 0 | 0 0 1 | 0 1 0 | 0 1 1 | 1
OR	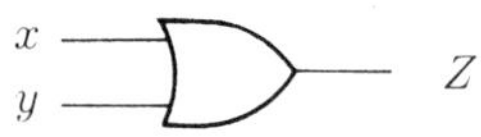	$Z=x+y$	x y | Z 0 0 | 0 0 1 | 1 1 0 | 1 1 1 | 1
인버터	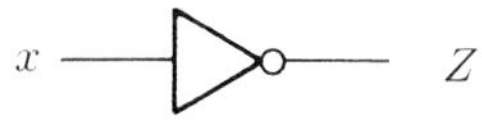	$Z=x'=\bar{x}$	x | Z 0 | 1 1 | 0
버 퍼	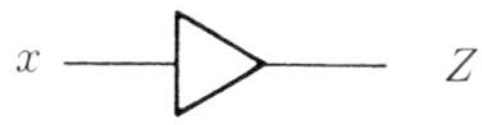	$Z=x$	x | Z 0 | 0 1 | 1
NAND (AND-NOT)	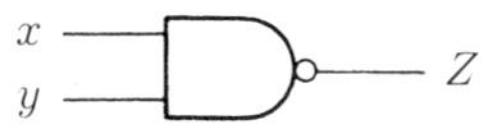	$Z=(xy)'$ $=\overline{xy}$	x y | Z 0 0 | 1 0 1 | 1 1 0 | 1 1 1 | 0
NOR (OR-NOT)	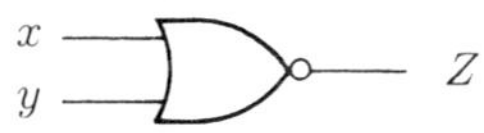	$Z=(x+y)'$ $=\overline{x+y}$	x y | Z 0 0 | 1 0 1 | 0 1 0 | 0 1 1 | 0
Exclusive-OR (XOR)	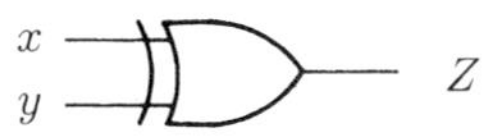	$Z=xy'+x'y$ $=x\oplus y$	x y | Z 0 0 | 0 0 1 | 1 1 0 | 1 1 1 | 0
Exclusive-NOR (同値)	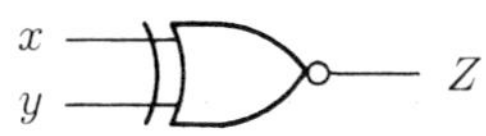	$Z=xy+x'y'$ $=x\odot y$	x y | Z 0 0 | 1 0 1 | 0 1 0 | 0 1 1 | 1

그림 6-9 | 디지털 논리 게이트의 요약

8. 디지털 논리 게이트(Digital logic gate)

그림 6-9는 8개의 게이트의 논리기호(Symbol)와 부울 함수, 그리고 진리표를 요약한 것으로 각 게이트는 x, y 2개의 입력과 Z로 표시되는 2진 출력변수로 되어 있다.

일반적으로 NAND 게이트와 NOR 게이트는 표준 논리 게이트로서 AND 게이트나 OR 게이트들보다 더 많이 쓰이는데 이유는 NAND 게이트와 NOR 게이트가 트랜지스터로 쉽게 만들어질 뿐만 아니라 NAND 게이트 또는 NOR 게이트만으로도 AND 게이트, OR 게이트, NOT 게이트 등의 기능을 갖는 소자를 만들어 쓸 수 있기 때문이다. 즉 모든 부울함수가 NAND 게이트나 NOR 게이트로 쉽게 설계가 가능한 이점이 있다.

9. IC 디지털 논리군(IC digital logic families)

디지털회로는 통상 IC에 의해서 구성되며, 여러 가지의 디지털 IC 논리군(論理群)이 설계 · 제작되어 시판되고 있다.

대표적인 것으로는

- TTL　Transistor-transistor logic
- ECL　Emitter-coupled logic
- MOS　Metal-oxide semiconductor
- CMOS　Complementary metal-oxide semiconductor
- I^2L　Integrated-injection logic

등이 있으며, 그림 6-10은 표준 IC 게이트의 내부 구성을 나타내는 것이다.

그림 6-10(a)는 2-입력을 가진 NAND 게이트 4개로 구성된 TTL 게이트인 7400이며, 그림 6-10(b)는 2-입력 NOR 게이트 4개로 구성된 ECL 게이트인 10102이다. 그리고 그림 6-10(c)는 4-입력 NOR 게이트 2개로 구성된 CMOS 게이트인 4002이다. 대체로 TTL IC는 5400이나 7400 시리즈로 시판되며, ECL형은 10000시리즈, COMS형은 4000 시리즈로 시판되고 있다.

이상에서 언급한 IC 디지털 논리군의 중요한 성질과 상호 비교평가 요소로는 팬 아웃(Fan-out), 전파 지연시간(Propagation delay time), 전력소모(Power dissipation), 잡음 허용치(Noise margin) 등이 있는데 간단히 설명하면 다음과 같다.

① 팬 아웃(Fan-out)

정상 작동에 영향을 주지 않고 게이트 출력부에 연결할 수 있는 최대 부하의 숫자이다.

② 전파 지연시간(Propagation delay time)

신호값이 바뀌었을 때 입력에서 출력까지 신호가 전달되는데 걸리는 평균시간으로 단위는 [ns] 즉 10^{-9}초를 사용한다.

③ 전력소모(Power dissipation)

게이트를 작동하는데 실제 소모되는 전력으로 단위는 [mW]가 사용된다.

④ 잡음 허용치(Noise margin)

회로의 출력을 바꾸지 않으면서 입력에 첨가되는 최대 잡음전압으로 단위는 [V]가 사용된다.

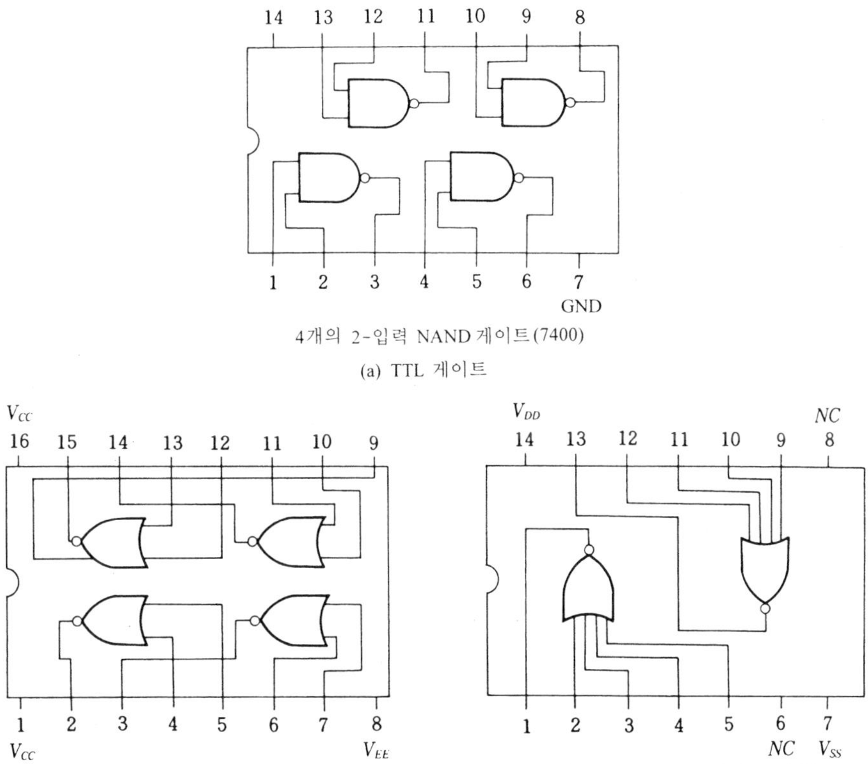

4개의 2-입력 NAND 게이트(7400)

(a) TTL 게이트

4개의 2-입력 NOR 게이트(10102)

(b) ECL 게이트

2개의 4-입력 NOR 게이트(4002)

(c) CMOS 게이트

그림 6-10 | 표준 IC 게이트의 내부 구성도

표 6-3은 IC 논리군의 표준 특성을 비교해 보인 것이다.

표 6-3 | IC 논리군의 표준 특성

IC논리군 명칭	팬 아웃	전파지연 [ns]	전력소모량 [mW]	잡음허용치 [V]
표준 TTL	10	10	10	0.4
ECL	25	2	25	0.2
CMOS	50	25	0.1	3

[6-5] 부울대수학

1. 부울대수

부울대수(Boolean algebra)는 논리대수(論理代數)라 부르기도 하는데 이것은 여러 가지 조건의 논리적 관계를 논리기호를 사용해서 나타내고 이것을 대수 계산 방법처럼 수식적으로 해석하는 학문이다.

부울대수는 1847년 영국의 수학자 George Boole이 논리(論理)의 수학적 해석(解釋)을 위해 창안한 것으로 1938년 경까지 주로 논리학 및 기초수학 분야에 한정적으로 사용되다가 벨(Bell)사에 재직중이던 미국의 크라우드 샤논(Claude E. Shanon)이라는 과학자가 부울대수의 유용한 특성을 이용하여 전화(電話) 사업에 응용할 수 있는 다중 접촉 스위칭 회로망(Multi-contact switching circuit network)을 분석하는 데 최초로 적용하였다.

최근에 와서는 회로의 특성 해석이나 합성, 회로소자(回路素子)의 최소화(最小化)에 널리 이용되고 있다. 특히 컴퓨터 공학의 발달과 함께 각종 시퀀스 제어장치, 전자교환기, 디지털 제어시스템(Digital control system)의 논리설계(論理設計)를 하는데 유용하게 사용되고 있다.

2. 2진변수

접점의 개폐 또는 트랜지스터의 도통(Turn on)과 비도통(Turn off) 등을 나타낼 때 "0"과 "1"의 두 가지 부호만을 사용한다. 이러한 두 가지 값을 **2진변수(2進變數; Binary variable)**라 한다.

논리값(Logic level) "0"과 논리값 "1"은 부울대수의 변수(變數)로서 취급되는 것으로 이것은 표 6-4와 같이 서로 대응(對應)하는 어떤 두 가지의 물리적 상태를 나타내며 수량을 의미하지는 않는다.

표 6-4 | 2진변수의 표시

구분 \ 논리값	"1" 상태	"0" 상태
스위치	ON	OFF
전 압	고(H)	저(L)
전 류	정(+)	부(−)
신 호	유	무
접 점	폐로	개로
전자릴레이	여자	소자
전기적펄스		―

3. 부울대수의 공리와 정리

부울대수의 기본 논리연산(論理演算)에서는 다음 표 6-5와 같이 4가지의 공리(公理)가 나온다. 이 부울대수의 공리에서 다음에 기술하는 부울대수의 정리(定理; Theorem)가 유도되며, 이들 정리(定理)를 사용하여 논리회로의 간략화(簡略化)를 포함한 실용회로(實用回路)의 논리적 처리가 가능하게 된다. 표 6-6은 부울대수의 기본적인 정리(Basic theorems)를 나타내고 있으며, 각 정리는 상호간에 쌍대성(雙對性; Duality)을 가지고 있음을 보여준다.

㊟ **공리(公理; Axiom)**는 증명할 필요가 없이 누구나 경험으로 알 수 있는 추리의 기본명제이고, **정리(定理; Theorems)**는 공리를 기초로 연역적으로 이끌어 낸 수학적 명제(命題)이다.

표 6-5 | 부울대수의 공리(公理)

공 리	논 리 식	내 용
공리 1	Z≒1이면 Z=0이고 Z≒0이면 Z=1이다.	접점이 폐(ON) 아니면 개(OFF) 상태이고, 개가 아니면 폐 상태이다.
공리 2	$1+1=1$	두 개의 입력신호를 모두 주므로 출력은 나온다.
	$0\cdot 0=0$	두 개의 입력신호를 동시에 안 주므로 출력은 안 나온다.
공리 3	$0+0=0$	입력신호를 하나도 주지 않으므로 출력은 안 나온다.
	$1\cdot 1=1$	두 개의 입력신호를 동시에 주므로 출력은 나온다.
공리 4	$0+1=1$	입력신호를 하나만 주므로 출력은 나온다.
	$1\cdot 0=0$	입력신호를 두 개 동시에 주지 않으므로 출력은 안 나온다.

표 6-6 | 부울대수의 정리(定理)

정 리	법 칙	논 리 식
정리 1	교환법칙	① $A+B=B+A$ ② $A\cdot B=B\cdot A$
정리 2	결합법칙	① $(A+B)+C=A+(B+C)$ ② $(A\cdot B)\cdot C=A\cdot(B\cdot C)$
정리 3	분배법칙	① $A(B+C)=A\cdot B+A\cdot C$ ② $(A+B)\cdot(A+C)=A+B\cdot C$
정리 4	동일법칙	① $A+A=A$ ② $A\cdot A=A$
정리 5	부정법칙	① $A+\overline{A}=1$ ② $A\cdot\overline{A}=0$
정리 6	용장법칙 (Redundance law)	① $A+AB=A$ ② $A\cdot(A+B)=A$ ③ $A+\overline{A}B=A+B$ ④ $A\cdot(\overline{A}+B)=AB$
정리 7	흡수법칙	① $0+A=A$ ② $1\cdot A=A$ ③ $1+A=1$ ④ $0\cdot A=0$
정리 8	자기쌍대법칙 (自己雙對)	$(A+B)\cdot(B+C)\cdot(C+A)=AB+BC+CA$
정리 9	De Morgan 정리	① $\overline{A+B+C}=\overline{A}\cdot\overline{B}\cdot\overline{C}$ ② $\overline{A\cdot B\cdot C}=\overline{A}+\overline{B}+\overline{C}$

[6-6] 논리함수의 간략화

1. 간략화의 필요성

부울대수식

$$A \cdot B \cdot C \quad + \quad A \cdot \overline{B} \cdot C \quad = \quad A \cdot C \qquad (6\text{-}9)$$

(3입력 AND게이트) (3입력 AND게이트) (2입력 AND게이트)

(2입력 OR게이트)

에 있어서 왼편의 식을 그대로 하드웨어(Hardware)로 실현하려면 3입력 AND 게이트 두 개와 2입력 OR 게이트 한 개가 필요하게 된다. 그러나 간략화하면 2입력 AND 게이트 하나로 충분하다.

이같이 디지털 시스템(Digital system)에서 논리소자(論理素子)의 수를 최소(最小)로 구성하는 것은 회로 구성의 경제성, 동작의 신뢰성 및 신속성 측면에서 유익하며 정비 보수 측면에서도 용이하므로 논리대수나 논리함수의 간략화는 필요하다.

회로가 간단한 경우에는 어느 정도 직관적으로 논리소자의 수를 경험에 의해 판단할 수 있으나 다소 복잡하게 되면 쉽게 판단할 수 없게 된다.

대체로 논리함수를 간략화하는 방법으로는 앞서 설명한 부울대수(Boolean algebra)의 여러 가지 정리(定理)를 사용해 연산(演算)하는 것과 벤 도표(Venn diagram)나 카르노우 맵(Karnaugh map)을 쓰는 것 등이 있다.

2. 논리함수의 연산에 의한 간략화

이 방법은 부울대수의 공식을 반복해서 적용하는 것에 의해 간략화 즉 최소화(最小化)하는 것이다. 간략화의 요령은 주어진 부울대수식을 적당히 변형하여 공식을 사용할 수 있도록 하는 것인데 경험과 직감력을 필요로 한다.

특히 변수가 많은 경우에는 숙달된 사람도 어려운 때가 많게 되는데 그 이유는 간략화에 기계적 순서가 없기 때문이다. 또 이 방법은 간략화된 결과식이 과연 최소화된 것인지 어떤지 확실하지 않는 경우도 있다.

따라서 간략화된 결과식이 원식(原式)을 옳게 나타내고 있는가를 진리표(眞理表) 등을 써서 검사하는 것이 바람직하다.

논리함수(또는 부울함수)

$$F = \overline{A} \cdot B \cdot C + A \cdot B \cdot C + \overline{A} \cdot \overline{B} \cdot C \tag{6-10}$$

을 그대로 회로 구성하면 그림 6-11(a)와 같이 된다.

그러나 이 식 (6-10)을 부울대수의 정리 표 (6-6)들을 이용하여 변형하면

$$\begin{aligned} F &= \overline{A} \cdot B \cdot C + \overline{A} \cdot \overline{B} \cdot C + A \cdot B \cdot C + \overline{A} \cdot B \cdot C \\ &= \overline{A} \cdot C(B + \overline{B}) + B \cdot C(A + \overline{A}) \\ &= \overline{A} \cdot C \cdot 1 + B \cdot C \cdot 1 \\ &= \overline{A} \cdot C + B \cdot C \\ &= C(\overline{A} + B) \end{aligned} \tag{6-11}$$

로 된다.

여기서 식 (6-11)을 논리회로도로 나타내면 그림 6-11(b)가 된다.

이같이 주어진 부울함수를 간략화 하는 것에 따라 회로도가 단순해지고, 논리소자(論理素子)가 절약됨을 알 수 있다.

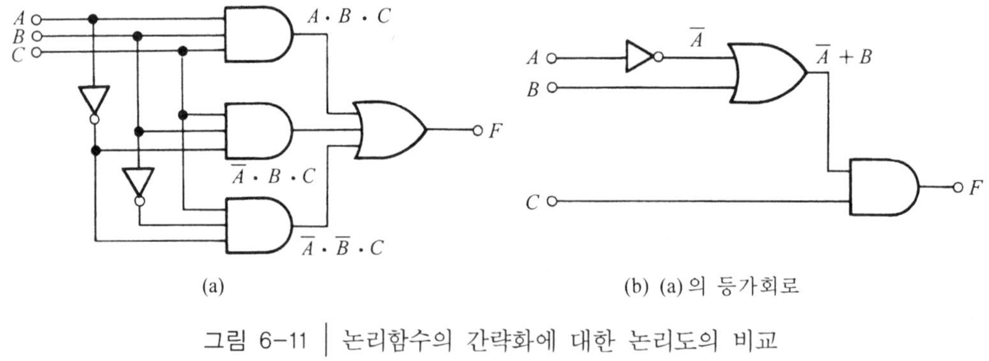

(a) (b) (a)의 등가회로

그림 6-11 | 논리함수의 간략화에 대한 논리도의 비교

다음은 논리함수를 연산과정을 통해 간략화 시킨 몇 개의 보기들이다.

예제 6-7

논리함수 $F=\overline{A}\cdot B+A\cdot B+A\cdot \overline{B}$를 간략화하라.

풀이

$$\begin{aligned}F=\overline{A}\cdot B+A\cdot B+A\cdot \overline{B} &= (\overline{A}+A)B+A\cdot \overline{B}\\ &=1\cdot B+A\cdot \overline{B}\\ &=B+A\cdot \overline{B}\\ &=B+A\\ &=A+B\end{aligned}$$

예제 6-8

부울함수 $F=\overline{A}+\overline{B}+\overline{C}+A\cdot \overline{B}+B\cdot \overline{C}$를 간략화하라.

풀이

$$\begin{aligned}F&=\overline{A}+\overline{B}+\overline{C}+A\cdot \overline{B}+B\cdot \overline{C}\\ &=\overline{A}+(1+A)\overline{B}+(1+B)\overline{C}\\ &=\overline{A}+1\cdot \overline{B}+1\cdot \overline{C}\\ &=\overline{A}+\overline{B}+\overline{C}\\ &=\overline{A\cdot B\cdot C}\end{aligned}$$

그림 6-12는 원식과 간략화한 식을 논리회로도로 나타낸 것이다. 원식에 의한 복잡한 회로도와 6개의 논리소자가 NAND게이트 하나로 대치됨을 보여준다.

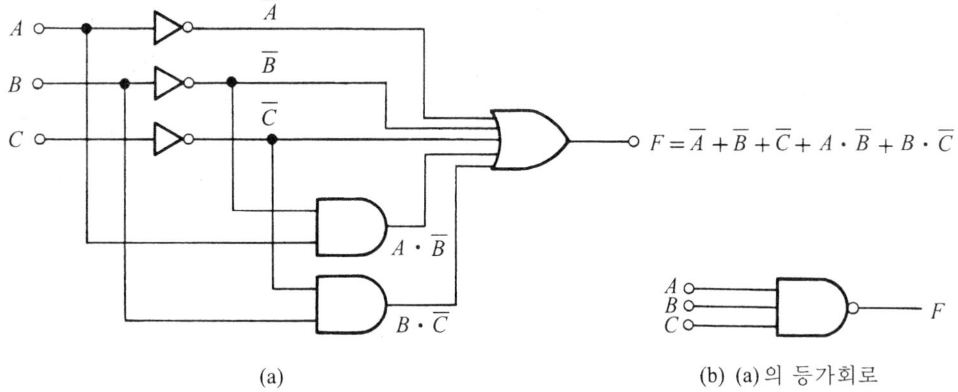

그림 6-12 | 예제 6-8의 논리회로도

예제 6-9

부울함수 $F = A \cdot B + A' \cdot C + B \cdot C$를 간략화하라.

풀이

$$\begin{aligned} F &= A \cdot B + A' \cdot C + B \cdot C \\ &= A \cdot B + A' \cdot C + B \cdot C(A + A') \\ &= A \cdot B + A' \cdot C + A \cdot B \cdot C + A' \cdot B \cdot C \\ &= A \cdot B(1 + C) + A' \cdot C(1 + B) \\ &= A \cdot B \cdot 1 + A' \cdot C \cdot 1 \\ &= A \cdot B + A' \cdot C \end{aligned}$$

3. 카르노우 맵에 의한 간략화

부울대수의 여러 가지 정리(定理)들을 벤 도표(Venn diagram)를 사용해서 증명이 가능하며 이것을 이용 시 변수간의 관계를 쉽게 식별할 수 있는 이점이 있다.

그러나 변수가 3개 이상이 되면 벤 도표(Venn diagram)로는 복잡해져서 처리가 곤란할 뿐만 아니라 틀릴 염려가 많아진다. 이때에는 **카르노우 맵(Karnaugh map)**을 사용하면 좋다.

그림 6-13은 1변수, 2변수, 3변수에서의 임의의 벤 도표를 나타낸다.

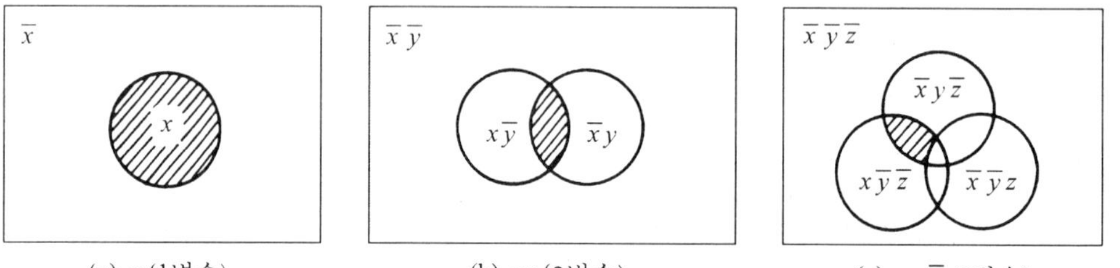

(a) x (1변수)　(b) xy (2변수)　(c) $xy\bar{z}$ (3변수)

그림 6-13 | 벤 도표(Venn diagram)

그리고 그림 6-14는 2변수에 대한 카르노우 맵(Karnaugh map)을 나타내고, 그림 6-15는 3변수에 대한 카르노우 맵을 나타낸다.

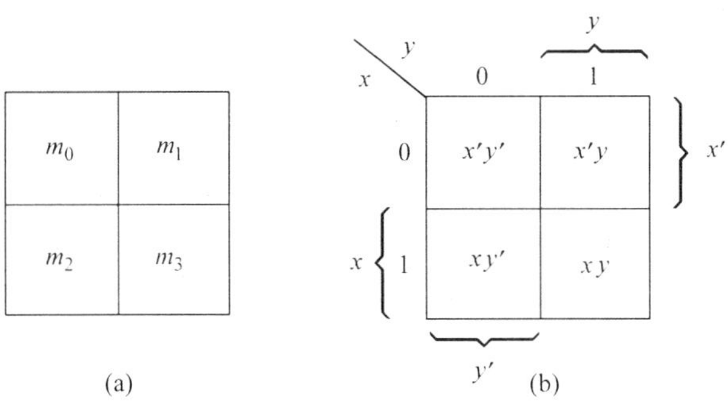

그림 6-14 | 2변수의 맵(map)

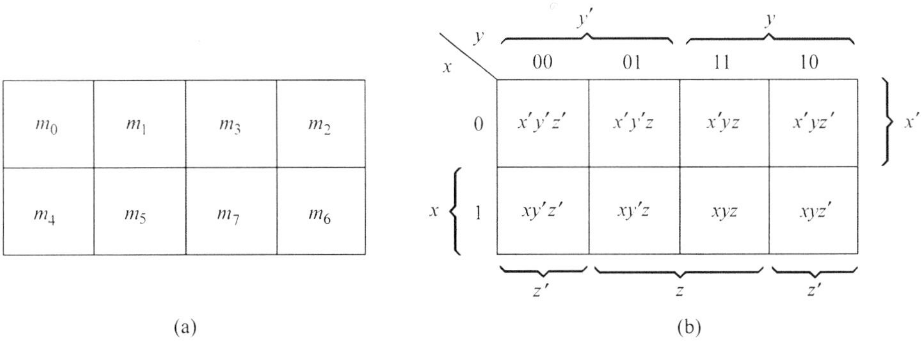

그림 6-15 | 3변수의 맵(map)

예로서 다음 부울함수를 맵(Map)을 이용해서 간략화시켜 보기로 하자.

$$F = x'yz + x'yz' + xy'z' + xy'z \tag{6-12}$$

여기서 부울함수는

$$\begin{aligned} F &= 011 + 010 + 100 + 101 \\ &= m_3 + m_2 + m_4 + m_5 \end{aligned}$$

이므로 맵으로 나타낸 그림 6-16과 같이 된다.

따라서 $F = x'y + xy'$가 얻어진다.

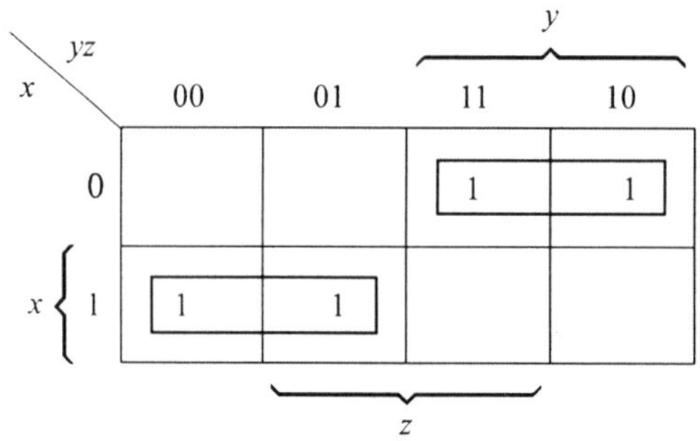

그림 6-16 | $F = x'yz + x'yz' + xy'z' + xy'z$에 대한 맵

연습문제

문제 … 1 BCD code의 의미는?

정답 2진화 10진수 코드

주 · BCD(Binary coded decimal) 코드
· 수 전체를 2진화 하는 것이 아니고 각 자릿수만 2진화한다.

문제 … 2 10진수로 표시된 수 $359_{(10)}$를 BCD 코드로 표시하라.

정답 0011, 0101, 1001

주 3 → 0011 5 → 0101 9 → 1001

문제 … 3 $0.513_{(10)}$을 8진수로 변환하라.

정답 $0.406\cdots\cdots_{(8)}$

주 $0.513 \times 8 = \boxed{4.}\,104$
$0.104 \times 8 = \boxed{0.}\,832$
$0.832 \times 8 = \boxed{6.}\,656$

세 번째 자리까지의 답을 얻으려면 다음과 같이 나타낸다.

$0.513_{(10)} = 0.406\cdots\cdots_{(8)}$

문제 … 4 2진수 $10101101101100.11110010_{(2)}$를 16진수로 변환하라.

정답 $2B6C.F2_{(16)}$

주 16진수는 4개의 2진수에 대응한다. 따라서 2진수에서 16진수로의 변환은 소수점을 기준으로 위, 아래 2진수 4개씩을 묶어 생각하면 된다.

10	1011	0110	1100	·	1111	0010
2	B	6	C		F	2

문제 … 5 부울대수 $A + A \cdot B = A$가 나타내는 정리를 무엇이라 하는가?

정답 흡수법칙

문제 … 6 $\overline{A+B} = \overline{A} \cdot \overline{B}$의 관계를 설명하는 정리의 명칭은?

정답 De Morgan 정리

문제 … 7 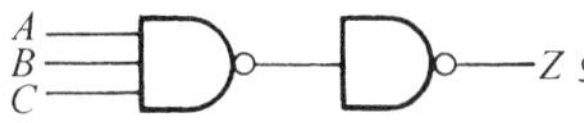

와 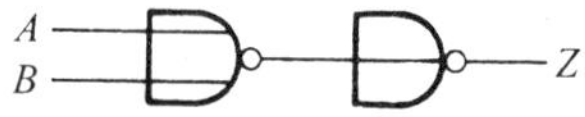

는 어떤 논리게이트를 나타내는가?

정답 AND 게이트, OR 게이트

문제 … 8 다음 그림은 무슨 논리게이트인가?

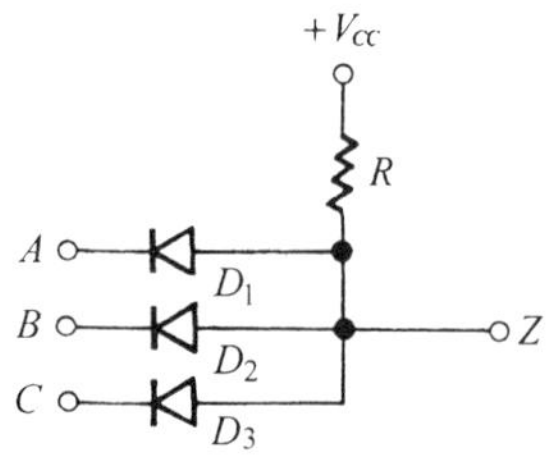

정답 AND gate

㈜ 입력 A, B, C가 모두 High일 때 Diode는 차단되어 출력 Z는 High가 된다.

문제 … 9 다음 회로의 명칭은?

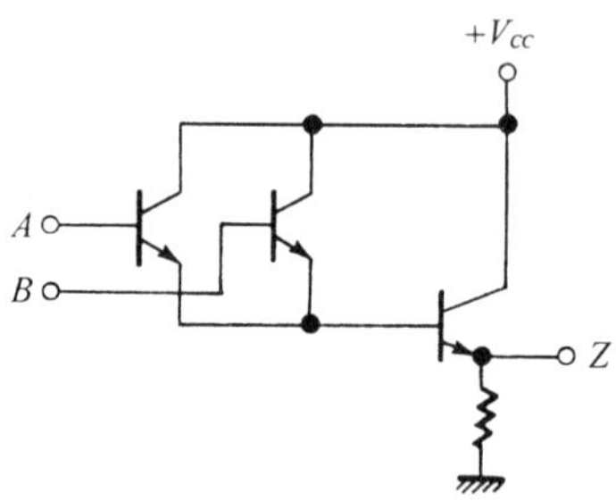

정답 OR 게이트

㈜ A, B는 입력이고, Z는 출력이다.

문제 … 10 다음 회로의 명칭은?

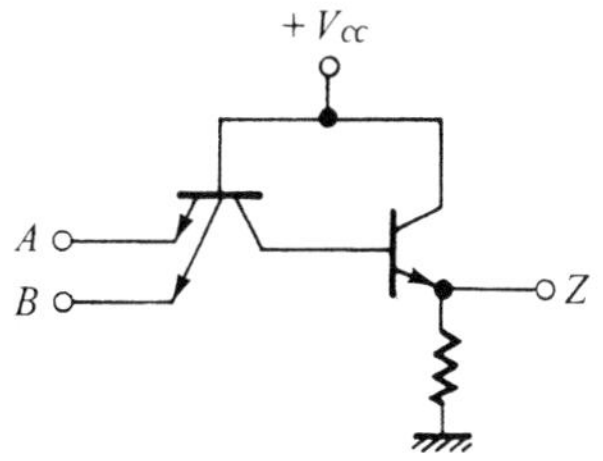

정답 AND 게이트

주) 입력 A, B의 전위 모두가 High일 때, 출력전위 Z는 High가 된다.

문제 … 11 다음 회로의 명칭은?

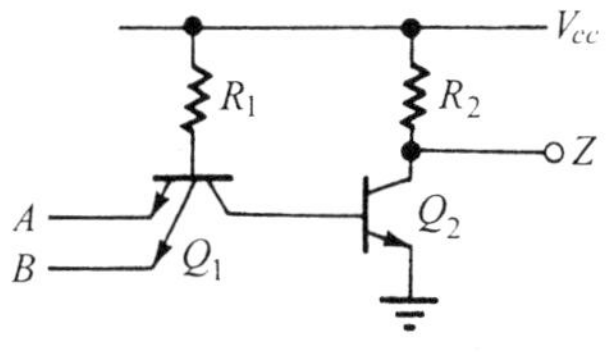

정답 NAND 게이트

주) 입력 A, B의 전위가 모두 High일 때, 출력 Z의 전위는 Low가 된다.

문제 … 12 IC에서 스위칭 동작으로 주로 쓰는 게이트의 명칭은?

정답 NAND 게이트

문제 … 13 다음 진리표는 어떤 회로를 나타내는가?

입 력		출력
A	B	X
0	0	1
0	1	1
1	0	1
1	1	0

정답 NAND 게이트

주) 입력이 모두 "1"일 때에만 출력이 "0"이 되는 회로는 NAND 게이트이다.

문제 … 14 다음 진리표를 나타내는 회로 명칭은?

입 력		출력
A	B	Z
0	0	0
0	1	1
1	0	1
1	1	0

정답 Exclusive OR 게이트

문제 … 15 그림과 같은 논리회로에서 ① A=B=C=1, ② A=1, B=0, C=1, ③ A=0, B=0, C=1 일 때 출력값은?

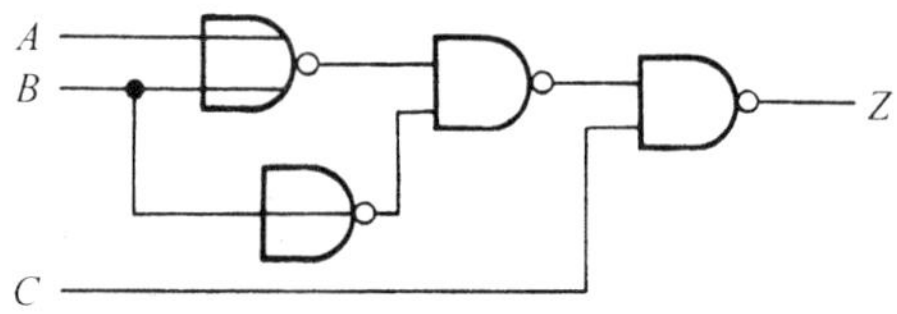

정답 ① 0 ② 0 ③ 1

문제 … 16 다음 논리회로의 부울함수식을 쓰라.

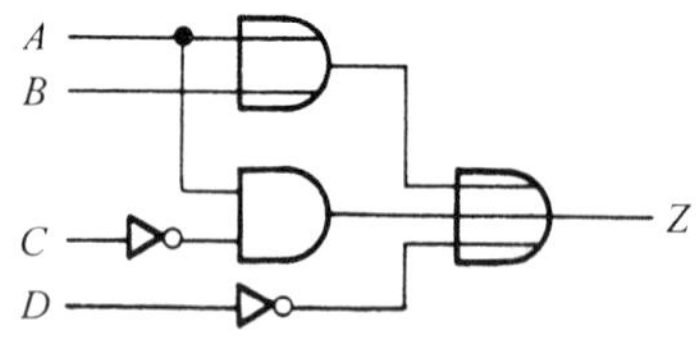

정답 $Z= A+B+A\overline{C}+\overline{D}$

문제 … 17 다음 회로의 출력 Y를 식으로 나타내라.

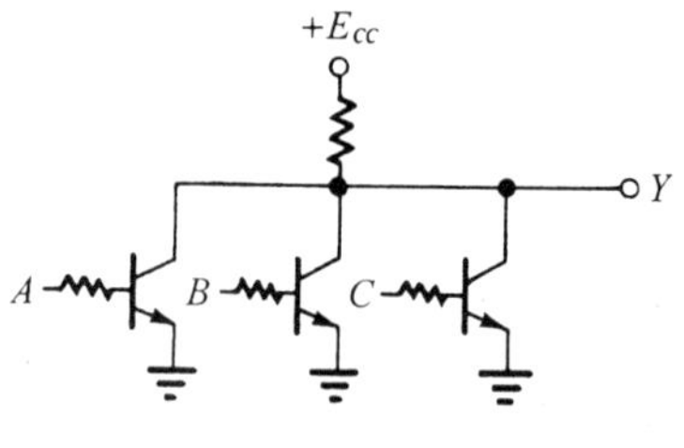

정답 $\overline{A+B+C}$

㈜ 세 개의 입력 중 어느 하나에 정(+)의 펄스가 들어와도 출력은 논리값 "0"이 되므로 NOR 게이트이다.

- RTL(Resistor-transistor logic)

문제 … 18 다음 논리식을 간단히 하라.

① $\overline{\overline{A}+B} + \overline{\overline{A}+\overline{B}}$

② $A\overline{B}\,\overline{C} + A\overline{B}C + AB\overline{C} + ABC$

풀이 ① $\overline{\overline{A}+B} + \overline{\overline{A}+\overline{B}} = \overline{\overline{A}} \cdot \overline{B} + \overline{\overline{A}} \cdot \overline{\overline{B}}$

$= A \cdot \overline{B} + AB = A(\overline{B}+B) = A \cdot 1 = A$

② $A\overline{B}\overline{C} + A\overline{B}C + AB\overline{C} + ABC = A\overline{C}(\overline{B}+B) + AC(\overline{B}+B) = A\overline{C} + AC$

$= A(\overline{C}+C) = A$

문제 … 19 부울함수 $F = \overline{A}B\overline{C} + \overline{A}\overline{B}C$의 보수(補數)를 구하라.

풀이 드・모르간 정리를 계속 적용하여 구한다.

$$F' = (A'BC' + A'B'C')' = (A'BC')' \cdot (A'B'C)'$$
$$= (A+B'+C) \cdot (A+B+C')$$

문제 … 20 배타적 OR 게이트(Exclusive OR gate)에 대한 논리식을 쓰라. 단, 입력변수는 A, B이고 출력변수는 Z이다.

정답 $Z = A \oplus B = A \cdot \overline{B} + \overline{A} \cdot B$

$= (A+B)(\overline{A}+\overline{B})$

제 7 장

반도체소자와 제어회로

[7-1] 반도체 이론

1. 전자와 전자방출

전자(電子; Electron)란 원자(原子)를 구성하는 중요한 요소로서 부(負)의 전하를 갖는 극히 작은 입자이다. 이 전자의 전하량과 질량은 다음과 같다.

$$q = 1.602 \times 10^{-19}[\mathrm{C}]$$
$$m = 9.108 \times 10^{-31}[\mathrm{Kg}]$$

그리고 금속원자의 경우 최외곽의 높은 에너지 준위(High energy level)에 있는 전자는 원자핵의 속박을 벗어나 자유로이 이동할 수 있는데 이것을 **자유전자(自由電子; Free electron)**라 한다. 이 자유전자는 보통 상태에서 금속표면의 외부로 나가지 못하지만 어떠한 방법으로 금속에 에너지를 주면 전자의 에너지가 증가하여 외부 공간으로 방출된다. 이와 같이 금속 표면에서 외부 공간으로 전자가 방출되는 현상을 **전자방출(電子放出; Electron emission)**이라 한다.

전자방출에는 에너지를 가하는 방법의 차이에 따라 열전자 방출, 광전자 방출, 냉음극 방출 등이 있다.

가. 열전자 방출(熱電子放出; Thermionic emission)

금속을 가열하였을 때 전자가 방출되는 것이다.

나. 광전자 방출(光電子放出; Photoelectric emission)

금속 표면에 광선을 조사(照射)하여 전자가 금속 외부로 방출되는 현상으로 광전효과(光電效果; Photoelectric effect)라고도 한다. 이때 방출된 전자가 광전자(Photo electron)이다.

다. 냉음극 방출(冷陰極放出; Cold cathode emission)

음극 표면에 강한 전계를 가했을 때 전자가 방출되는 것이다.
전계방출(Field emission)이라고도 한다.

2. 반도체의 개념

반도체(半導體; Semiconductor)는 그림 7-1에서와 같이 도체와 절연체와의 중간 정도의 저항률(抵抗率; resistivity)을 가지는 물질이다. 또 소량의 불순물을 첨가시킴으로써 저항률이 크게 변하고 전기저항과 온도와의 관계에서 일반 금속과는 달리 부저항특성(負抵抗特性) 즉 온도의 상승에 따라 저항이 감소하는 특성을 갖는 고체 결정이다.

현재 반도체 재료로서 널리 알려져 있는 것은 실리콘(Si), 게르마늄(Ge), 셀레늄(Se) 등의 단일 결정의 반도체와 인듐 안티몬(InSb), 갈륨 비소(GaAs), 황화 카드뮴(CdS) 등과 같은 화합물 반도체가 있다.

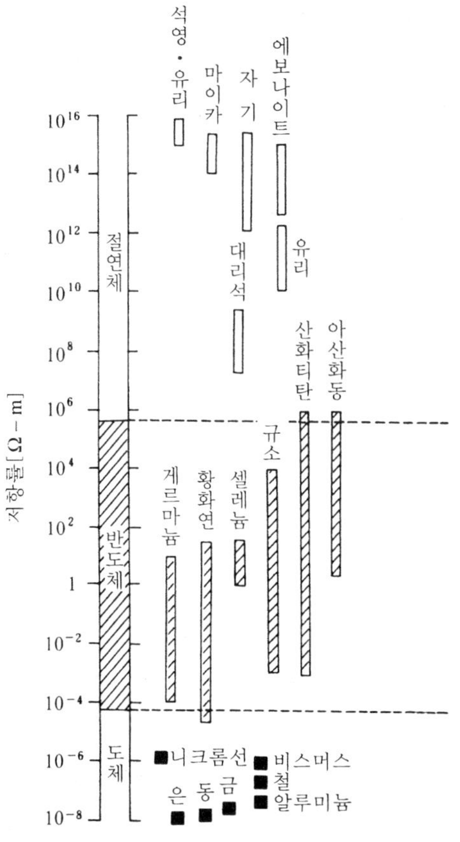

그림 7-1 | 저항률에 따른 물질의 분류

3. 반도체의 종류

불순물의 포함 여부에 따라 진성 반도체와 불순물 반도체가 있다.

가. 진성 반도체(眞性半導體; Intrinsic semiconductor)

전기적 특성에 영향을 미칠만한 불순물을 포함하지 않는 순수 결정(순도 99.9999999%)의 반도체이다. 고순도(高純度)의 4가(價) 원소만으로 이루어진 실리콘이나 게르마늄의 결정이 여기에 속한다.

나. 불순물 반도체(Extrinsic semiconductor)

4가 원소만으로 이루어진 진성 반도체에 약간의 불순물(3가 또는 5가 원소)을 첨가하여 가공한 반도체를 **불순물 반도체**라고 한다.

불순물 반도체에는 첨가한 불순물에 따라 N형 반도체와 P형 반도체로 나누어진다. 그리고 N형 반도체와 P형 반도체를 적절히 접합시켜 다이오드(Diode), 트랜지스터(Transistor), 사이리스터(Thyristor), 기타의 반도체소자(半導體素子)를 만든다.

(1) N형 반도체

순수한 실리콘(Si)이나 게르마늄(Ge)의 단일 결정에 극히 소량의 안티몬(Sb), 비소(As), 비스머스(Bi), 인(P) 등과 같은 5가(價) 원소를 불순물로 첨가한 반도체이다.

그림 7-2(a)는 N형 실리콘 결정(結晶)의 원자결합(原子結合)을 나타내는 것으로, 5개의 가전자(價電子; Valence electron) 중 1개를 버리고, 4개의 가전자를 가지고 있는 인접 실리콘 원자 4개와 각각 공유결합(共有結合)을 만든다.

이때 원자들 상호 결합에 관계가 없는 여분의 과잉 전자가 생기는데 이것이 자유전자(自由電子)로 되어 전기전도(電氣傳導)의 역할을 하게 된다. N형 반도체를 만들기 위해 첨가한 불순물을 **도우너(Donor)**라 하는데, 이것은 불순물의 입장에서 보면 전자 5개 중 1개를 주게 되므로 **"전자를 주는(Donate) 물질"**이라는 뜻이다.

또 N형 반도체에서는 다수의 전자와 열에너지에 의해 생겨난 소수의 정공(正孔; Positive hole)에 의해 전기전도가 이뤄지므로 전자(電子)를 다수 반송자(Majority carrier), 정공을 소수 반송자(Minority carrier)라고도 한다. P형 반도체는 이와 반대이다.

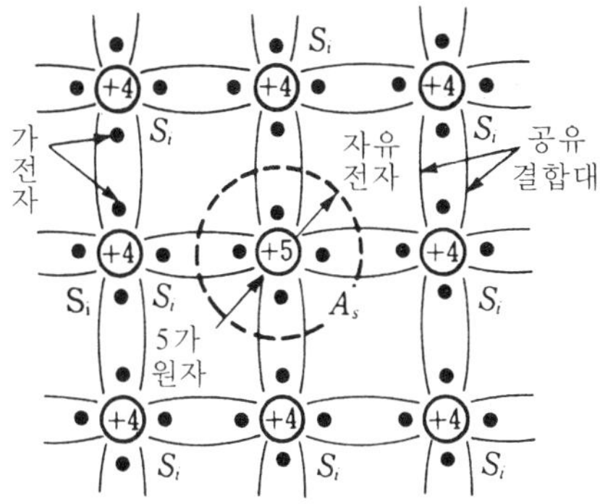

(a) N형 실리콘 결정의 원자결합과 불순물의 효과

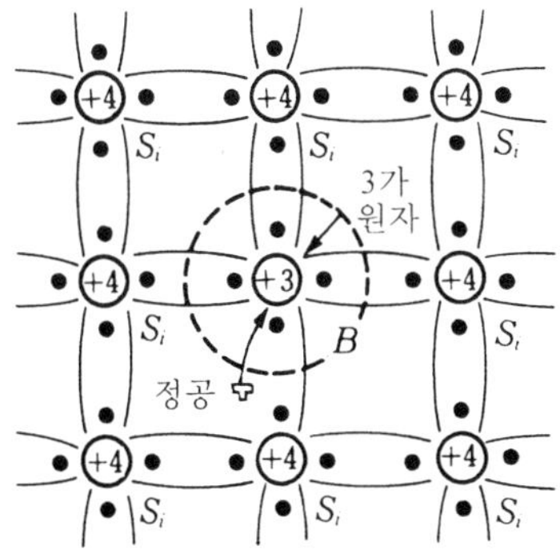

(b) P형 실리콘 결정의 원자결합과 불순물의 효과

족 / 주기	III (+3)	IV (+4)	V (+5)
2	5 B 붕소 10.82	6 C 탄소 12.01	7 N 질소 14.008
3	13 Al 알미늄 26.97	14 Si 실리콘 28.09	15 P 인 31.02
4	31 Ga 갈륨 69.72	32 Ge 게르마늄 72.60	33 As 비소 74.91
5	49 In 인듐 114.8	50 Sn 주석 118.7	51 Sb 안티몬 121.8

(c) 주기율표에서의 반도체 원소

그림 7-2 | N형 및 P형 실리콘 결정의 원자결합

(2) P형 반도체

순수한 실리콘이나 게르마늄의 단일 결정에 3가 원소인 붕소(B), 인듐(In), 알루미늄(Al), 갈륨(Ga) 등과 같은 불순물을 약간 첨가시켜 결정을 만든 것이 **P형 반도체**이다.

그림 7-2(b)에서와 같이 붕소(B)는 3개의 가전자를 가지고 있을 뿐이므로, 4개의 가전자를 가지고 있는 인접 실리콘 원자 4개와 공유결합을 만들려면 전자가 1개 부족하게 된다. 따라서 부근의 공유결합대(共有結合帶)에서 전자 1개를 빼앗으므로 전자의 결핍된 곳을 새로 만들게 되는데 이 전자 결핍 개소를 **정공(正孔; hole)**이라 한다.

N형 반도체에서는 부전하(負電荷)인 전자에 의해 주로 전도가 이뤄지나 P

형 반도체에서는 정공에 의해 전기전도가 이루어지게 된다. P형 반도체를 만들기 위해 가해준 불순물을 **억셉터(Acceptor)**라 하는데, 이것은 "**전자를 받아들이는(Accept) 물질**"이라는 뜻이다.

[7-2] 반도체소자(半導體素子)

1. 다이오드(Diode)

N형 반도체와 P형 반도체를 그림 7-3처럼 접합한 것을 **다이오드** 또는 **반도체 다이오드**라 한다.

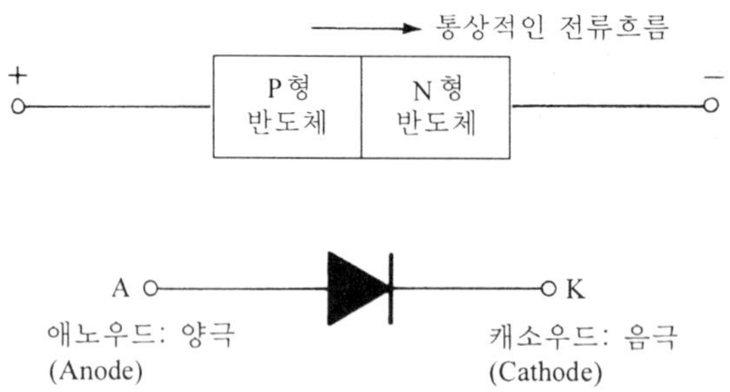

그림 7-3 | 다이오드와 기호

이같은 반도체소자에 그림 7-4(a)와 같이 P형 측에 +전극, N형 측에 −전극이 되도록 전지를 연결하면 P형 측에는 전지에서 정공(正孔)이 들어가고, N형 측에는 전지에서 전자(電子)가 들어가므로 P-N 접합 다이오드에는 전류가 흐르게 된다. 반대로 그림 7-4(b)처럼 전지를 연결하면 P형 반도체의 정공은 음극쪽으로 이동하고, N형 반도체의 전자는 양극쪽으로 이동해서 P-N 접합부 부근에서는 반송자(搬送子; Carrier)가 없게 되므로 이곳은 마치 절연층이 생긴 것처럼 되어 전류가 흐르지 못하게 된다. 따라서 다이오드의 양단에 교류전압을 가하면 순방향 전압일 때는 전류가 흐르고 역방향 전압일 때는 전류가 흐르지 못하게 되어 정류작용(整流作用)을 하게 된다.

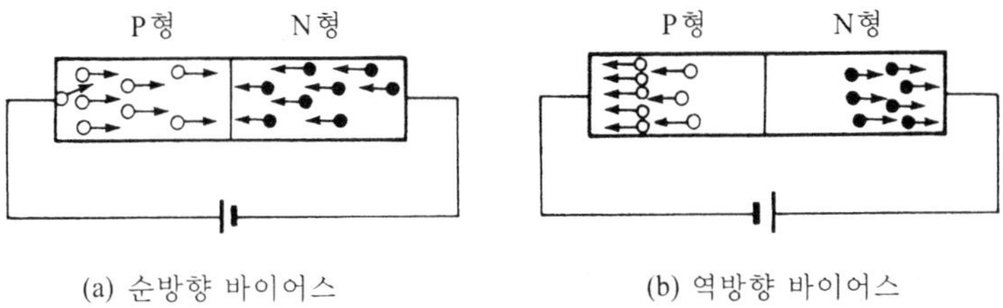

그림 7-4 | 다이오드의 순방향 전압과 역방향 전압

그림 7-5는 게르마늄 다이오드에 대한 전류-전압 특성곡선(Current-voltage characteristic curve)이다.

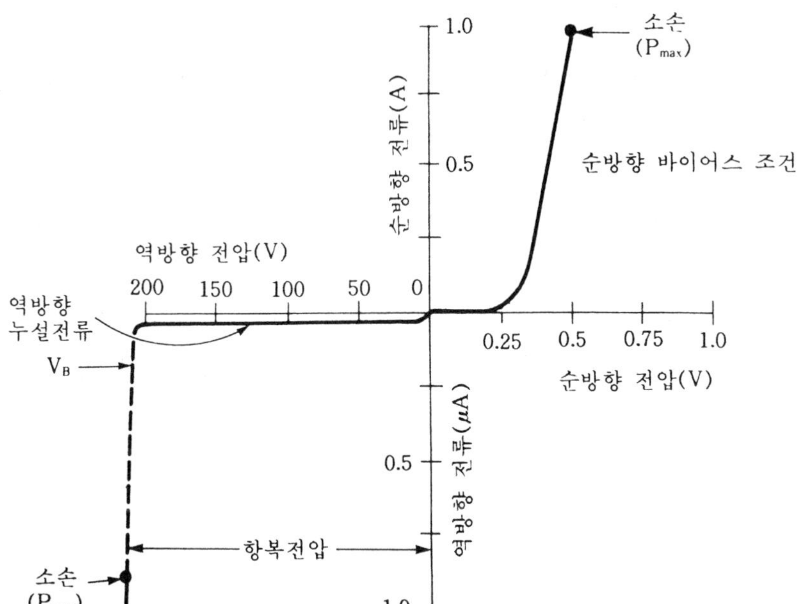

그림 7-5 | 게르마늄 다이오드의 전류-전압 특성곡선

여기서 순방향 전류는 장벽전위(0.3V 정도)에 도달할 때까지는 대단히 적게 흐르다가 장벽전위 이상으로 증가하게 되면 급격히 증가하여 흐르며 이때 다이오드는 매우 낮은 저항값을 나타낸다.

역방향 바이어스(Reverse bias)되었을 때는 다이오드의 항복전압(Breakdown voltage) V_B에 도달할 때까지 약간의 역방향 누설전류만이 흐르게 된다.

주) 항복전압(降伏電壓; breakdown voltage): 역방향 전류가 갑자기 커지는 전압이다. 다이오드에서는 이 값을 흔히 제너전압(Zener voltage)이라 한다.

항복전압은 다이오드의 종류에 따라 수 볼트(V)에서 수 천 볼트(V)까지 변화하며, 항복전압을 초과하면 다이오드는 소손된다.

다이오드를 취급할 때에는 허용전압, 전류 및 온도 등의 정격치를 초과해서는 안된다. 따라서 최대 역방향 전압(Peak inverse voltage : PIV), 순간 최대전류, 접합부의 최대 허용온도 등이 함께 고려되어져야 한다. 표 7-1은 게르마늄과 실리콘 다이오드의 특성을 나타낸다.

표 7-1 | 게르마늄과 실리콘 다이오드의 정격

종 류	순방향전압강하 [V]	최대전류밀도 [A/m^2]	최대역방향전압 [PIV]	허용온도 [℃]
게르마늄	0.3	150	700	85
실 리 콘	0.7	200	2,000	200

그림 7-6은 실리콘과 게르마늄의 진성반도체(眞性半導體)에 불순물을 첨가하여 P형과 N형 반도체를 만들어 접합시킨 후 순방향 혹은 역방향 바이어스를 걸었을 때 전류-전압 특성을 나타낸 블록선도이다.

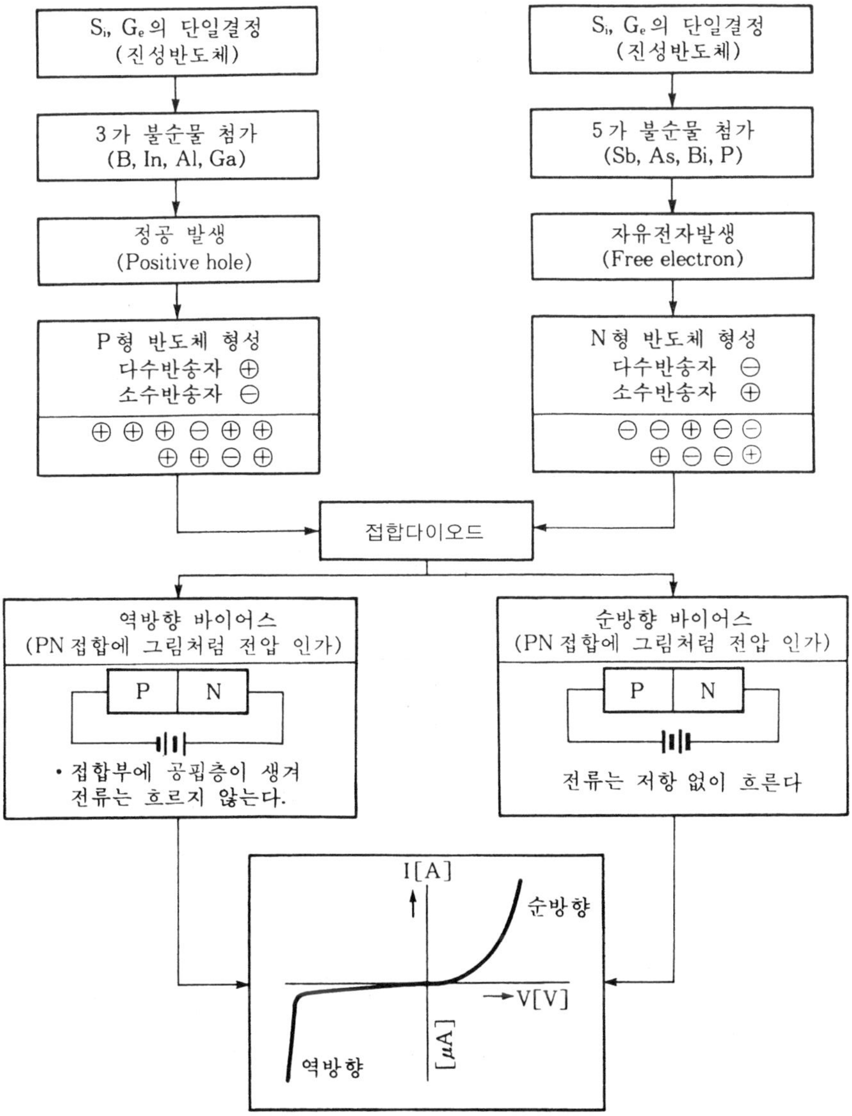

그림 7-6 | P형, N형 반도체의 형성과 PN 접합시 전류-전압 특성 블록선도

2. 기타 다이오드

가. 제너 다이오드(Zener diode)

정전압(定電壓) 다이오드라 한다. 역방향 전압(逆方向電壓)을 인가하여 사용하는 것

이 특징이다. 이 소자에 역방향전압을 인가하고 점차 증가시키면 그림 7-7에서 보는 것처럼 어느 일정 전압에서 역방향전류가 급격히 증가하게 된다.

이때 전압을 제너전압(Zener voltage)이라고 하며, 이같이 정전압을 유지하는 성질을 이용해서 어떤 회로의 단자전압을 일정한 값으로 유지하기 위해 만든 다이오드를 **제너 다이오드**(Zener diode)라 한다.

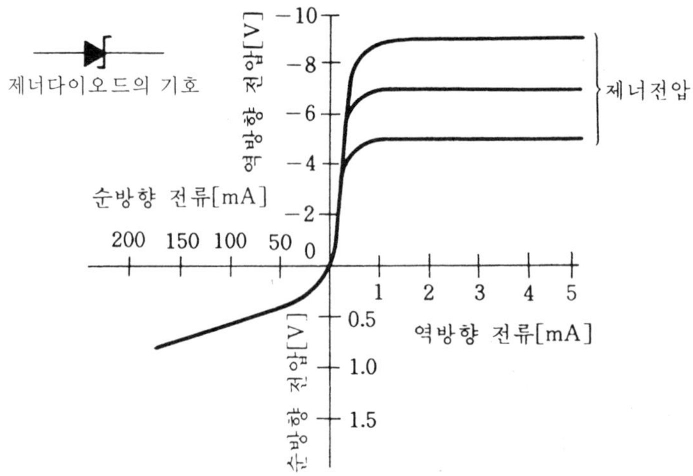

그림 7-7 | 제너 다이오드의 기호 및 특성

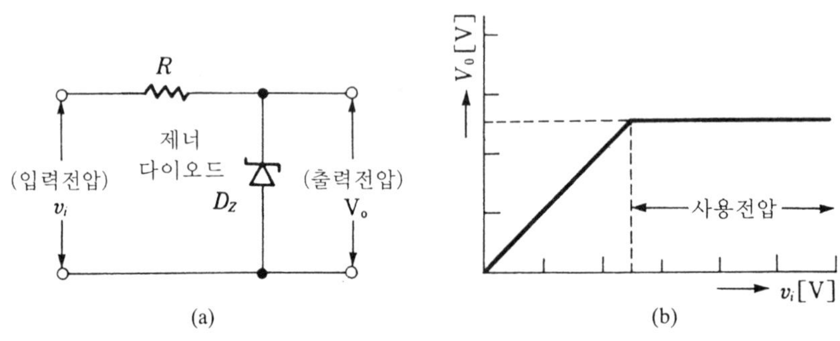

그림 7-8 | 정전압 회로와 정전압 특성

수십 내지 수백 볼트의 제너전압 V_Z를 갖는 다이오드 제작이 가능하며, 높은 온도와 전류 용량 때문에 제너 다이오드를 제작하는 데는 통상 실리콘(Si)이 선택되고 있다.

그림 7-8은 제너 다이오드를 사용해서 정전압을 얻는 회로와 출력단자의 정전압특성을 나타낸다. 이런 회로에서 입력전압은 대체로 제너전압보다 높은 일정값을 유지하여 준다.

나. 발광 다이오드(Light emitting diode)

보통의 실리콘이나 게르마늄 다이오드는 순방향 전도과정에서 일정한 양의 열을 방출한다. 그런데 갈륨 비소(GaAs), 갈륨 인(GaP) 다이오드의 경우에는 순방향 바이어스를 걸어 전류를 흘림으로써 각기 다른 파장으로 빛을 방출하는데 이런 다이오드를 **발광(發光) 다이오드(Light emitting diode : LED)**라고 부른다.

LED가 빛을 발하는 것은 PN 접합에 순방향 바이어스 전압(Forword bias voltage)을 인가하여 전류를 흘리면 접합 부근에서 소수 반송자가 재결합할 때 잉여에너지를 광자(光子; Photon)로서 직접 방출하기 때문이다. LED에 의한 색깔은 보편적으로 적색이지만 황색이나 녹색도 널리 사용되며, 발생되는 빛의 밝기는 LED 내부의 소수 반송자들의 재결합에 의해 방출되는 광자에 따른다. 그리고 순방향 바이어스 전압이 더 높아지면 빛은 더욱 두드러진다.

LED는 인가전압이 1~4[V], 전류가 1~50[mA], 응답시간이 약 100[ns] 정도이고, 램프(Lamp)처럼 끊어질 염려가 없는 것이 특징이다. 이것은 저전압, 저전류, mW 정도의 낮은 소비전력으로 연속 발광이 가능하고, 전류에 의해 광출력 제어를 할 수 있으며 소형이므로 넓은 분야에 사용되고 있다.

그림 7-9는 LED의 기호와 매연경보기(Smoke alarm) 회로에서 표시등(Pilot lamp)으로 사용된 예를 보여준다.

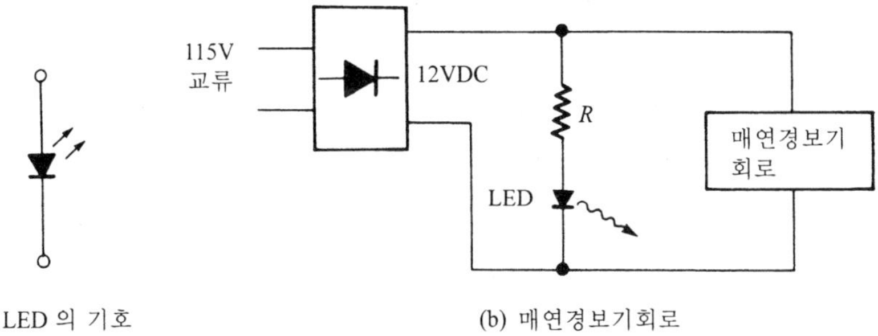

(a) LED 의 기호　　(b) 매연경보기회로

그림 7-9 | LED를 이용한 매연경보기 회로

다. 터널 다이오드(Tunnel diode)

보통 PN 접합 다이오드에서 불순물의 농도는 결정원자 10^8개에 대해 하나 정도이며, 이 정도로 불순물이 첨가(Dopping)된 경우 공간 전하 영역의 폭은 5미크론(micron: 100만분의 1미터) 정도이다. 만약 불순물의 농도를 대단히 크게 하면 공간 전하 영역의 폭은 줄어들어 **터널 효과**(Tunnel effect)를 나타내며, 특성이 완전히 달라지게 되는데 이러한 원리로 만든 다이오드를 **터널 다이오드**(Tunnel diode) 혹은 에사키 다이오드(Esaki diode)라 한다. 여기서 터널 효과는 전자가 마치 터널을 통과하는 것 같이 PN 접합을 빠져 나가는 것을 의미한다.

그림 7-10은 터널 다이오드의 전압-전류 특성을 나타내는데 순방향 바이어스 특성을 보면 N자(字) 모양의 특성을 갖는다. 특히 어느 범위에서는 순방향 전압의 증가에 대해 전류가 반대로 감소하는 부저항특성(Negative resistance characteristic)을 나타내고 있다. 터널 다이오드는 초고속 스위치나 마이크로파의 발진 등에 사용된다.

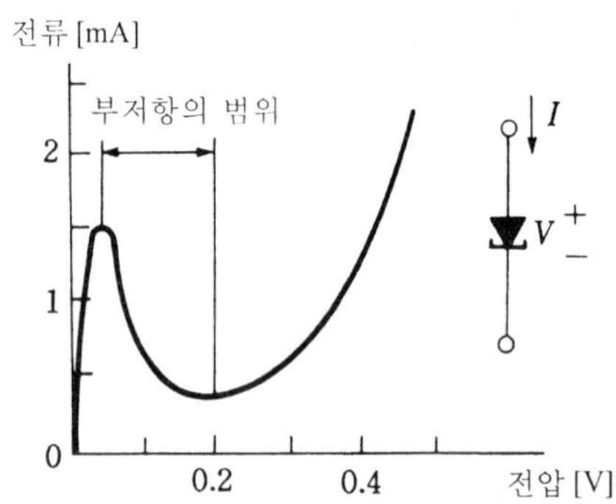

그림 7-10 | 터널 다이오드의 전압-전류 특성과 기호

라. 포토 다이오드(Photo diode)

PN 접합면에 빛(光)을 조사(照射)하면 도전성(導電性)으로 되어 조사한 광의 강도에 따라 전류가 흐르는 특성을 가지게 되는데 이러한 반도체 다이오드를 **포토 다이오드**(Photo diode)라 한다. 그림 7-11은 포토 다이오드의 구조와 기호를 나타낸다.

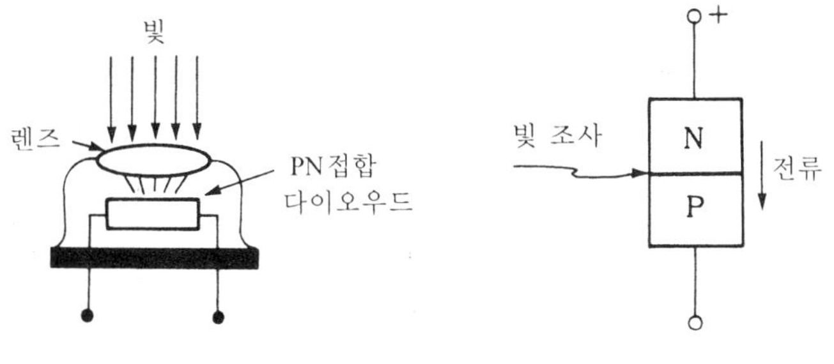

그림 7-11 | 포토 다이오드의 구조와 기호

이 다이오드는 역방향 바이어스된 PN 접합 다이오드의 공핍층(空乏層; Depletion region or layer)에 큰 에너지를 가진 빛을 조사하면 역방향 전류 즉 광전류(光電流)가 흐르게 되는데, 이때 전류는 광에너지에 의해 공핍층에서 생성된 소수 반송자가 공핍층을 넘어감으로써 생기는 것으로 생각할 수 있다. 이 포토 다이오드는 광전류를 이용하여 빛을 검출하는 데 사용된다.

3. 트랜지스터(Transistor)

가. 개요

미국 Bell 전화연구소의 윌리엄 쇼클리(William Shockley)의 정공(正孔)이론을 바탕으로 1948년에 동 연구소의 John Bardeen, Walter Brattain이 발명한 것으로 실리콘이나 게르마늄 등의 반도체 결정속의 전자 또는 정공의 작용을 이용하여 증폭작용, 스위칭작용, 발진작용 등을 시킬 수 있는 회로소자를 말한다.

트랜지스터는 구조에 따라 점접촉형(點接觸形)과 접합형(接合形)으로 나눠 생각할 수 있는데, 전자(前者)는 최초의 것으로 현재는 거의 사용되지 않고 있다.

가장 널리 사용되고 있는 쌍극성(雙極性) 접합 트랜지스터(Bipolar junction transistor: BJT)는 자유전자와 정공이 다수 반송자 또는 소수 반송자로서 동시에 동작하는 특성을 가진 것이다. 이것은 N형과 P형 반도체의 결정을 샌드위치 모양으로 그림 7-12와 같이 P-N-P 또는 N-P-N으로 3층 접합하여 PNP형 트랜지스터 혹은 NPN형 트랜지스터라고 부르고 있다.

그림 7-12에서 중간층은 수십 미크론 정도의 대단히 엷은 베이스(Base) B, 나머지 양측은 각각 에미터(Emitter) E, 콜렉터(Collector) C라 한다.

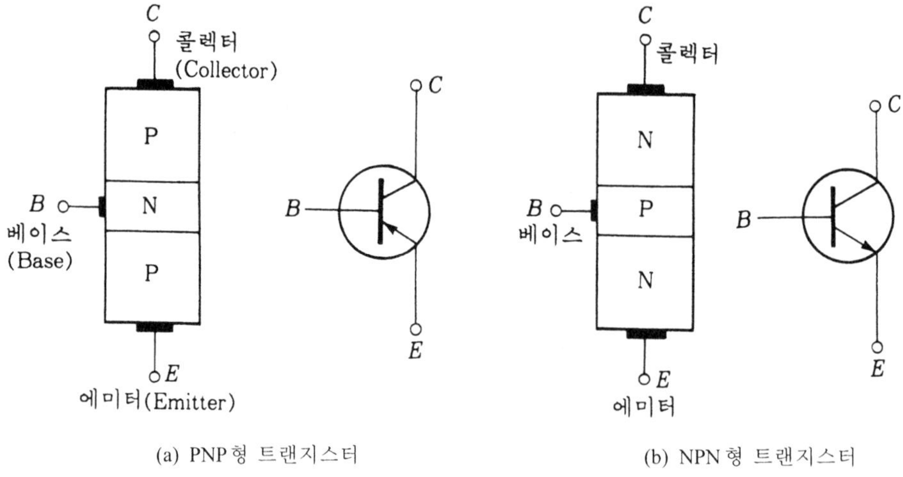

그림 7-12 | 트랜지스터의 구성 및 기호

트랜지스터에서 PNP형과 NPN형의 기호(Symbol)를 구별하는 것은 에미터(E)의 화살표 방향에 의한다. 트랜지스터는 진공관에 비해 소형 경량이며, 수명이 반영구적이고 또한 히터(Heater)가 불필요하므로 동작전압이 낮아서 기기를 소형화할 수 있는 장점이 있으나 내부 임피던스가 낮고 과대한 전압이나 전류에 약한 결점도 있다.

나. 트랜지스터의 동작원리

그림 7-13은 PNP형 트랜지스터의 동작원리를 나타낸다.

(1) 전원을 연결하지 않았을 때

그림 7-13(a)처럼 전원을 연결하지 않았을 경우에는 P형 반도체 중에는 정공(正孔), N형 반도체에는 전자(電子)가 각각 존재한다.

(2) C-B 간에만 역방향 바이어스를 가했을 때(그림 7-13(b))

베이스 내의 전자는 (+)극에 끌리고, 콜렉터 내의 정공은 (−)극에 끌리므로, C-B접합면은 다이오드의 역방향 바이어스에서처럼 공핍층(空乏層: Deplection region)이 되어 전류는 흐르지 않는다. 여기서 공핍층이라 함은 P-N 접합면 근처에서 전자와 정공이 확산하고 나면 반송자가 존재하지 않는 층이 생기는데 이 영역을 말한다.

(3) C-B간에 역방향, E-B간에 순방향 바이어스를 차례로 걸었을 때 (그림 7-13(c))

이때에는 에미터로부터 정공이 에미터 전류 I_E로서 계속 주입되며, E-B 접합면을 넘어서 베이스 영역으로 들어가게 된다. 그런데 N형 반도체인 베이스는 폭이 매우 엷고 반송자인 전자의 수가 적으므로 에미터로부터의 정공 중 1~5% 정도만이 베이스 내부에서 전자와 결합하고, 나머지 대부분은 베이스 내부에서 확산(擴散)되어 B-C 접합면까지 도달하게 된다.

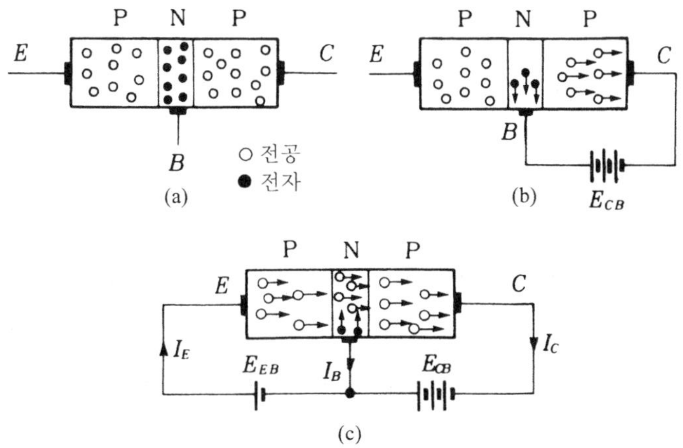

그림 7-13 | PNP 트랜지스터의 동작원리

B-C 접합면에 도달한 정공은 전지의 (－)극에 끌려 콜렉터 내부로 들어가 콜렉터 전류 I_C가 되어 흘러 나간다.

이상에서 에미터에 흐르는 전류 I_E와 콜렉터에서 나가는 전류 I_C 사이에는

$$I_E = I_B + I_C \tag{7-1}$$

$$\alpha = \Delta I_C / \Delta I_E \fallingdotseq 0.95 \sim 0.99 \tag{7-2}$$

단, α : 베이스 접지시 전류 증폭률

의 관계가 있으며 베이스전류 I_B는 I_C의 수 %에 지나지 않는다. 그리고 **전류증폭률(電流增幅率)**은 에미터 접지회로(Grounded emitter circuit)에서

$$\beta = \triangle I_C / \triangle I_B = \frac{\alpha}{1-\alpha} \tag{7-3}$$

로 나타내어진다.

여기서 α는 1보다 작으나 1에 가깝고 β의 값은 수십에서 수백에 이르는 것도 있다. 예로서 $\alpha = 0.98$이면 $\beta = 49$가 된다.

4. 기타 트랜지스터

기타 트랜지스터로 사용되는 것에는 전계효과 트랜지스터(FET), 단일접합 트랜지스터(UJT), 포토 트랜지스터(Photo transistor) 등이 있다.

가. 전계효과 트랜지스터(Field effect transistor)

전계효과(電界效果) 트랜지스터(Field effect transistor : FET)는 일반 트랜지스터와는 그 동작특성이 다른 소자이다. 일반 트랜지스터는 쌍극성(雙極性) 접합 트랜지스터(Bipolar junction transistor : BJT)로 소수 반송자와 다수 반송자의 상호작용으로 전류가 제어되나, FET는 단극성(單極性) 트랜지스터(Unipolar transistor)로서 전류의 흐름이 다수 반송자만에 의한 것으로 전계(전압)에 의해 전류가 제어된다.

(1) 구조

그림 7-14(a)와 같이 소스(Source : S), 드레인(Drain : D), 채널(Channel), 게이트(Gate : G) 등으로 구성되어 있다. 여기서 소스(S)는 전류 공급원이며, 드레인(D)은 전류 배출구 그리고 채널(C)은 전류 통로이다.

그림 7-14(b)는 FET의 기호와 전극 명칭이다.

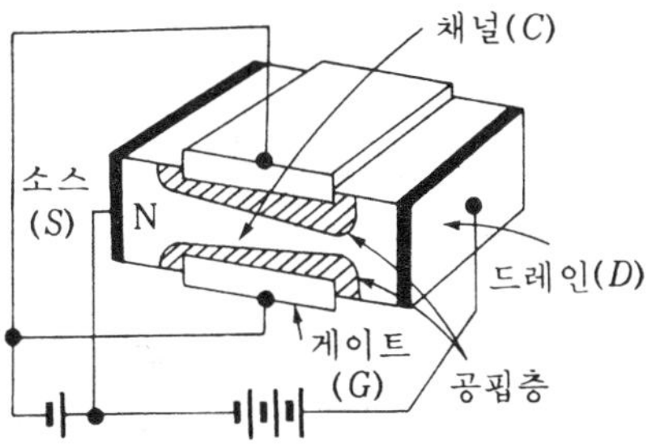

(a) 구조도

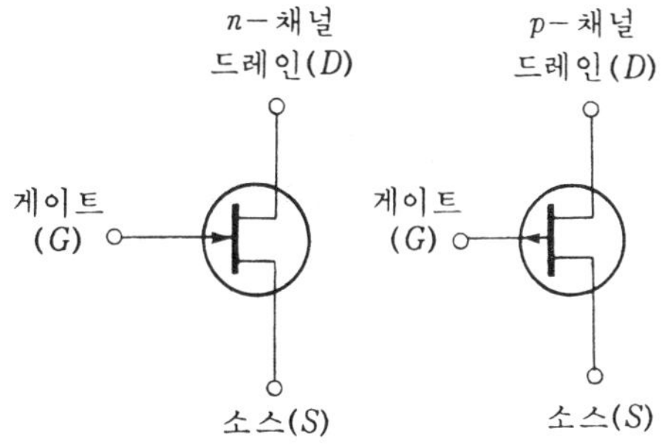

(b) 기호

그림 7-14 | FET의 구조와 기호

(2) 원리

드레인(D)과 소스(S) 사이에 전압을 인가하면 접합부가 역방향 바이어스로 되어 공핍층이 넓어진다. 따라서 실효적인 채널(C)의 폭이 좁아져 흐르는 전류가 제어된다. 대체로 FET에서 전자원(電子源) S로부터 흘러 들어온 전류는 게이트(門) G를 통해서 배출구 D로 향해 나간다. 이때 게이트 G의 열고 닫는 것은 G단자와 S단자와의 사이에 인가한 입력전압이다.

(3) 종류

채널(C) 부분에 사용되는 반도체에 따라 p-channel FET와 n-channel FET가 있으며, 게이트(G) 구조에 따라 접합형(接合形) 전계효과 트랜지스터(Junction type FET : JFET)와 금속 산화물피막 반도체형 전계효과 트랜지스터(Metal oxide semiconductor type FET : MOSFET)가 있다.

그림 7-15는 JFET의 구조와 기호 및 전지 연결을 나타낸다. FET 원리에서와 같이 JFET는 소스 S와 드레인 D 사이에 끼어 있는 극히 작은 통로(Channel)의 폭이 게이트 G에 가해지는 역방향 바이어스 전압의 크기에 따라 변화하여 공핍층이 좁아졌다 넓어졌다 하여 전자가 쉽게 통과되었다가 어렵게 통과되었다가 하는 것이다. 역방향 바이어스 전압이 커지면 P-N 접합의 공핍층이 확장되어 S와 D 사이에 반송자 이동 통로가 좁아진다.

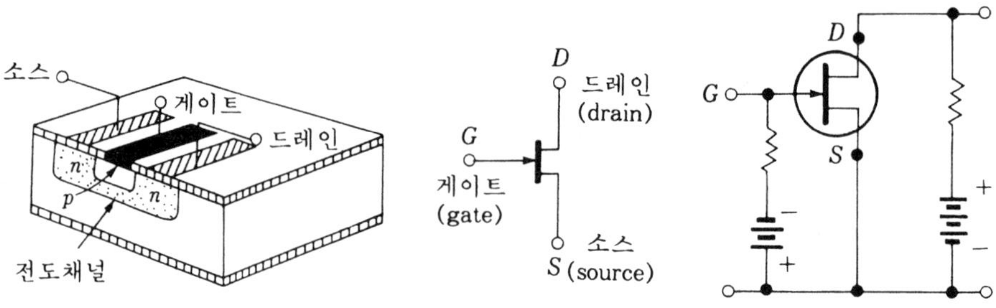

(a) 구조　　(b) 기호　　(c) 전지 연결

그림 7-15 | n채널 JFET

MOSFET는 금속 전극인 게이트(G)가 엷은 절연층 즉 S_iO_2에 의해 채널(C)와 분리되어 있는 FET로서 게이트(G)의 구조가 금속(Metal), 산화막(Oxide), 반도체(Semiconductor)로 되어 있기 때문에 일컫는 명칭이다.

MOSFET에는 동작형식에 따라 게이트(G)에 순방향 바이어스를 인가하면 드레인(D)의 전류가 증가하는 증가형(Enhancement mode)과 게이트(G)에 역방향 바이어스를 인가하면 드레인 전류가 감소하는 결핍형(Depletion mode)의 2종류가 있다.

그림 7-16은 n-채널 증가형 MOSFET의 구조, 기호 및 특성곡선을 나타낸다.

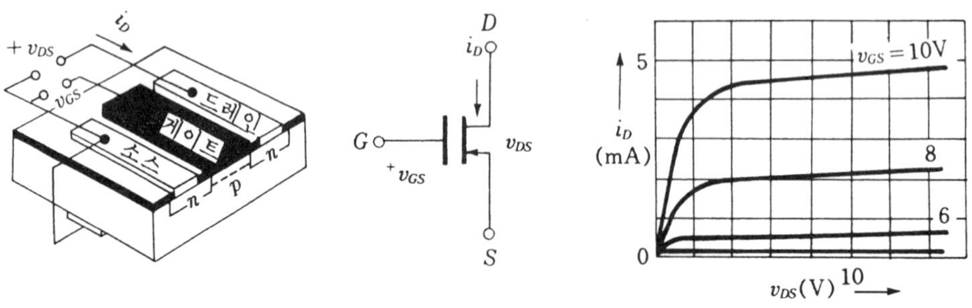

(a) 구조　　(b) 기호　　(c) 특성곡선

그림 7-16 | n채널 증가형 MOSFET

(4) 특징

일반 트랜지스터는 그림 7-17(a)와 같이 입력전류를 변화시키면 그에 따라 출력전류가 변화되는 구조로 되어 있다. 그러나 FET는 그림 7-17(b)와 같이 입력전압(入力電壓)을 변화시키면 출력전류(出力電流)가 변화하는 원리로 동작된다.

FET는 게이트에 전압을 걸어도 게이트에는 거의 전류가 흐르지 않는데 그 이유는 게이트의 입력 임피던스가 $10^4 \sim 10^8[\Omega]$ 정도로 높기 때문이다. 이처럼 FET는 입력측 회로에 전류가 흐르지 않아도 입력전압만 걸면 출력전류를 얻을 수 있는 특징을 가지고 있다.

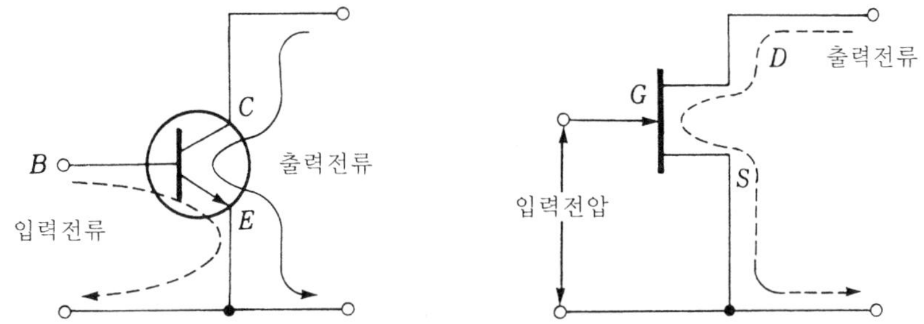

(a) 일반 트랜지스터 (b) 전계효과 트랜지스터(FET)

그림 7-17 | 일반 트랜지스터와 FET의 특성 비교

나. 단일접합 트랜지스터(Uni-junction transistor)

더블 베이스 다이오드(Double base diode)라고 불리워지는 전류 제어용 부저항 특성(負抵抗特性)을 가진 스위칭소자이다.

이 소자는 PN접합이 하나밖에 없으므로 **단일접합(單一接合) 트랜지스터(Uni-junction transistor : UJT)**라 부르며 또 베이스 단자가 2개 있으므로 더블 베이스 다이오드(Double base diode)라고 한다.

그림 7-18(a)는 UJT의 구조로 고저항체(高抵抗體)인 N형 실리콘(Si) 봉(Bar)의 양 단에서 베이스 단자 B_1과 B_2를 꺼내고, 그 중간에 PN접합을 형성시켜 P형 반도체로부터 에미터 단자 E를 만든 것이다.

그리고 그림 7-18(b)는 UJT의 등가회로를 나타내고, 그림 7-18(c)는 기호를 표시한 것으로 **에미터(Emitter : E), 베이스 1(Base one : B_1), 베이스 2(Base two : B_2)** 등의 3단자로 되어 있다.

이 소자는 사이리스터(Thyristor)의 게이트에 트리거 펄스(Trigger pulse)를 공급하기 위한 발진회로(發振回路) 등에 주로 사용된다.

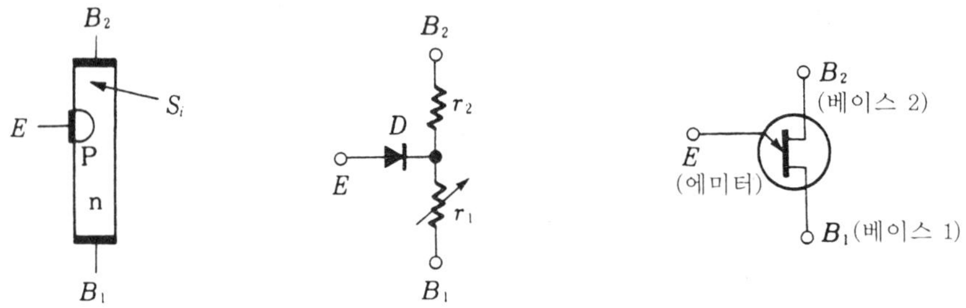

(a) 구조　(b) 등가회로　(c) 기호

그림 7-18 | UJT의 구조와 기호

그림 7-19는 UJT의 기본적인 발진회로와 파형을 나타낸 것으로 그림 7-19(a)에서 타이밍 콘덴서(Timing condenser) C_T는 타이밍 저항(Timing resistance) R_T를 통해 충전(充電)된다.

여기서 C_T가 피크 전압(Peak voltage) V_P에 도달하면 UJT는 도통(Turn-on)하여 C_T의 전하는 통상 100[Ω] 이하의 R_{B_1}을 통해 순식간에 방전(放電)되며 따라서 출력단자에 펄스 V_0가 발생하게 된다. 그리고 C_T의 전하가 방전되어 V_E가 2[V] 정도로 낮아지면 UJT는 비도통(Turn-off) 상태로 되고 타이밍 콘덴서 C_T는 다시 충전을 반복하여 두 번째 출력펄스를 얻게 된다. 이렇게 하여 발생된 출력펄스는 사이리스터의 게이트에 가해지게 된다.

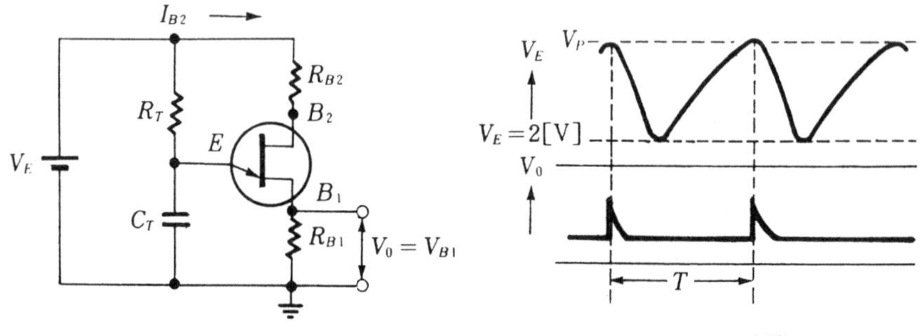

(a) 회로도　(b) 파형

그림 7-19 | UJT의 기본적인 발진회로와 파형

다. 포토 트랜지스터(Photo transistor)

실리콘(Si)의 PNP 접합 또는 NPN 접합을 이용하거나 단일의 PN 접합을 이용하여 빛(光; Photo)이 입사되었을 때 빛을 검출(檢出)하는 반도체소자이다.

이 소자는 비도통 상태로 되어 있는 CB 접합면에 빛을 비추면 전자와 정공이 분리되어 전류가 흐르는 트랜지스터인데 빛에 대한 감도가 2극관인 광전관(光電管; Photo electric tube)이나 포토 다이오드(Photo diode)보다 우수하고, 소형인 외에 낮은 전압으로 동작한다.

또한 가시광선(可視光線)뿐만 아니라 적외선(赤外線)에도 잘 감광(感光)하는 성질이 있으므로 자동제어장치, 적외선 통신, 컴퓨터의 천공테이프(Punched tape)의 판독 등에 이용된다. 그러나 열에 약한 결점을 가지고 있어서 접합부의 온도가 게르마늄(Ge)일 때 약 75[℃] 이상, 실리콘(Si)일 때 150[℃] 이상이 되면 접합면이 파괴된다.

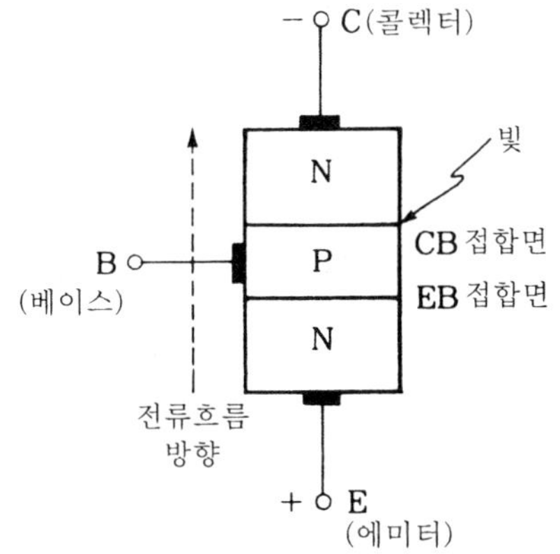

그림 7-20 | 포토 트랜지스터의 구조

5. 사이리스터(Thyristor)

가. 개요

반도체 시대의 개막의 동기라고 할 수 있는 트랜지스터는 1947년경에 출현했으나 전력용(電力用) 반도체 스위칭 소자(Switching device)인 사이리스터(Thyristor)는 트랜지스터가 출현한 지 십년 후인 1957년에 미국의 GE사(General Electric Corporation)와 RCA사(Radio Corporation of America)에 의해 개발되어 상품화 되었다.

이 새로운 소자(素子)를 GE 사에서는 실리콘 제어 정류기(Silicon controlled rectifier)를 약칭해서 SCR이라고 명명하였으며, 반면에 RCA사는 사이러트론(Thyratron)과 트랜지스터(Transistor)의 2단어를 합성하여 사이리스터(Thyristor)라고 이름을 붙였다.

이같이 이 스위칭소자는 SCR과 사이리스터(Thyristor)의 2가지 호칭이 있으나 현재로는 국제전기표준회의인 IEC(International Electrotechnical Commision)의 규격(規格)에 따라 공식 명칭은 "사이리스터"로 통일되어 있다.

나. 구조

P형과 N형 반도체가 그림 7-21(a)와 같이 P-N-P-N으로 4층 결합된 것이다.

이 4층 결합 구조에서 내측의 N형과 P형 반도체를 2개로 분할하여 생각하면 그림 7-21(d)처럼 PNP와 NPN형 트랜지스터 2개를 조합한 것과 등가(等價)임을 알 수 있다.

사이리스터의 단자는 3개로서 애노우드(Anode) A, 캐소드(Cathode) K, 제어용의 게이트(Gate) G이다.

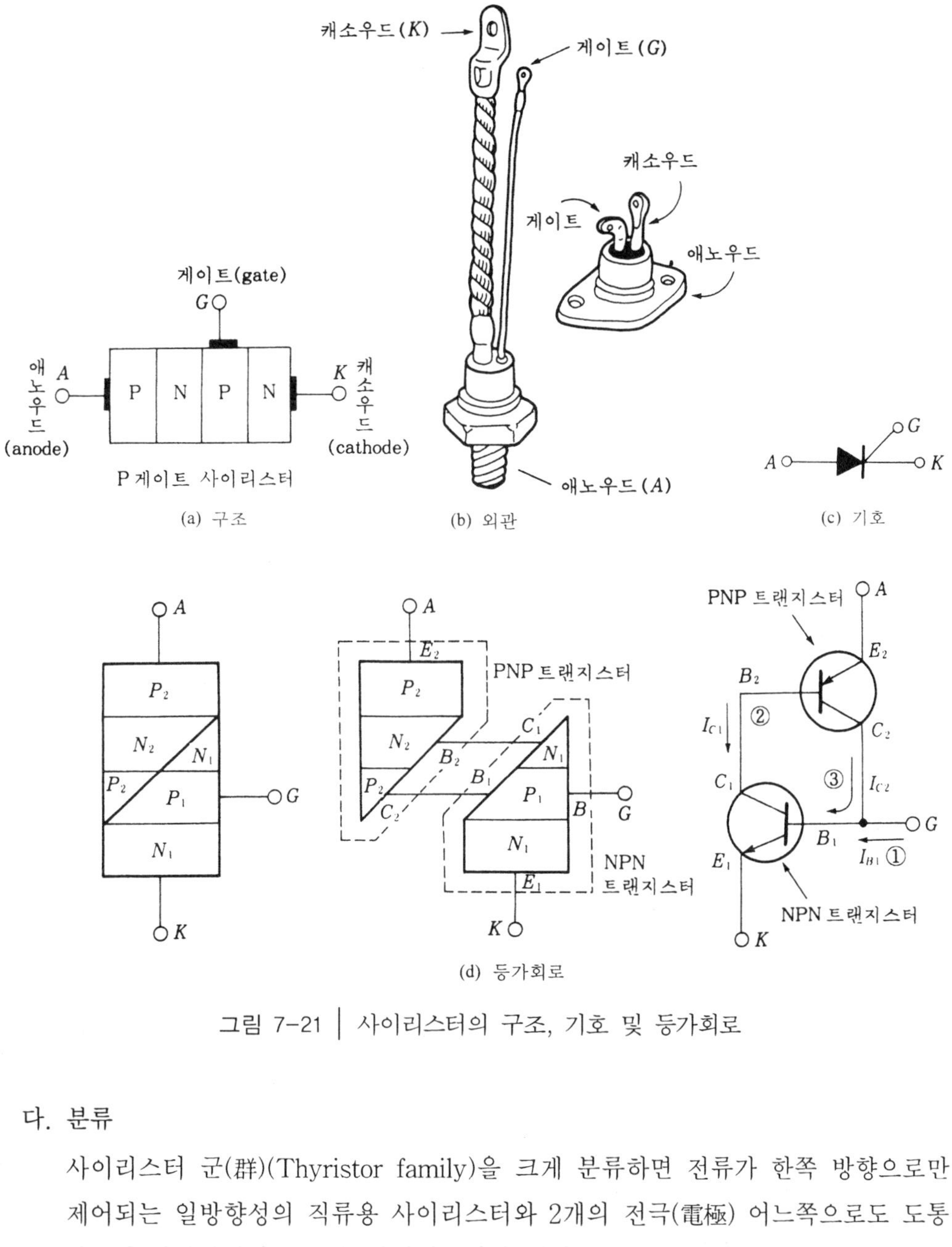

그림 7-21 | 사이리스터의 구조, 기호 및 등가회로

다. 분류

사이리스터 군(群)(Thyristor family)을 크게 분류하면 전류가 한쪽 방향으로만 제어되는 일방향성의 직류용 사이리스터와 2개의 전극(電極) 어느쪽으로도 도통 가능한 쌍방향성의 교류용 사이리스터가 있다.

특히 직류용 사이리스터에는 전류가 애노드(A)에서 캐소드(K) 방향으로만 도통 가능한 역저지형(逆沮止形)과 역저지형에 다이오드를 역병렬(逆竝列)로 접속하여 쌍방향으로 전류가 흐르게 한 역도통형(逆導通形)이 있다.

그림 7-22는 사이리스터군(Thyristor family)를 열거한 것이다. 또 사이리스터는 단자의 수에 따라 2단자, 3단자, 4단자의 것이 있다.

- 사이리스터군(Thyristor family)
  - 직류용
    - 역저지형
      - 일반 사이리스터(P-게이트 사이리스터)
      - PUT(N-게이트 사이리스터)
      - GTO 사이리스터
      - SCS
      - LASCR
      - 쇼클리 다이오드(Schockley diode)
    - 역도통형
  - 교류용
    - TRIAC
    - SSS

그림 7-22 | 사이리스터 군(群)의 분류

라. 동작원리

사이리스터는 게이트 전류(I_g)를 흘리지 않은 상태에서 애노드(A)와 캐소드(K)간에 순방향 바이어스(Forward bias)를 인가하면 그림 7-23(a)에서 같이 미소한 전류만이 흐를 뿐 비도통(Turn-off) 상태로 있게 된다.

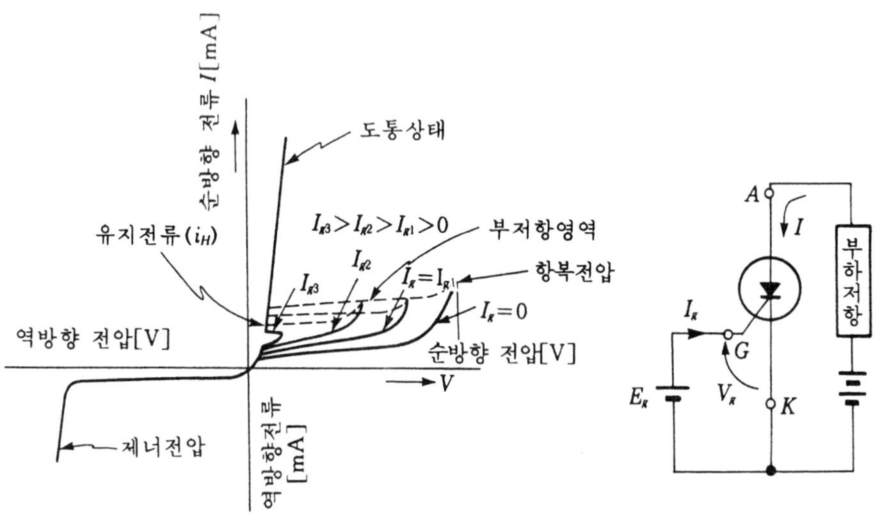

(a) V-I 특성곡선 (b) 회로도

그림 7-23 | 사이리스터의 V-I 특성

그러나 전압을 차츰 높여 항복전압(降伏電壓; Breakover voltage)에 이르도록 하면 갑작스럽게 전류가 통하여 도통(道通; Turn-on) 상태로 된다. 이때 사이리스터의 내부저항은 거의 0[Ω], 전압강하(Voltage drop)는 0.5~1[V] 정도가 된다.

그런데 게이트 G에 (+), 캐소드 K에 (−)가 되도록 게이트 전압 E_g를 걸어주면 그림 7-23(a)에서처럼 항복전압이 낮아진다.

즉 E_g를 높게 하여 I_g를 점차 증가시키면 도통상태(導通狀態)로 되는 항복전압이 차츰 낮아지게 된다. 이 경우 게이트(G)에 가해지는 전압은 소자의 용량에 관계 없이 2~3[V] 정도이고, 전류는 수 100[mA] 정도가 된다.

사이리스터를 도통시키려면 애노드(A)와 캐소드(K) 간에 순방향 바이어스 전압을 인가한 상태에서 게이트(G)에 트리거 펄스(Trigger pulse)를 가해주면 되고, 도통(Turn-on)에서 비도통(Turn-off) 상태로 바꾸려면 역방향전압(逆方向電壓)을 인가하거나, 또는 전류를 유지전류(Holding current) i_H 이하로 낮추어야만 된다.

마. 응용분야

사이리스터는 그 특성을 이용하여 다음과 같은 전력변환장치를 구성하는데 사용되고 있다.

① 정류제어장치

일정한 교류전압에서 임의의 직류전압으로 순변환(順變換)하는 것이다.

② 교류전압제어장치

일정한 교류전압에서 임의의 교류전압으로 변환하는 것이다.

③ 인버터(Inverter)

일정한 직류전압에서 임의의 주파수를 가진 교류전압으로 역변환(逆變換)하는 것이다.

④ 초퍼(Chopper)

일정한 직류전압에서 임의의 직류전압으로 변환하는 것이다.

⑤ 사이클로컨버터(Cycloconverter)

일정한 주파수의 교류전압에서 임의의 주파수를 가진 교류전압으로 변환하는 것이다.

6. 기타 사이리스터

사이리스터에는 일반용 사이리스터 외에 GTO 사이리스터, 광 사이리스터(LASCR), 트라이악(TRIAC), 사이닥(SSS) 등이 있다.

가. GTO 사이리스터(Gate turn-off thyristor)

일반적으로 사이리스터는 게이트에 트리거전류를 흘려서 도통(Turn-on)시키며, 일단 도통된 후에는 게이트가 제어능력을 잃어버리게 되므로 부(−)의 게이트 전류를 흘려도 사이리스터는 비도통(Turn-off)되지 않는다.

그러나 GTO 사이리스터(Gate turn-off thyristor)는 정(+)의 게이트전류를 흘리면 도통되고, 부(−)의 게이트전류를 흘리면 비도통 된다. 즉 GTO 사이리스터는 자기소호(自己消弧; Self extinction) 기능을 갖는 반도체소자이다.

그림 7-24는 GTO 사이리스터의 구조와 기호를 나타낸다. GTO 사이리스터는 보통의 사이리스터와 구조는 같으나 기호는 캐소드 측에서 나온 게이트에 짧은 선을 넣은 것이 특징이다.

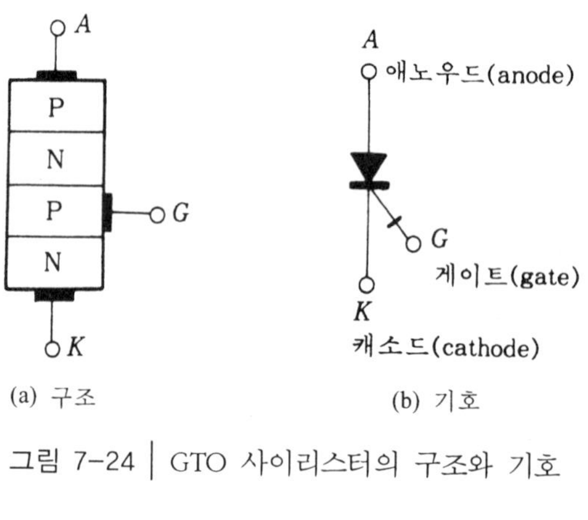

그림 7-24 | GTO 사이리스터의 구조와 기호

나. 광 사이리스터(Photo thyristor)

빛에 의해 트리거(Trigger)되는 사이리스터이다. 포토 사이리스터(Photo thyristor) 또는 LASCR(Light activated silicin controlled rectifier)라고 부른다.

한번 도통(Turn-on)되면 빛을 차단하여도 도통상태가 지속되며, 빛 대신에 게이트에 트리거펄스를 가하면 보통의 사이리스터로도 사용할 수 있는 특징이 있다.

광감도(光感度)는 게이트(G)와 캐소드(K) 사이에 삽입하는 외부저항으로 조정이 가능하며, 저항값을 높게 하면 감도가 올라간다. 특히 패키지(Package) 내에 발광 다이오드 등의 광원(光源)을 내장한 것을 **포토 사이리스터 커플러**(Photo thyristor coupler)라고 한다. 그림 7-25는 광 다이리스터의 구조와 기호이다.

주) 감열(感熱) 사이리스터: 열을 받아 온도가 상승하게 되면 도통되는 사이리스터이다.

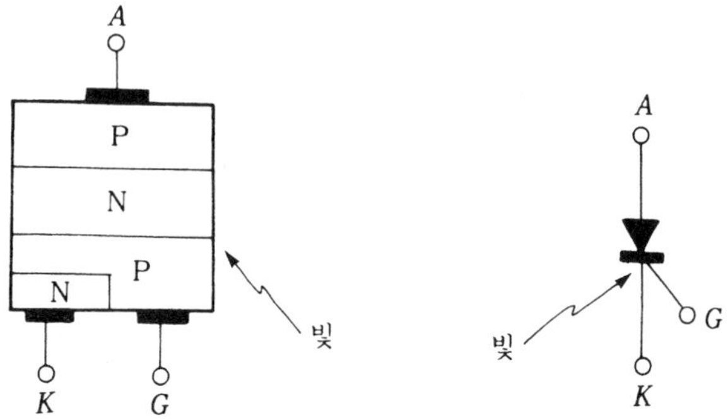

(a) 구조 (b) 기호

그림 7-25 | 광 사이리스터의 구조와 기호

다. 트라이악(TRIAC)

트라이악(TRIAC)은 Triode ac switch (3단자 교류스위치)의 약어로서 본래는 이 소자를 개발한 미국 GE사의 상표이었다. 이 소자는 NPNPN의 5층 구조로 되어 있으며 주로 교류에 사용되는 3단자 쌍방향성 사이리스터이다. 여기서 3단자는 통상 T_1(게이트측 단자), T_2(T_1의 반대측 단자), G(게이트 단자)이다.

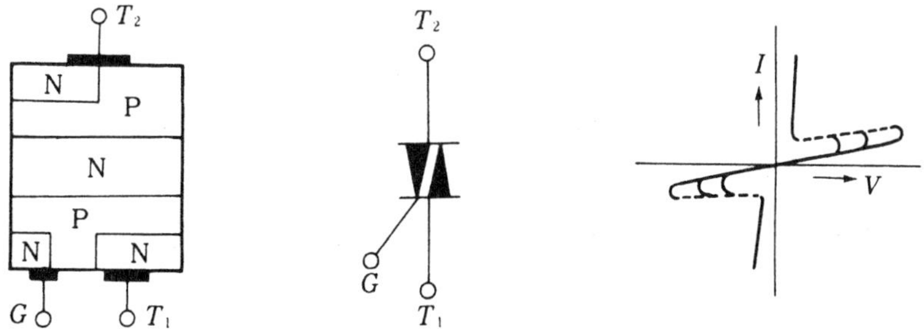

(a) 구조 (b) 기호 (c) 특성곡선

그림 7-26 | TRIAC의 구조와 특성

트라이악은 2개의 사이리스터를 역병렬(逆竝列)로 접속한 것과 등가(等價)한 작용을 하는 것으로 사이리스터의 제1상한의 특성을 제3상한에도 가지고 있다(그림 7-26 참조).

그림 7-27은 트라이악을 사용하여 교류전력의 (+)반주기와 (−)반주기 모두에서 위상제어(位相制御; Phase control)를 하는 것을 보여준다.

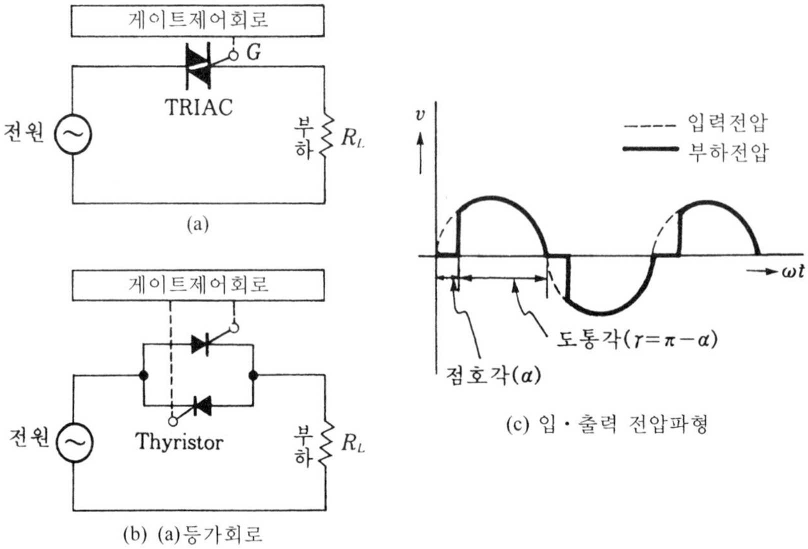

그림 7-27 | 트라이악을 사용한 교류전력회로와 위상 관계

여기서 트라이악이나 사이리스터의 게이트 제어회로(Gate control circuit)는 이들 소자가 어느 때 점호(Trigger on)되어 선간전압을 부하에 공급시켜 줄 것인가를 결정하여 주는 것이다.

또 사이리스터에서와 같이 게이트전류 I_g를 증가시킬수록 낮은 전압에서 도통이 되며, 게이트전류를 전혀 흘리지 않은 상태에서도 전압을 상승시켜 항복전압에 달하면 자기점호(自己點弧; Self triggering)가 가능하나 항복전압(降伏電壓)은 최대정격보다 높으므로 이러한 방법으로 점호해서는 안된다.

7-3 전력제어회로

1. 정류회로

정류(整流; Rectification)는 교류(AC)를 직류(DC)로 변환하는 것이다.

이 정류(整流)에는 다이오드(Diode)를 사용하여 단순히 교류를 직류로 바꾸는 정류와 사이리스터(Thyristor)를 사용하여 정류(整流)와 함께 출력(出力)의 크기도 동시에 제어하는 제어정류(制御整流; Controlled rectification)가 있다.

그리고 **정류회로(整流回路)**는 단상(單相)과 3상 회로로 구분되며, 부하에 공급되는 인가전압(印加電壓)의 펄스 수에 따라 반파정류회로(Half-wave rectification circuit)와 전파정류회로(Full-wave rectification circuit)로 구분된다.

가. 다이오드를 사용한 정류회로

(1) 반파정류(半波整流)

그림 7-28(a)에서 변압기의 2차측 전압이 정(+)의 반주기(Half cycle)일 때 다이오드 D는 순방향 바이어스(Forward bias)가 되며, 이때 2차 전압의 대부분은 부하저항(負荷抵抗) R_L 양단에 나타난다.

또 변압기의 2차측 전압이 부(−)의 반주기 일 때 다이오드 D는 역방향 바이어스(Reverse bias)되므로 출력전압은 0(零)이 된다.

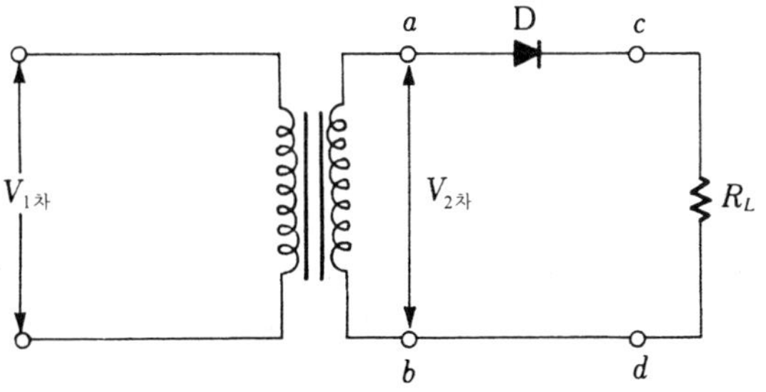

(a) 회로도

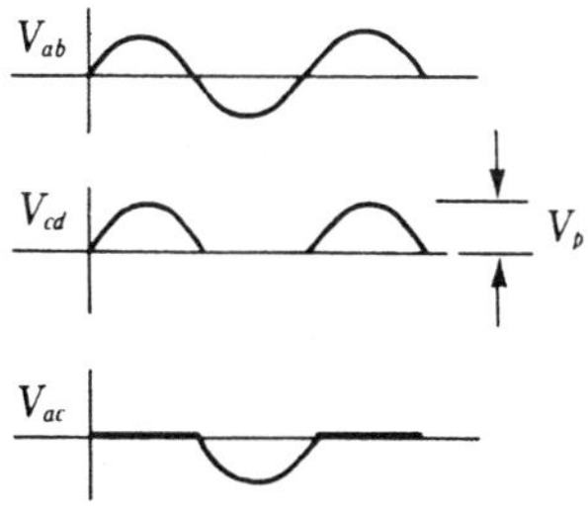

(b) 입·출력파형

그림 7-28 | 반파정류회로와 입·출력 파형

반파정류회로에서 부하에 공급되는 평균 직류전압 V_{av}는

$$V_{av} = \frac{1}{\pi} V_P = 0.318\, V_P \tag{7-4}$$

단, V_P : 전압의 최대치

이며, 실효치 전압 V_{rms}는

$$V_{rms} = 0.5\, V_P \tag{7-5}$$

이다.

그리고 부하전류의 평균치 I_{av}는

$$I_{av} = \frac{V_{av}}{R_L} = \frac{I_P}{\pi} \tag{7-6}$$

단, I_P : 전류의 최대치
($I_P = V_P / R_L$)

이다.

이상에서 순방향(順方向)의 반주기 동안에 다이오드에 걸리는 전압은 거의 0(零)이 된다. 그러나 역방향(逆方向) 반주기 동안은 다이오드가 매우 높은 저항값을 갖게 되므로 전원전압이 그대로 다이오드에 걸리게 되는데 이같이 다이오드에 걸리는 역방향 전압의 최대치를 최대 역전압(Peak inverse voltage : PIV)이라 한다. 회로에 다이오드를 사용할 때 그 소자(素子)가 PIV에 견딜 수 있는가를 확인하는 것은 무엇보다 중요하다.

(2) 전파정류(全波整流)

전파정류회로는 그림 7-29(a), (b)에서와 같이 중간탭(Center-tap) 전파정류회로와 브리지(Bridge) 전파정류회로가 있다. 이들은 모두 단상 전파정류회로로서 중간탭형(Center-tap type)은 과거에 주로 사용된 것이며, 브리지형(Bridge type)은 가격이 저렴하고 신뢰도가 높으며 크기가 작은 반도체 다이오드가 등장함에 따라 중간탭형에 비해 2배의 정류소자가 필요함에도 불구하고 요즘 보편적으로 사용되고 있다.

그림 7-29(a)의 중간탭 전파정류회로에서 전압의 극성(極性)이 그림과 같

다면 D_1이 순방향 바이어스가 되어 도통(導通)상태로 되고, D_2는 역방향 바이어스로 되어 비도통(非導通)상태로 되므로 D_1만이 부하 R_L에 전류를 공급하게 된다. 그리고 다음의 교류 반주기에서는 변압기의 2차전압의 극성이 반전되므로 D_1은 역방향 바이어스가 되고, D_2는 순방향 바이어스가 되어 D_2가 부하 R_L에 전류를 공급하게 된다.

주) 순방향 바이어스된 다이오드는 실리콘(Si)의 경우 0.7[V], 그리고 게르마늄(Ge)의 경우 0.3[V] 정도의 순방향 전압강하를 나타낸다.

또 그림 7-29(b)의 브리지형 전파정류회로에서는 V_{AB}의 정(+)의 반주기 동안(실선)은 D_1과 D_3가 도통상태로 되고, 부(−)의 반주기 동안(점선)은 D_2와 D_4가 도통상태로 되어 부하 R_L에 전류를 공급하게 된다.

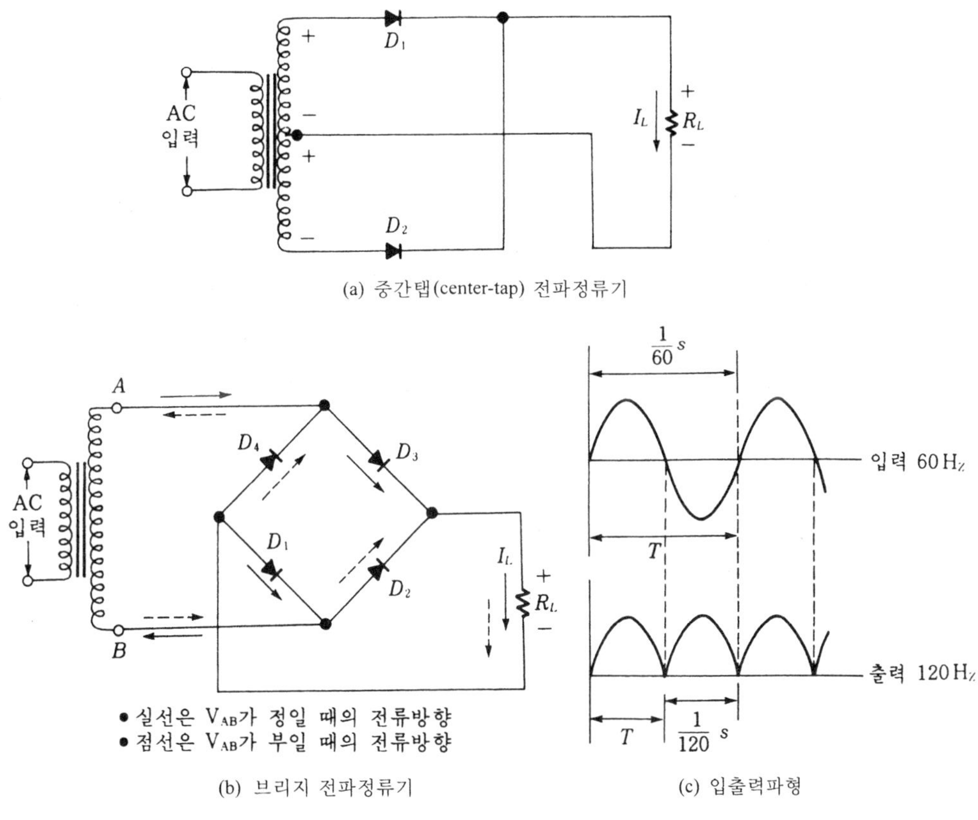

(a) 중간탭(center-tap) 전파정류기

(b) 브리지 전파정류기

(c) 입출력파형

그림 7-29 | 전파정류회로와 입·출력 파형

그림 7-29(c)는 중간탭 전파정류회로와 브리지형 전파정류회로에서의 입력과 출력 파형을 나타낸다.

그리고 전파정류회로(全波整流回路)에서 부하에 공급되는 평균 직류전압 V_{av}는

$$V_{av} = \frac{2}{\pi} V_P = 0.636\, V_P \tag{7-7}$$

이며, 실효치 전압 V_{rms}

$$V_{rms} = 0.5\, V_P \tag{7-8}$$

이다.

정류회로는 교류를 직류로 변환시키는 것으로 출력은 맥동(脈動)을 지니는 맥동직류(脈動直流; Pulsating current)가 된다. 정류회로에서는

$$\text{맥동률}(\nu) = \frac{\text{출력전압(전류)에 포함된 교류성분}}{\text{출력전압(전류)의 직류성분}} \tag{7-9}$$

로 정의되는 맥동률(脈動率; Ripple factor) ν를 정류회로를 평가하는 하나의 파라미터(Parameter)로 쓰고 있다.

전류(電流)에 대한 맥동률은 반파정류회로의 경우 $\nu \cong 1.211$이고, 전파정류회로에서는 $\nu \cong 0.483$ 정도로서 반파정류에 비해 전파정류의 출력에는 교류성분이 적게 포함되어 있음을 알 수 있다.

나. 제어정류회로

그림 7-30(a)는 출력을 제어하기 위해 사이리스터를 사용한 반파 제어정류회로(Half-wave controlled rectification circuit)이다.

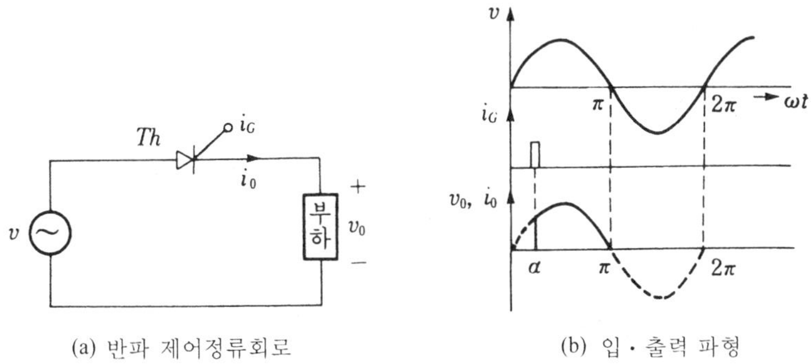

그림 7-30 | 제어정류회로와 파형

이 회로도에서는 사이리스터(Thyristor)의 게이트(Gate)에 공급되는 트리거 펄스(Trigger pulse)의 인가 시점, 즉 점호각(點弧角; Firing angle) α를 변화시켜 출력을 얻는다.

그림 7-30(b)는 저항부하 시의 출력을 나타내는 것으로 $\omega t = \alpha$되는 순간 사이리스터 Th에 트리거 펄스를 인가하면 사이리스터가 도통상태로 되어 부하에는 정(+)의 반주기(半周期) 중에서 실선(α에서 π까지)에 해당되는 출력이 인가되며, 반면에 부(−)의 반주기 동안은 사이리스터가 역방향 바이어스되므로 소호(消弧)되어 부하에는 더 이상 에너지가 공급되지 않게 된다.

따라서 출력은 점호각 α의 변화에 따라 달라지게 되는데 이러한 제어방식을 위상제어(位相制御; Phase control)라고 한다. 단상 전파 제어정류회로는 사이리스터 2개와 다이오드 2개를 혼합하여 그림 7-31처럼 만들 수 있다.

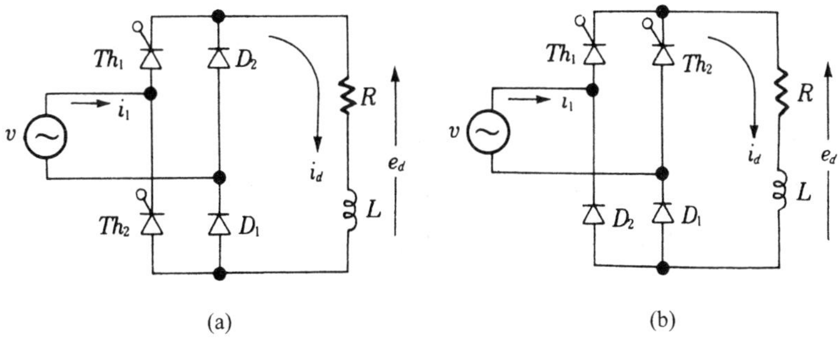

그림 7-31 | 단상 전파제어정류회로

2. 교류전력제어

가. 단상 교류제어회로

그림 7-32는 단상(單相) 교류전원과 부하 사이에 두 개의 사이리스터를 역병렬(逆竝列)로 접속한 단상 교류제어회로이다.

여기서 Th_1은 전원이 정(+)의 반주기에 그리고 Th_2는 음(−)의 반주기 동안에 각각 위상제어(位相制御; Phase control)되어 부하에 전력이 공급된다.

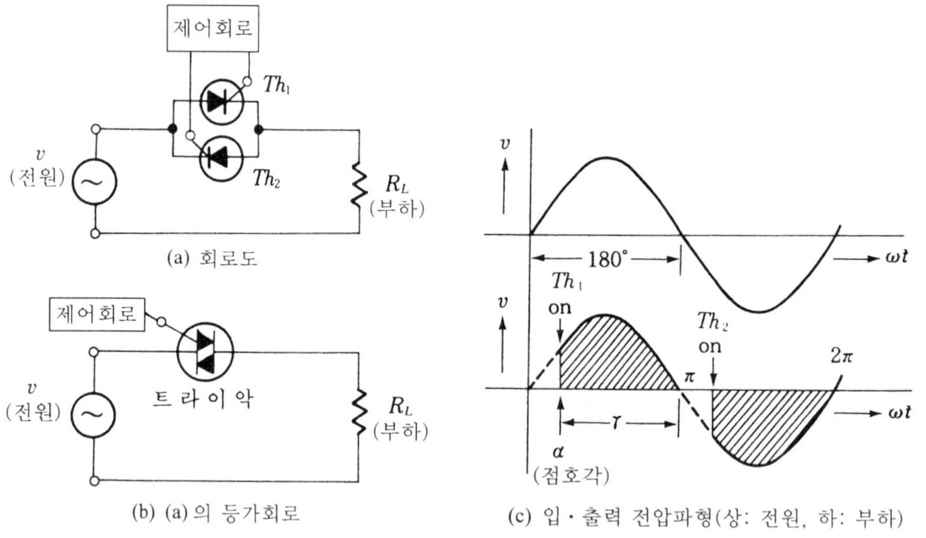

그림 7-32 | 단상 교류제어회로

그림 7-33은 4개의 다이오드와 한 개의 사이리스터로 회로구성을 한 것이다.

교류전원의 정(+)의 반주기 동안에는 D_1, Th, D_4를 통해서 부하에 전류가 흐르고, 부(−)의 반주기 동안에는 D_3, Th, D_2를 통해서 전류가 흐르게 된다.

이때 부하전압의 파형은 사이리스터를 역병렬로 접속한 것과 동일하며, 출력전압은 0~100[%]의 범위로 제어된다.

출력전압의 제어는 게이트 제어회로에 의해 사이리스터의 점호각(點弧角)을 조정함으로써 이루어진다.

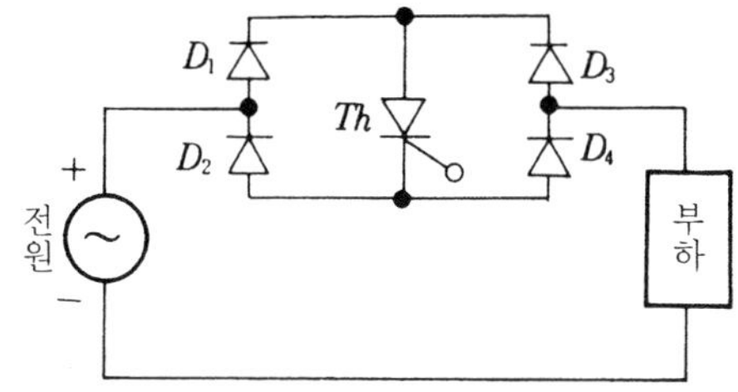

그림 7-33 | 다이오드와 사이리스터를 조합한 단상 교류제어회로

나. 3상 교류제어회로

그림 7-34(a)는 각 상(相)에 사이리스터를 역병렬로 접속하여 주회로를 구성한 3상 교류제어회로이며 그림 7-34(b)는 각 사이리스터의 점호 시퀀스(Firing sequence)를 나타낸 것이다. 먼저 Th_1과 Th_4에 동시에 더블 트리거 펄스(Double trigger pulse)를 가하면 3상 부하에는 U상에서 V상에 전류가 흐르게 된다.

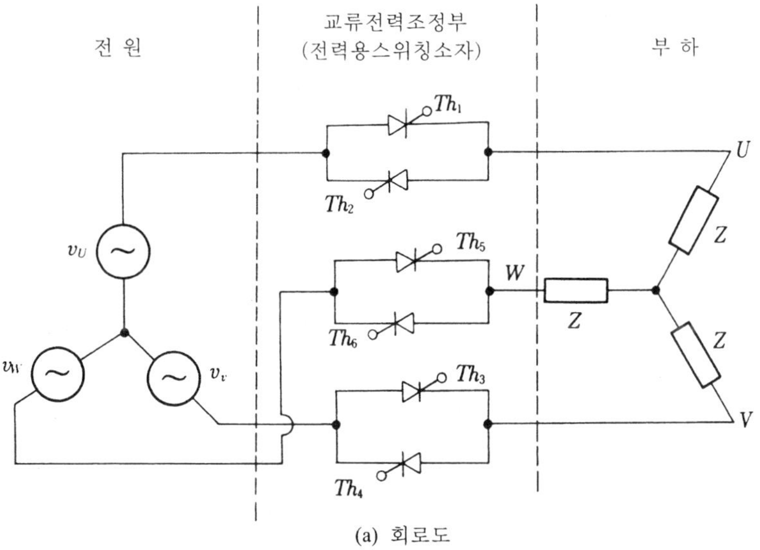

(a) 회로도

그림 7-34 | 3상 교류제어회로

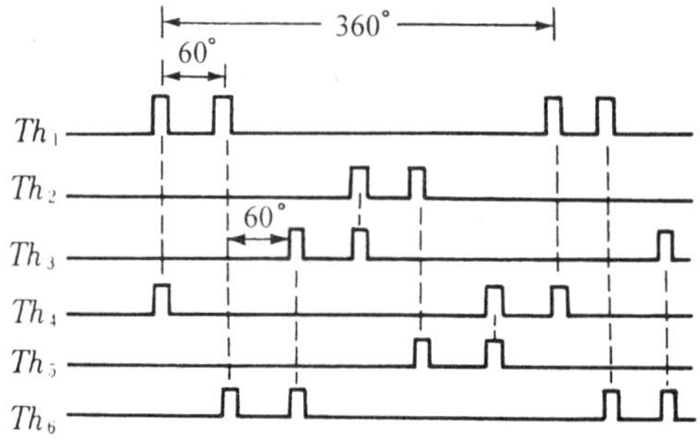

(b) 점호 시퀀스에 관한 타이밍도

그림 7-34 | 3상 교류제어회로(계속)

다음에 60° 늦은 위상(位相)에서 Th_1과 Th_6에 같은 방법으로 더블 트리거 펄스를 가하면 부하에는 U상에서 W상으로 전류가 흐르고 또 이보다 60° 더 늦은 위상에서 Th_3과 Th_6를 점호하면 V상에서 U상으로 전류가 각각 점호 시퀀스에 따라 순차적으로 부하에 흐르게 된다.

주회로에 사용되는 스위칭소자로는 사이리스터 외에 TRIAC, SSS 등이 있다.

㈜ 제어되는 부하전압은 평형 대칭(平衡對稱)이 될 수 있도록 게이트 제어회로(Gate control circuit)를 설계해야 된다.

3. 초퍼(Chopper)

초퍼(Chopper)는 일정한 직류전압으로 가변 직류전압을 얻는 DC-DC의 직류전력 직접 변환기이다.

다시 말해서 초퍼란 직류회로상에 고속 스위칭 특성을 가진 사이리스터를 주기적으로 ON, OFF하여 ON시간(T_{on})과 OFF시간(T_{off})과의 시간적 비율(時間的比率)을 달리함으로써 부하 양단에 걸리는 전압의 평균치(平均値)를 제어하는 것이다.

따라서 초퍼는 시비율(時比率) 제어(Time ratio cintrol : TRC)라고도 하는 것으로 출력전압의 크기에 따라 강압형(Step-down type)과 승압형(Step-up type)이 있다.

그리고 출력전압의 평균치를 제어하는 방법에는 펄스 폭 변조방식, 펄스 주파수 변조방식, 혼합 변조방식 등이 있다.

가. 펄스 폭 변조방식(Pulse width modulation : PWM)

일정 주기(T_p = const)에서 펄스의 폭(T_{on})을 변화시키는 방법이다.

$$E_{av} = E_d \cdot \frac{T_{on}}{T_p} \qquad (7\text{-}10)$$

단, E_{av} : 출력전압의 평균치[V]

T_p : 초퍼 주기($T_p = T_{on} + T_{off}$)

E_d : 전원전압[V]

나. 펄스 주파수 변조방식(Pulse frequency modulation : PFM)

스위치의 On시간(T_{on})을 일정히 하고, 펄스의 주기 즉 반복주파수 f를 변화시키는 방법이다.

$$E_{av} = E_d \cdot \frac{T_{on}}{T_p} = E_d \cdot T_{on} \cdot f \qquad (7\text{-}11)$$

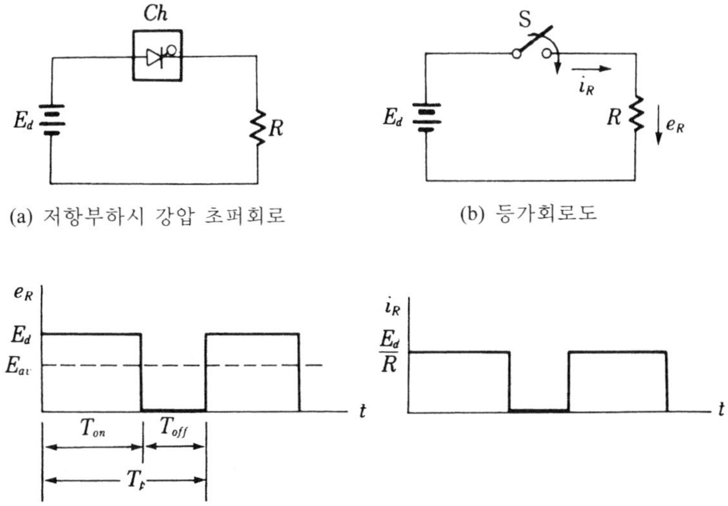

(a) 저항부하시 강압 초퍼회로

(b) 등가회로도

(c) 전압 및 전류 파형(좌: 전압파형, 우: 전류파형)

그림 7-35 | 강압 초퍼회로와 파형

다. 혼합 변조방식(Mixed modulation)

펄스 폭과 펄스 주기가 모두 변화하는 방식이다. PWM과 PFM의 특징을 겸하고 있으며 출력전압을 대폭 변화시키는데 적용된다.

4. 인버터(Inverter)

가. 개요

직류에서 교류로 변환하는 것을 역변환(逆變換)이라 하며, 이러한 기능을 가진 장치를 인버터(Inverter)라 한다.

인버터는 다이리스터(Thyristor), GTO 다이리스터, 트랜지스터 등과 같은 스위칭소자를 사용하여 주회로(主回路)를 구성하며 이들 소자의 게이트(Gate-사이리스터와 GTO 사이리스터) 혹은 베이스(Base-트랜지스터)를 적절한 방법으로 제어하여 직류전압을 **일정전압 일정주파수**(Constant voltage Constant frequency : CVCF) 혹은 **가변전압 가변주파수**(Variable voltage variable frequency : VVVF)의 교류전력으로 변환한다.

인버터의 주회로 구성에 어떤 소자를 사용할 것인가 하는 것은 소자마다 제각기 장·단점이 있으므로 어느 것이 유리하다고 말하기는 어려우나 대체로 소자의 전류용량과 자기소호(自己消弧) 기능 유무에 따라 결정하고 있다.

전류용량은 사이리스터 > GTO 사이리스터 > 트랜지스터 순(順)이며 GTO 사이리스터와 트랜지스터는 자기소호 기능이 있으나 사이리스터는 없다.

이상에서 사이리스터는 자기소호 기능이 없는 반면에 전류용량이 크고, 트랜지스터는 자기소호 기능이 있어 제어성(制御性)은 양호하나 전류용량이 작다.

따라서 대용량의 인버터에는 사이리스터가 사용되며, 소용량에는 트랜지스터가 주로 채용되고 있다.

㈜ CVCF 장치를 무정전(無停電) 전원장치(Uninterruptible power supply : UPS)라고도 한다.

나. 분류

(1) 전류(轉流)방식에 따라

전류전압(轉流電壓)을 얻는 방식에 따라 자려식과 타려식 인버터가 있다.

(가) 자려식(自勵式) 인버터(Self-commutated inverter)

인버터 내부에 전류전압(轉流電壓)을 발생하는 전류회로(轉流回路)를 내장(內藏)한 것이다. 즉 회로 자신이 전류전압을 발생하여 전류(轉流)와 소호(消弧)를 강제적으로 하는 방식이다.

(나) 타려식(他勵式) 인버터(External commutated inverter)

외부의 별개의 전류전압(轉流電壓)에 의해 사이리스터를 강제적으로 소호시키는 방식이다. 교류 상용 전원전압과 부하측에서 발생되는 교류전압이 전류전압이 된다.

(2) 출력파형에 따라

전압형과 전류형 인버터로 구분된다. 그림 7-36과 그림 7-37은 각각 전압형 인버터와 전류형 인버터의 회로 및 출력파형을 나타낸다.

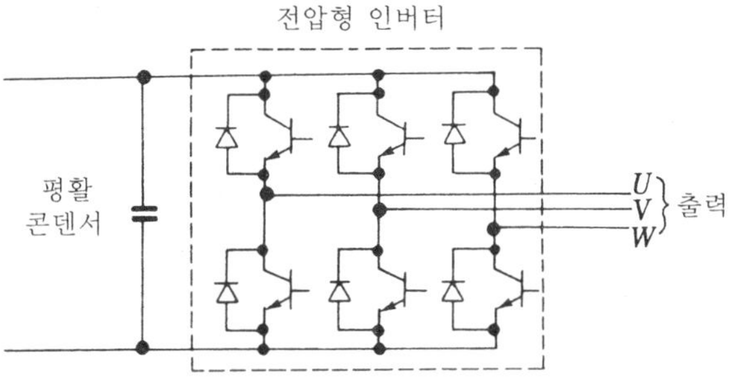

(a) 회로도

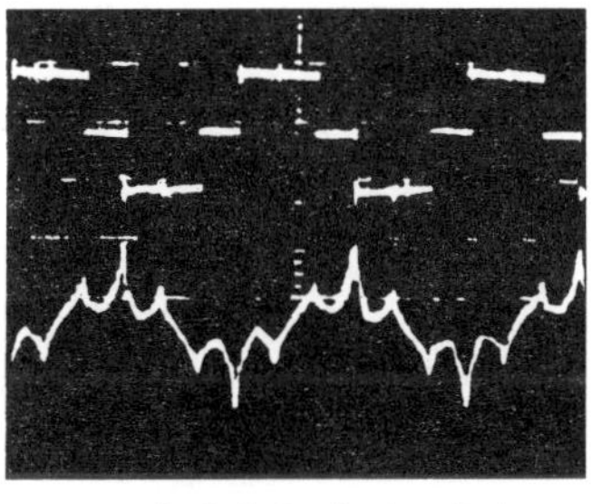

(b) 출력전압 및 전류파형
(상: 전압, 하: 전류)

그림 7-36 | 전압형 인버터

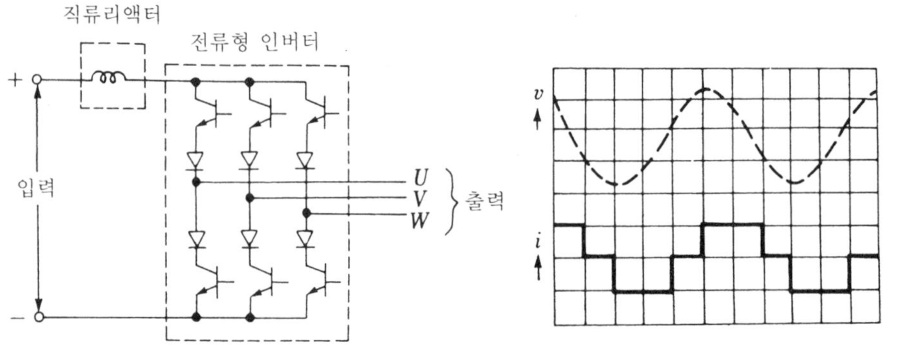

(a) 회로도

(b) 출력전압 및 전류파형
(상: 전압, 하: 전류)

그림 7-37 | 전류형 인버터

(가) 전압형(電壓形) 인버터

직류회로에 대용량의 평활콘덴서와 궤환용 다이오드를 접속한 것으로 교류측 부하의 역률을 변화시키는 경우에 교류 전압파형이 변하지 않는 전력변환기이다. 교류 전압파형은 부하에 무관하며 구형파(矩形波)이다.

(나) 전류형(電流形) 인버터

평활콘덴서나 궤환용 다이오드는 없으나 대용량의 직류 리액터(D.C reactor)가 접속된 것이다. 교류측 부하의 역률을 변화시키는 경우에 교류 전류파형이 변하지 않는 전력변환기로서 교류 전력파형이 구형파로 된다.

(3) 상수(相數)에 따라서

단상(單相) 인버터와 3상 인버터가 있다.

다. 전류(轉流)

전력용 반도체소자는 전류(電流)를 단속(斷續)하는 스위치로 간주할 수 있으며, 이런 스위치에 의해 전류의 흐름이 바뀌는 것을 **전류(轉流; commutation)**라 한다. 이러한 전류에는 자연전류(自然轉流)와 강제전류(强制轉流)가 있다.

(1) 자연전류(Natural commutation)

점호(點弧) 상태에 있는 사이리스터의 양단에 전원의 극성(極性)이 바뀜으로써 역전압(逆電壓)이 걸려 자연적으로 사이리스터가 소호(消弧)되는 것이다.

(2) 강제전류(Forced commutation)

변환장치에 비치한 에너지 축적요소 즉 전류콘덴서(Commutation condenser)에 의해 전류(電流)가 행해지는 것이다.

라. 인버터의 작동원리

그림 7-38과 그림 7-39는 3상 전류형 인버터(Current source inverter : CSI)에 대한 주전력구동회로와 점호사이클(Gating cycle)을 각각 나타낸다.

직류전력을 가변 주파수의 교류전력으로 역변환 하는데 6개의 사이리스터 스위칭소자 $Th_1 - Th_6$를 사용하여 3상 브리지회로(Bridge circuit)로 구성하고 제어회로에서 정해진 점호시퀀스(Firing sequence)에 따라 게이팅(Gating)한다.

이때 사이리스터는 $Th_1 - Th_2 - Th_3 - Th_4 - Th_5 - Th_6$의 순으로 120°폭(幅) 60°의 위상차(位相差)로 점호되며, 항시 $Th_1 - Th_6$, $Th_2 - Th_1$, $Th_3 - Th_2$, $Th_4 - Th_3$, $Th_5 - Th_4$, $Th_6 - Th_5$ 등으로 동시에 도통될 수 있도록 더블 트리거 펄스(Double trigger pulse)가 게이트 신호발생기(Gate pulse generator : GPG)에서 주어진다.

이때 사용되는 사이리스터 소자는 고속형(高速型)이며 전류(轉流)시 서지(Surge) 전압에 대한 소자의 보호를 위해 각 사이리스터의 애노우드(A)와 캐소우드(K) 사이에 병렬로 과전압 방지회로(Snubber circuit)를 설치한다.

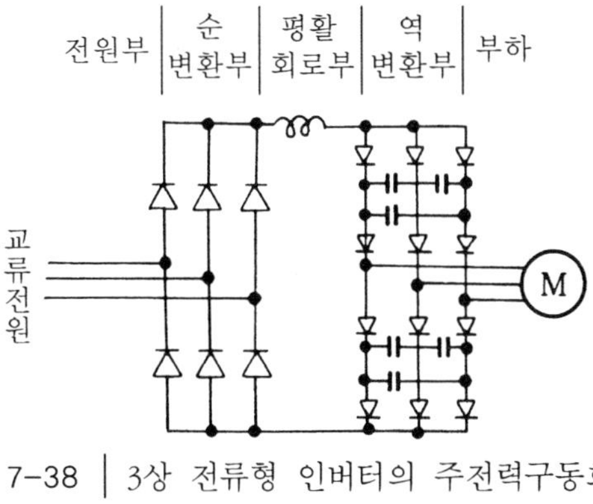

그림 7-38 | 3상 전류형 인버터의 주전력구동회로

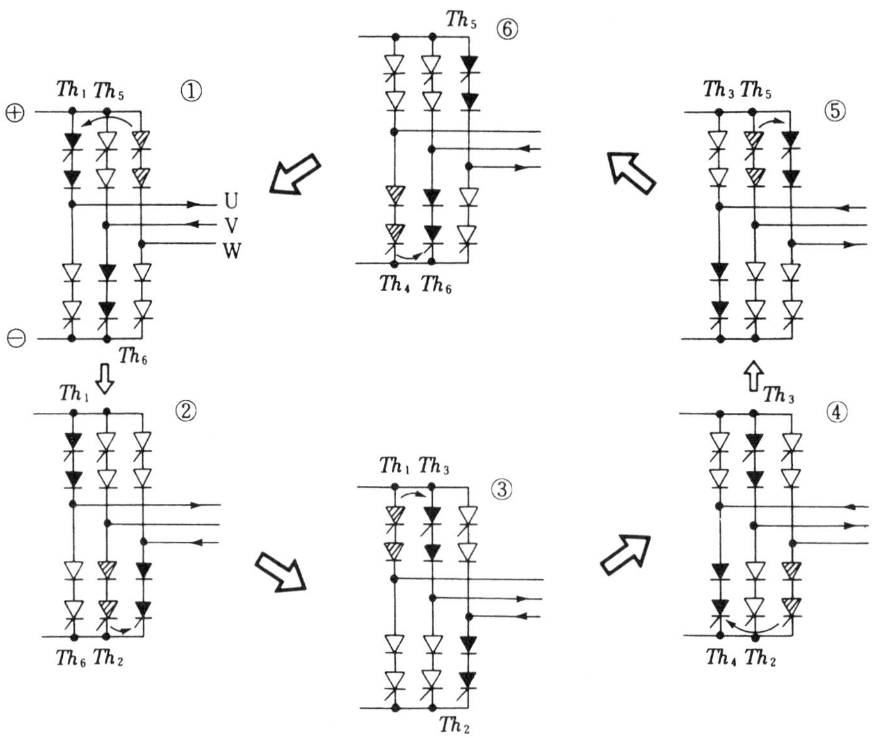

그림 7-39 | 3상 전류형 인버터의 점호사이클

연습문제

문제 … 1 전원의 정전압(定電壓)을 얻는 회로에 사용되는 반도체는?

정답 제너 다이오드(Zener diode)

주) 전원 전압을 안정하게 유지한다.

문제 … 2 펄스 발생소자로서 성능이 가장 우수한 것은?

정답 UJT(Uni-junction transistor)

문제 … 3 전기저항이 온도가 상승할수록 감소되는 것은?

정답 탄소, 반도체 등

문제 … 4 순 저항성 부하의 경우, 반파 정류회로에서의 전압의 평균치와 실효치는?

정답 평균치는 $\frac{V_m}{\pi}$이고 실효치는 $\frac{V_m}{2}$이다.
단, V_m : 최대치

문제 … 5 순 저항성 부하의 경우, 전파 정류회로에서의 전압의 평균치와 실효치는?

정답 평균치는 $\frac{2}{\pi}V_m$이고 실효치는 $\frac{1}{\sqrt{2}}V_m$이다.

문제 … 6 실리콘 다이오드의 정격(定格)을 나타내는 용어 중에서 중요한 두 가지 요소는 무엇인가?

정답 최대 역방향 전압(PIV)과 순방향 최대전류

문제 … 7 단상 브리지 회로구성을 위해 필요한 실리콘 다이오드의 숫자는?

정답 4개

문제 … 8 3상 전파정류 회로구성을 위해서는 실리콘 다이오드 몇 개가 필요한가?

정답 6개

문제 … 9 P형 반도체의 주 반송자(carrier)는 무엇인가?

정답 정공(Hole)

문제 … 10 반도체로 만든 P-N 접합은 무슨 작용을 하는가?

정답 정류작용

문제 … 11 반도체의 모체(母體)로서 가장 좋은 원소는?

정답 실리콘(S_i)

문제 … 12 사이리스터의 게이트 전압은 대개 몇 볼트 정도인가?

정답 2~3[V]

문제 … 13 사이리스터의 게이트 전류는 몇 암페어 정도인가?

정답 수 100[mA]

문제 … 14 P형 반도체를 만들기 위해서 몇 가(價)의 원소를 불순물로 사용하는가?

정답 3가

문제 … 15 N형 반도체를 만들기 위해 첨가하는 불순물은?

정답 안티몬(Sb), 비소(As), 비스머스(Bi), 인(P) 등의 5가(價) 원소

문제 … 16 온도 보상용 저항으로 사용하는 반도체 소자는?

정답 더미스터(Thermister)

문제 … 17 게이트에 순방향 신호펄스를 순간만 가한 경우 계속해서 전류가 유지되는 반도체 소자는?

정답 사이리스터

문제 … 18 빛을 전류로 변환시키는 소자로서 감도가 가장 좋은 것은?

정답 포토 트랜지스터(Photo transistor)

문제 … 19 반도체 스트레인 게이지(Semiconductor strain gage)는 어떤 효과(Effect)를 이용한 것인가?

정답 피에조 저항효과

㈜ 반도체 스트레인 게이지는 피에조 저항효과를 이용하여 기계적 비틀림을 저항의 변화로 바꾸는 소자이다. 저항값은 100[Ω]~5[KΩ] 정도이다.

문제 … 20 다음 그림은 어떤 회로를 나타내는가?

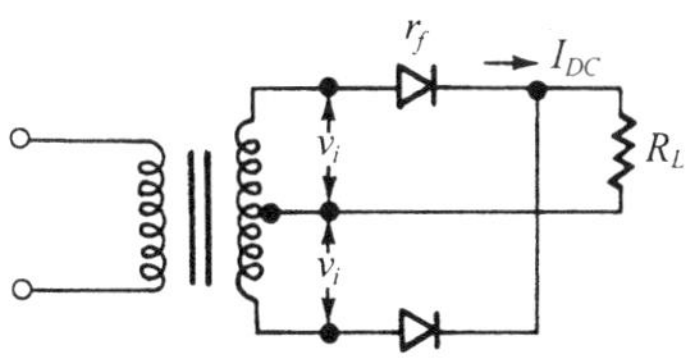

정답 중간탭(Center-tap) 단상 전파정류회로

문제 … 21 4가의 반도체에 5가의 원소를 첨가하여 만든 반도체의 명칭은?

정답 N형 반도체

문제 … 22 P-N 접합 사이에 생기는 공핍층의 폭 변화에 따라 전류가 가감되는 반도체는?

정답 전계 효과 트랜지스터(FET)

㈜ 제어단자인 게이트에 역방향전압(V_{GS})을 가하여 드레인 전류를 제어한다.

문제 … 23 트랜지스터의 동작특성은 어떤 논리게이트와 같은가?

정답 NOT gate

문제 … 24 전동기의 속도제어에 주로 사용되는 반도체는?

정답 사이리스터(Thyristor)

문제 … 25 다음 그림과 같은 특성을 나타내는 반도체소자의 명칭은?

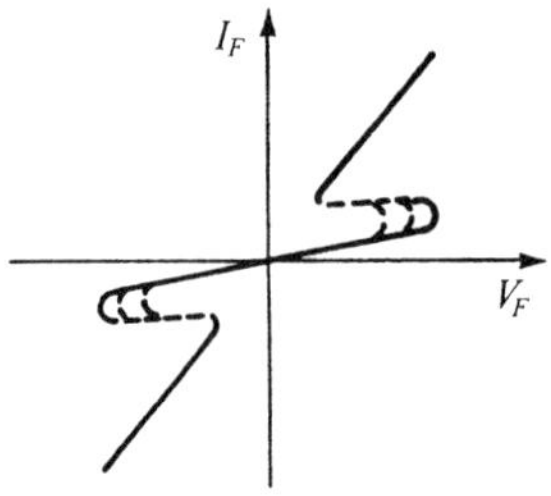

정답 트라이악(TRIAC)

문제 … 26 사이리스터의 게이트 신호의 파형으로 주로 쓰이는 것은?

정답 펄스파

문제 … 27 사이리스터의 애노우드 전류(陽極電流)가 15[A]일 때 게이트 전류를 $\frac{1}{2}$로 감소시키면 애노우드 전류는 어떻게 되는가?

정답 15[A]가 그대로 흐른다.

㈜ 사이리스터는 일단 도통(Turn-on) 상태가 되면 전류가 유지전류(維持電流) 이상으로 되는 한 게이트 전류의 크기 및 유무에 관계없이 일정하게 된다.

문제 … 28 서로 다른 종류의 두 도체 또는 반도체를 접합하여 폐회로를 만들고 한쪽 접합점을 가열하여 온도차를 주면 열기전력이 발생하여 전류가 흐르는 현상을 무엇이라 하는가?

정답 제에벡효과(Seebeck effect)

문제 … 29 진공관에 대한 트랜지스터의 장점은?

정답 · 소형 경량이다. · 필라멘트의 가열 전원이 필요 없다.
· 수명이 길다. · 잡음이 거의 없다. · 진공이 필요 없다.

문제 … 30 트랜지스터가 하는 기능에는 어떤 것이 있는가?

정답 스위칭작용, 증폭작용

문제 … 31 다음 그림의 반파 정류회로의 다이오드에 가해지는 전압은 $v_i = 120\sin\left(\omega t + \frac{\pi}{6}\right)$[V]이다. PIV를 계산하라.

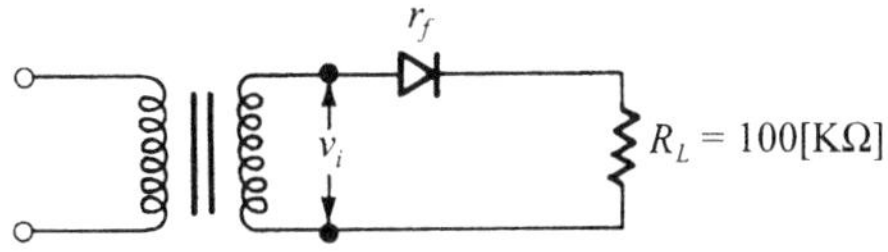

풀이 반파 정류회로에서 $PIV = V_m$이다.

$\therefore$ PIV = 120[V]

문제 … 32 다음 중간탭 전파 정류회로에서 $r_f = 20[\Omega]$, $R_L = 70[K\Omega]$이며 중간탭과 단자 사이의 교류 실효치 전압은 120[V]이다. 각 다이오드에 걸리는 PIV를 계산하라.

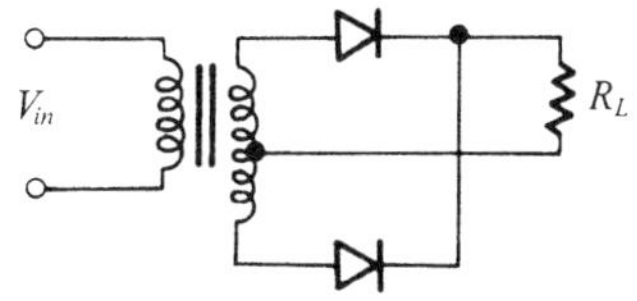

풀이 중간탭 전파 정류회로에서 $PIV = 2V_m$이다.

그런데 실효치 $= \frac{1}{\sqrt{2}}$ 최대치이므로

$$V_m = \sqrt{2} \times \text{실효치}$$
$$= 120\sqrt{2}\,[V]$$

따라서 구하고자 하는 값은 다음과 같이 구해진다.

$PIV = 2 \times 120\sqrt{2} \fallingdotseq 339[V]$

문제 … 33 그림과 같은 단상 브리지 회로의 a, b 단자 사이에 정현파 전압 v[V]를 인가했을 때 부하저항 100[Ω]에 흐르는 전류의 실효치가 5[A]라 하면 평균치는 몇 [A] 인가?

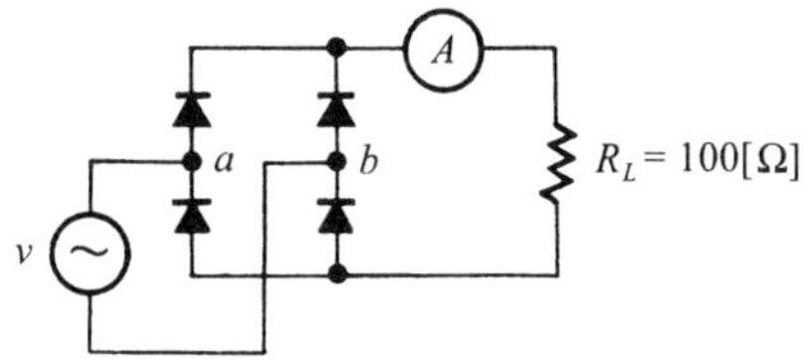

풀이 $I_{av} = \frac{2}{\pi} I_m = \frac{2}{\pi} \cdot \sqrt{2}\, I$

$= \frac{2}{\pi} \times \sqrt{2} \times 5 = 4.5[A]$

문제 … 34 다이리스터의 V-I 특성곡선을 그림을 그려 설명하라.

힌트 다이리스터의 동작원리 참조

문제 … 35 PNP형 트랜지스터의 동작원리를 설명하라.

힌트 트랜지스터의 동작원리 참조

제 8 장

전기전자응용

[8-1] 전기조명(電氣照明)

1. 조명에 관한 용어

광원(光源)으로부터 나오는 빛의 양, 밝기, 세기 등을 나타내는 용어에는 다음과 같은 것이 있다.

가. 광속(光束; Luminous flux)

광원(光源)으로부터 방사(放射)에너지를 시감도(視感度)에 따라 측정한 값이다. 단위는 루멘(Lumen)[lm]이다. 광원으로부터 광속(光束)이 많이 나오면 밝은 광원이고 적게 나오면 어두운 광원이라고 할 수 있다. 100[W]의 백열전구로부터는 약 1,500[lm]의 광속이 나오고, 20[W]의 형광등에서는 약 1,000[lm]의 광속이 발생한다.

나. 광도(光度; Luminous intensity)

광원으로부터 모든 방향으로 빛이 발산되고 있으나 그 방향에 따라 빛의 발산이 달라지게 된다. 이처럼 어떤 방향에 대한 빛의 세기를 광도(Luminous intensity)라 한다. 단위는 칸델라(Candela)[cd]를 사용한다.

광도를 I [cd]라 하고, 광속을 F [lm], 입체각을 w [Steradian]이라 하면

$$I = F/w \text{ [cd]} \tag{8-1}$$

의 관계가 있다.

여기서 광도(光度)는 광원(光源)에서 어떤 방향에 대한 단위 입체각(單位立體角) 당의 광속(光速)임을 알 수 있다. 광도의 측정에는 광도계(光度計; Photometer)가 사용된다.

다. 조도(照度; Intensity of illumination)

광원에 의해 조명(照明)되고 있는 면의 밝기를 나타내는 용어로서 단위는 룩스(Lux) [lx]가 사용된다. 독서에 적당한 조도는 200 ~ 500 [lx]이다. 조도(照度)는 단위면적에 입사(入射)되는 광속(光速)으로 다음 식과 같이 나타내어진다.

$$E = F / A \, [\mathrm{lx}] \tag{8-2}$$

단, E : 조도 [lx],

F : 광속 [lm],

A : 면적 [m^2]

라. 휘도(輝度; Brightness, or Luminance)

빛의 반사체 표면의 밝기를 나타내는 용어이다.

광원을 볼 때 강하게 빛나 보이는데 이처럼 빛나는 정도를 휘도라 하며 광원의 어떤 방향에서 본 단위 투영면적당의 광도로 나타낸다. 수식으로는

$$B = I / A \cdot \cos\theta \, [\mathrm{nt}] \tag{8-3}$$

단, B : 발광면(發光面)의 휘도 [nt],

I : 광도 [cd],

θ : 위상각 [deg]

이고, 단위로는 니트(nit), [nt]와 스틸브(Stilb), [sb]가 쓰이는데 실용단위는 [sb]이다.

주) [nt] = [cd/m^2]이고, [sb] = [cd/m^2]이다.

2. 광원(光源)

광원에는 백열전구, 방전등, 고체등이 있다.

가. 백열전구(白熱電球; Incandescent lamp)

유리구 내의 필라멘트(Filament)에 전류를 흘려서 필라멘트를 고온으로 가열하여 온도 방사에 의해 발생한 빛을 이용한 것이다. 수명은 1,000~1,500시간 정도이다. 그림 8-1은 백열전구의 구조를 나타낸다.

(1) 필라멘트(Filament)

융점이 3,410[℃]로 높고 증발속도가 느리며 가는 선으로 쉽게 가공할 수 있는 텅스텐(Tungsten)이 많이 사용된다. 대체로 진공 전구에서는 직선 필라멘트가 사용되고 있으나 가스입 전구에서는 코일 모양으로 감은 필라멘트(Coiled filament)가 사용되고 있다.

(2) 유리구

크기는 필라멘트의 점등온도를 고려하여 너무 높은 온도가 되지 않을 정도의 것을 선택하여야 한다.

(3) 봉입가스

전구의 흑화(黑化; Blacking)현상을 방지하기 위해 통상 40[W] 이상의 전구에서는 질소와 아르곤이 사용된다. 질소나 아르곤 같은 불활성(不活性)가스를 사용하면 텅스텐의 증발을 억제할 수 있으므로 필라멘트의 온도를 높일 수 있어 효율이 상승한다.

(4) 앵커(Anchor)

지지선(Support wire)을 의미한다. 필라멘트를 견고히 지지(支持)하며, 내열(耐熱) 내진성(耐振性)이 강해야 한다. 몰리브덴이나 이것의 합금이 사용된다.

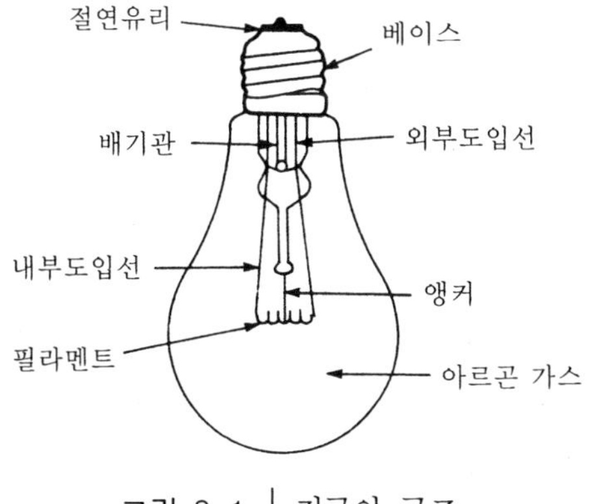

그림 8-1 | 전구의 구조

나. 방전등(放電燈; Discharge lamp)

기체 또는 증기속에서의 방전(放電)을 이용한 전등으로 탄소 아아크등과 같이 전극(電極)의 발광을 이용한 것도 있지만 일반적으로는 봉입 기체 또는 증기의 발광을 이용한다. 여기에는 형광등, 수온등, 네온관등, 아아크등 들이 있다.

(1) 형광등(螢光燈; Fluorescent lamp)

유리관 내에 소량의 수은과 5~6 mmHg 정도의 아르곤 또는 네온 가스를 봉입한 저압 열음극 수은등의 일종이다. 이것은 유리관 내벽에 형광물질을 발라두고 글로우 방전(Glow discharge)에 의해 발생한 강한 자외선(紫外線-파장 약 2537[Å])을 비쳐서 어떤 일정 파장의 가시광선 즉 형광(螢光)을 내도록 한 것이다.

형광등은 형광물질의 배합에 따라 표 8-1과 같은 여러 가지 색(色)을 얻을 수 있으며, 백열전구에 비해 효율은 4배 정도 그리고 수명은 2배 정도 길다.

표 8-1 | 형광물질과 색깔

형광물질	색 깔	형광물질	색 깔
텅스텐산(酸) 칼슘	청 색	규산(硅酸) 아연	녹 색
붕산(硼酸) 카드뮴	적 색	규산 아연 베릴륨	황백색

또한 방전으로 자외선에 의해 형광물질로부터 형광(螢光)이 발산되므로 눈이 덜 부시고 빛이 부드러우며 그늘이 뚜렷하게 생기지 않는 것이 특색이다.

그림 8-2는 예열 시동형(豫熱始動形; Preheating start type) 형광등의 점등회로(點燈回路)를 나타내는데 동작원리는 다음과 같다.

먼저 스위치를 닫으면 점등관(點燈管) 내의 바이메탈(Bi-metal) 전극과 고체 전극 사이에 전압이 가해져 그 점등관에 봉입(封入)된 네온 또는 아르곤 가스의 글로우 방전(Glow discharge)이 일어나게 된다. 이 방전에 의한 열로서 바이메탈로 되어 있는 가동전극이 팽창하여 고정전극과 접촉됨으로써 형광 방전관의 양쪽 필라멘트에 전류가 흘러 필라멘트가 가열(加熱)된다.

이때 점등관 내의 두 전극은 접촉되어 있기 때문에 방전은 없어지고 열이 더 이상 생기지 않게 된다. 따라서 가동전극이 냉각 및 수축되어 두 전극은 떨어지게 되고 그 순간 안정기(安定器; Ballast) 내의 초크 코일(Choke choil)에 자기유도작용(自己誘導作用)에 의한 고전압이 유기되어 형광등의 두 전극 사이에 방전(放電)이 개시된다. 즉 형광등이 점등(點燈)되는 것이다.

그리고 점등관과 병렬로 연결된 콘덴서는 0.006[μF] 정도의 용량으로 라디오의 잡음 방지 및 역률 개선용으로 사용된다. 대체로 형광등의 수명은 약 5,000~12,000시간 정도이다.

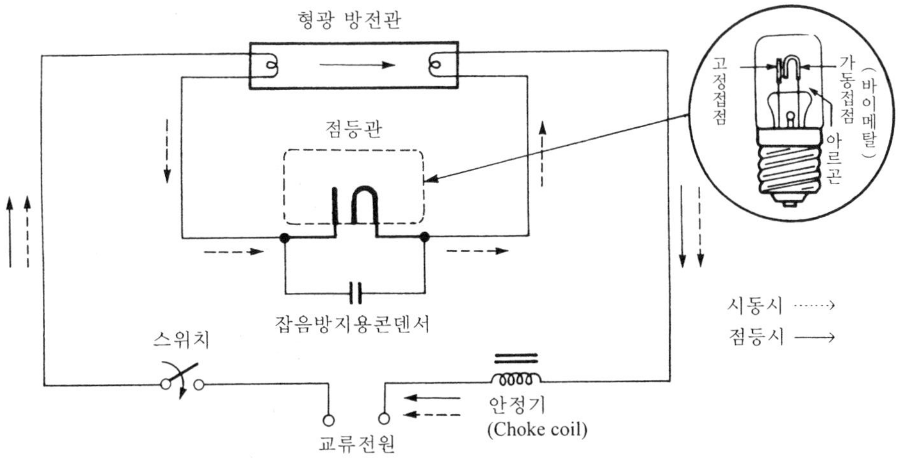

그림 8-2 | 형광등의 점등회로

(2) 수은등(水銀燈: Mercury arc lamp)

유리관 내에 봉입된 수은 증기압 중의 방전을 이용하는 것으로 수은 증기압에 따라 저압 수은등, 고압 수은등, 초고압 수은등 등이 있다. 수은 증기압이 0.01[mmHg] 정도인 저압 수은등은 자외선(紫外線: 2,537[Å])이 많으므로 살균, 소독, 식품 보존 등에 이용되고, 고압 및 초고압 수은등은 조명(照明)에 쓰인다.

그림 8-3은 고압 수은등(800mmHg)의 구조를 나타낸다.

여기서 고압 수은등은 발광관(發光管)과 외관(外管)으로 이뤄져 있으며, 발광관은 보통 석영제로서 내부에는 1쌍의 주전극(主電極)과 1~2개의 시동 보조전극(補助電極)이 들어 있고, 일정량의 수은과 아르곤이 봉입되어 있다.

그리고 외관(外管)은 발광관의 보호, 금속 부품의 산화(酸化) 방지, 자외선의 차단 등을 목적으로 질소가스가 봉입되어 있다.

이 등에 전원이 연결되면 주전극과 시동 보조전극 사이에 봉입된 아르곤 가스를 매개로 글로우 방전이 일어나며 이때 발생된 열로 액체상태의 수은이 증기화(蒸氣化)된다. 그래서 양단의 주전극 사이에 수은 증기의 주방전(主放電)이 일어나 약 5분 후에 점등(點燈)이 완료된다. 또 한번 소등되면 발광관(發光管)이 식을 때까지 약 10분 정도의 시간을 기다리지 않으면 재 점등되지 않는 결점이 있다.

주로 공원, 광장, 도로, 천정이 높은 공장 등에 사용되고 있다.

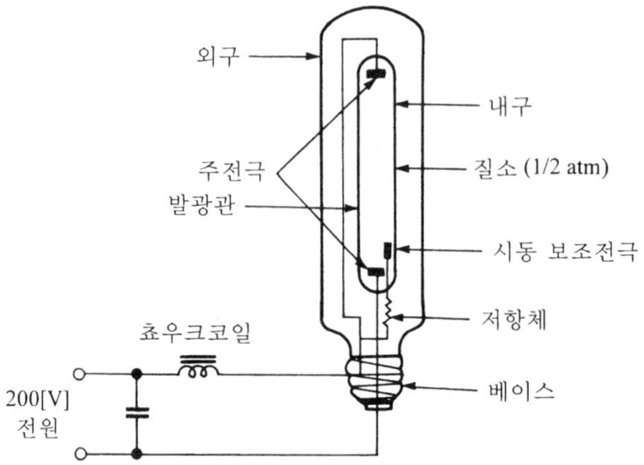

그림 8-3 | 고압 수은등의 구조

(3) 네온관등(Neon tube lamp)

관의 직경이 15mm 정도, 길이가 0.5~10m 정도의 가늘고 긴 유리관의 양단에 전극을 설치하고 수 mmHg 정도의 압력으로 네온이나 아르곤 등의 불활성가스 또는 수은을 봉입한 후 고압의 교류를 인가하여 글로우 방전이 일어나도록 한 것이다.

이 등은 네온사인(Neon sign)이라고 불리는 것으로 봉입한 가스(Ne, Ar, He) 및 사용한 유리관의 색에 따라서 청, 녹, 백, 황, 적 등의 여러 가지 색을 얻을 수 있어 광고용이나 장식용으로 많이 사용된다.

설계 시 점등에 필요한 전압은 네온관 1m당 1,000[V] 정도이며 네온 트랜스(자기누설변압기)에 의해서 고전압을 얻고 있다. 수명은 3,000~15,000시간 정도이다.

㈜ 전기설비 기준에 의하면 전압은 15,000[V] 이하이고 단락전류는 50[mA] 이하이다.

다. LED 램프

LED를 사용하여 만든 조명기구이다.

LED(Light emitting diode, 발광다이오드)는 p-n접합부에 전류가 흐르면 빛을 내는 반도체소자로서 1960년대 개발되어 주로 휴대폰의 액정표시장치(LCD)나 전광판 등에 사용되었으나 지난 10여년 사이에 조명에 적용되어 다양한 광원으로 실용화되고 있다.

(1) LED의 기본 개요

① 1-4V의 직류전압이 필요하며 소비전류는 1-50mA 정도이다.

② 색상은 사용되는 재료에 따라 다르다.
적색, 녹색, 황색이 주류이며 근래에는 청색과 백색이 개발되어 사용중이다.

(2) 특징

① 수명이 반영구적인 광원이다.
LED 램프의 수명은 40,000~50,000시간 정도이다. 백열전구는 1,000~1,500시간, 형광등은 5,000~12,000시간 정도이다.

② 수은을 사용하지 않는 환경 친화적인 광원이다.
수은과 같은 중금속을 사용하지 않아 환경을 파괴하지 않는다.

③ 기존 광원에 비해 에너지 절감 효과가 크다.
전력 소비가 기존 전구의 1/20~1/50 정도이다.

④ 작은 광원이므로 소형화 및 경량화 할 수 있다.

⑤ 생산원가가 비싸고 휘도(밝기)가 다소 떨어지는 단점이 있다.

(3) 용도

교통신호등, 자동차 실내/외등, 비상구 표시등, Solar LED 가로등, 경관 조명등 등의 광원으로 넓게 사용되고 있다.

라. HID 램프

HID(High intensity discharge) 램프는 고압방전 램프이다.

기본원리는 형광등과 동일하며 발광관 내의 방전에 의해 빛을 발생시킨다. 형광등에 비해 발광관 내에 첨가된 금속 할로겐 화합물의 내부압력과 온도가 높기 때문에 다량의 가시광선이 발생된다.

HID 램프는 점등시 백열전등과는 달리 보조전극이나 점화기(Ignitor) 등을 이용한 점등회로인 안정기가 필요하다.

HID 램프는 백열전구를 대치할 경우 50~70%의 에너지 절감효과가 있다. 실외 조명이나 상업용 조명으로 널리 사용된다.

[8-2] 전열과 응용

전열(電熱)은 전기적에너지(Electrical energy)를 열에너지(Thermal energy)로 변환하는 것이다. 이 전열은 전기 가열(電氣加熱), 열처리, 가정용, 난방 등에 이르기까지 널리 응용되고 있다.

1. 전열의 기초

가. 열량의 단위

열량(熱量)의 단위로는 줄[J], 칼로리[cal], 킬로와트시[KWh] 등이 있는데 주로 킬로칼로리[Kcal]를 많이 사용한다. 1[Kcal]란 1기압[atm] 하에서 1[Kg]의 순수한 물을 1[℃] 높이는데 필요한 열량을 의미한다. 열량단위 간에는

$$1[Kcal] = 4186.05[J] \qquad (8\text{-}4)$$

$$1[J] = 0.239[cal] \qquad (8\text{-}5)$$

$$1[KWh] = 860[Kcal] \qquad (8\text{-}6)$$

의 관계가 있다.

나. 열량과 소요전력

물체의 온도를 상승시키는 데 필요한 유효열량은

$$Q = MC\theta + Mh = M(C\theta + h) \text{ [Kcal]} \tag{8-7}$$

단, Q : 유효열량 [Kcal]

M : 물체의 질량 [Kg]

C : 평균 비열 [Kcal / kg·℃]

θ : 온도차 [℃]

h : 융해 또는 증발시 잠열 [Kcal/kg]

이고, 물체를 가열하려면 유효열량 외에 전도, 대류, 복사 등에 의해 손실되는 열량 Q_L [kcal]와 노(爐) 등에 축적되는 축열량(蓄熱量) Q_C [kcal]를 공급해야 한다.

따라서 총 공급열량을 Q_T [kcal]라 하면

$$Q_T = Q + Q_L + Q_C \text{ [kcal]} \tag{8-8}$$

가 성립된다.

또 공급열량(供給熱量)에 대한 유효열량(有效熱量)의 비(比)가 열효율(熱效率)이므로

$$\eta = Q / Q_T \tag{8-9}$$

가 되며, 공급열량을 얻기 위한 소요전력(所要電力)은 다음 식으로 나타내어진다.

$$P = \frac{Q}{860\eta T} \text{ [kw]} \tag{8-10}$$

단, P : 소요전력 [kw]

η : 열효율

T : 가열한 시간 [hr]

2. 전기가열방식과 응용

일반적으로 사용되는 전기가열방식에는 저항가열, 아아크 가열, 유도가열, 유전가열 등이 있다. 이 외에도 적외선 가열과 전자 빔 가열 등을 들 수 있다.

가. 저항가열(抵抗加熱)

저항체에 전류를 흘리면 줄열(Joule's heat)이 발생하는 것을 이용한 가열방식이다. 직접식과 간접식이 있는데, 전자는 가열하고자 하는 물체에 직접 전류를 흘려서 가열하는 방식이고, 후자는 발열체(發熱體) 즉 저항체로부터의 열을 복사(輻射), 대류(對流) 및 전도(傳導) 등에 의하여 피열물(被熱物)에 전달하여 가열하는 방식이다.

저항가열에서 저항 $R\,[\Omega]$에 전류 $I\,[\mathrm{A}]$가 흐를 때 발생하는 열량은

$$Q = 0.24 \times 10^{-3} I^2 R\,[\mathrm{Kcal/sec}] \tag{8-11}$$

단, Q: 발열량[Kcal/sec]

이다.

저항가열(Resistance heating)은 저항로(抵抗爐; Resistance furnace), 저항용접(Resistance welding), 가정용 난방, 전열기기, 기타 각종 전기 가열 등에 사용되고 있다.

나. 아아크 가열(Arc heating)

기체중의 아아크 방전(Arc discharge)을 이용하는 것이다.

전극(電極) 간에 아아크 방전이 일어나면 높은 열이 발생하게 되는데 이 열을 가열에 이용하는 방식이 아아크 가열(Arc heating)이다.

여기에는 피열물(被熱物) 자신을 전극(電極) 또는 아아크의 매질로 하여 가열하는 직접식과 아아크 열을 발생하여 복사, 전도, 대류 등에 의해서 피열물에 전달해서 가열하는 간접식이 있다. 아아크 가열은 아아크로(爐) (Arc furnace)와 용접기 등에 이용되고 있다.

다. 유도가열(誘導加熱)

교번자계중에 놓여 있는 도전성(導電性) 물체 내에 생기는 와전류손(Eddy current loss)과 히스테리시스손(Hysteresis loss)에 의한 가열방식이다. 직접식과 간접식이 있다.

직접식은 도전성 피열물(被熱物) 자신에 생기는 와전류손과 히스테리시스손에 의해 가열하는 것이고, 간접식은 절연성(絶緣性)의 피열물을 도전성의 용기 내에 넣고 용기중에서 생기는 와전류손과 히스테리시스손에 의한 열을 전도, 대류, 복사 등의 방법에 의해서 피열물에 전달하는 것이다.

유도가열(誘導加熱; Induction heating)을 이용한 것으로는 유도로(誘導爐; Induction furnace)가 대표적인데, 여기에는 50[Hz] 또는 60[Hz]의 상용주파수 전원을 쓰는 저주파 유도로와 전동발전기(M-G set)에 의한 1~10[KHz] 정도의 주파수를 사용하는 고주파 유도로가 있다.

라. 유전가열(誘電加熱)

고유저항이 큰 반도체 또는 절연물을 전극(電極)간에 넣어 두고 이 전극간에 1~200[MHz]의 고주파 전압을 걸어주면 유전체손(誘電體損)에 의해 열이 발생되는데 이 열을 이용하여 물체를 가열하는 것이 **유전가열(誘電加熱)**이다.

이 방식은 열이 유전체손에 의하여 피열물 자신에 발생하므로 피열물 내부를 균일하게 가열할 수 있으며 온도 상승속도를 임의로 제어할 수 있다.

또 전원이 끊어지면 가열은 즉시 멈추며 주위 물체에 축적된 열에 의한 과열(過熱)은 없으나 효율이 낮고 통신에 유도장애를 주는 결점이 있다. 유전가열은 합성수지 제품의 가공, 목재의 건조 및 접착, 고주파 의료기 등에 이용되고 있다.

㈜ 유전가열용 전원장치

- 사용전압 4,000~12,000[V]
- 출력 1~50[KW]

[8-3] 전동력 응용

1. 전동력 응용의 개요

전동력 응용(Motor application)은 다른 동력에 비해 효율(Efficiency)이 좋고, 소형전동기라 할지라도 경제성이 우수한 장점 때문에 각종 화학공업, 섬유공업, 광공업, 운수교통을 비롯하여 공장, 사무실, 가정에 이르기까지 광범위하게 이용되고 있다.

2. 전동력 방식

가. 직류방식

직류전동기(D.C motor)의 운전에는 직류전원이 필요하다.

전압은 공장용으로 100/200[V], 전차용(電車用)으로 600, 750, 1,500, 3,000[V]가 사용된다. 직류전동기는 제어가 용이하고 광범위한 속도제어를 할 수 있는 반면에 전력을 변환(AC → DC)하고 정류자(Commutator)등을 정비 및 보수해야 하며 고가인 결점이 있다.

나. 교류방식

유도전동기(Induction motor)용 교류방식의 전압으로는 110, 220, 440, 3,300[V] 등이 있다.

교류전동기(A.C motor)는 직류전동기에 비해 견고하고 염가이나 정밀한 속도제어가 어렵고 부하에 대한 속응성(速應性)이 떨어진다.

그러나 최근 전력용 반도체소자의 발달에 따라 가변전압 가변주파수(Variable voltage variable frequency : VVVF)의 전원이 얻어지고 우수한 제어 특성도 가질 수 있게 됨에 따라 직류전동기가 사용되던 곳에 교류전동기로 대치하는 경향이 있다.

3. 전동력 응용의 특징

가. 장점

① 원격제어(Remote control)가 가능하다.

② 전동기는 신뢰도(信賴度)가 높으며 작동이 신속하다.

③ 효율이 높은 소용량의 전동기가 제작되므로 개별운전과 집단운전을 용이하게 실시할 수 있다.

④ 내연기관 및 타 기관에 비해 소형이고, 진동이나 소음이 적으며 배기가스 등을 발생하지 않는다.

⑤ 연료가 필요 없다. 따라서 연료의 운반이나 저장 등의 번거로움이 없다.

⑥ 기동 및 정지 절차가 아주 간단하다.

나. 단점

① 전원의 전압 및 주파수의 변동에 따라 회전수와 토크(Torque)에 영향을 받는다.

② 정전(停電)시에는 예비 전원장치가 필요하다.

③ 물이나 습기 등에 의해 사고가 생기거나 절연(絕緣)이 나빠질 수 있다.

④ 취급 부주의로 감전(感電)사고가 발생될 수 있다.

4. 전동기의 운전과 특성식

가. 입력(Input)

전동기의 종류에 따른 입력식은 다음과 같다.

- 직류전동기 $P_1 = E_S \cdot I\,[\mathrm{W}]$ (8-12)
- 단상교류전동기 $P_1 = E_S \cdot I \cdot \cos\theta\,[\mathrm{W}]$ (8-13)
- 3상교류전동기 $P_1 = \sqrt{3}\,E_S \cdot I \cdot \cos\theta\,[\mathrm{W}]$ (8-14)

단, P_1 : 입력[W] E_S : 공급전압[V]
I : 선전류[A] $\cos\theta$: 역률

나. 출력(Output)

출력은 전동기가 발생하는 기계적 동력으로 다음과 같이 나타내어진다.

$$P_m = \omega T = 2\pi \cdot \frac{N}{60} \cdot T\,[\mathrm{W}] \tag{8-15}$$

$$T = \frac{60P_2}{2\pi N_S}\,[\mathrm{N\cdot m}] \tag{8-16}$$

$$= 0.975\frac{P_2}{N_S}\,[\mathrm{Kg\cdot m}] \tag{8-17}$$

단, P_m : 유도전동기의 출력 [W]
(기계적 동력)
ω : 각속도 [rad/sec]
P_2 : 회전자 입력 [W]
N : 분당 회전속도 [rpm]
N_S : 동기속도 [rpm]
T : 토크 [N·m 혹은 Kg·m]

다. 전동기의 효율

전동기의 효율은 입력에 대한 출력의 비(比)이므로

$$\eta = \frac{P_m}{P_1} \times 100\,[\%] \tag{8-18}$$

$$= \frac{P_1 - P_l}{P_1} \times 100$$

단, P_1: 전동기의 입력 [W] (8-19)
P_l : 전동기의 손실 [W] (권선온도 75℃ 기준)

이다. 위에서 식 (8-18)은 실측효율(Actual efficiency)이고, 식 (8-19)는 규약효율(規約效率; Conventional efficiency)이다.

라. 속도변동률

전동기의 속도변동률은 부하 변동에 의한 속도 변동의 정도를 나타내는 것으로 다음과 같다.

$$\varepsilon = \frac{N_0 - N_1}{N_1} \times 100[\%] \tag{8-20}$$

단, N_0 : 무부하 속도[rpm],

N_1 : 정격부하시 속도[rpm]

여기서 N_0, N_1은 교류의 경우 정격전압, 정격주파수에서의 값이다.

5. 부하의 종류와 특성

서로 다른 종류의 부하는 각각 상이한 고유의 속도-토크 특성을 가진다. 일반적으로 전동기는 부하가 요구하는 토크(Torque, 廻轉力)를 발생하여야 한다.

대체로 부하의 속도-토크 특성과 전동기의 속도-토크 특성이 비슷하면 전동기의 용량은 작아도 되며 속도제어도 효율 좋게 할 수 있다.

가. 정 토크 부하

속도에 관계없이 일정한 토크가 필요한 부하로서 속도가 거의 일정한 것이 많다. 이러한 부하에 적당한 전동기로는 분권전동기(Shunt motor)와 권선형 유도전동기(Wound-rotor induction motor) 등이 있다.

나. 정 출력 부하

속도에 관계없이 일정한 출력을 요하는 부하로서 부하 토크(Load torque)가 증가하면 속도가 떨어지는 특성을 갖는다. 직권전동기(Series motor)와 정류자전동기(Commutator motor) 등이 여기에 속한다.

다. 2승 토크 부하

속도의 제곱에 비례하는 토크를 가진 부하이다. 2승 토크 특성을 갖는 전동기가 없으므로 이 부하에 대해서는 정 토크 특성의 전동기를 통상 사용한다.

다음 표 8-2는 부하의 종류에 따른 속도-토크 및 속도-동력의 특성을 나타낸다.

표 8-2 | 부하에 따른 속도-토크 및 속도-동력 특성

분 류	특성곡선	내 용	부하의 예
정토크 부하	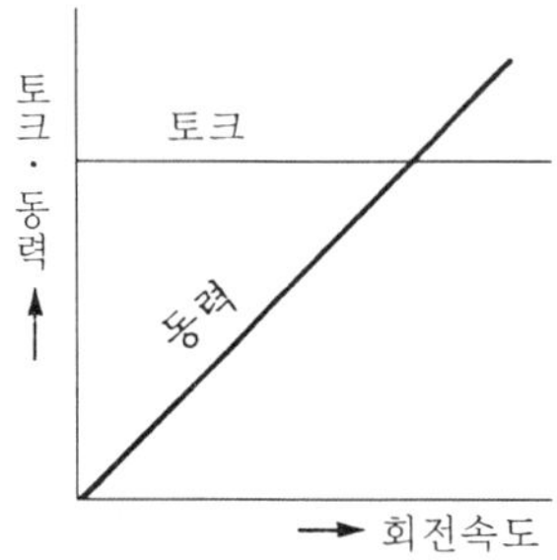	· 토크: 일정 ($T_L \propto \omega^0$(일정)) · 출력: 속도에 비례 ($P_L \propto \omega$)	· 마찰부하 -인쇄기 · 중력부하 -엘리베이터 -컨베이어
정출력 부하	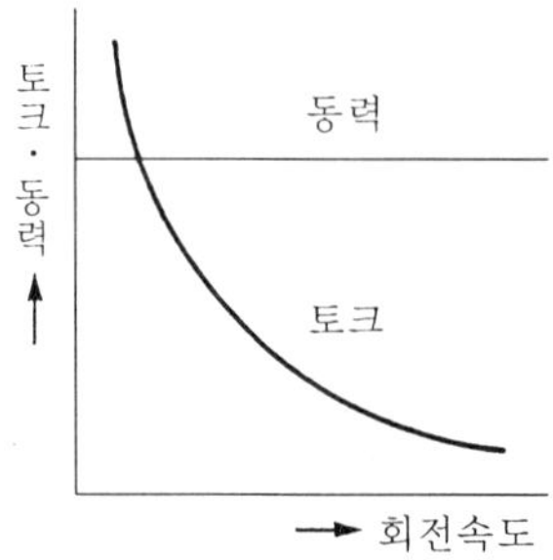	· 토크: 속도에 반비례 $\left(T_L \propto \frac{1}{\omega}\right)$ · 출력: 일정 ($P_L \propto \omega^0$(일정))	· 정출력 발전기 · 공작기계 · 전기차
2승 토크 부하	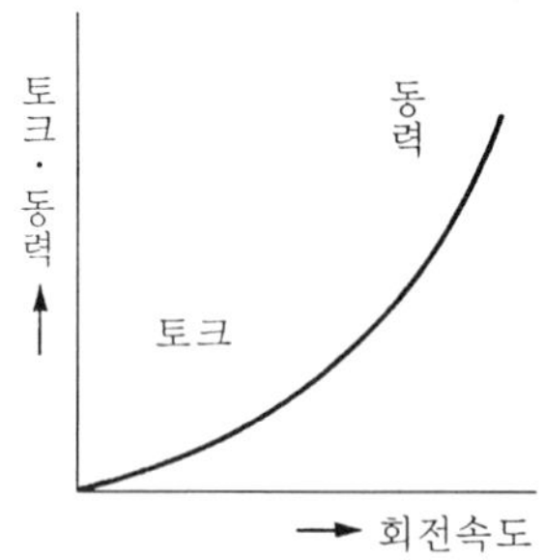	· 토크: 속도의 제곱에 비례 ($T_L \propto \omega^2$) · 출력: 속도의 3승에 비례 ($P_L \propto \omega^3$)	· 유체부하 -송풍기 -펌프

[8-4] 전기화학

1. 개 요

전기화학(電氣化學; Electrochemistry)은 전기현상과 화학변화의 관계를 알아보는 학

문으로서 전지, 전기분해, 전기도금, 표면처리, 전해정련(電解精練) 등에 널리 응용되고 있는 중요한 분야이다.

2. 전지

전지(電池; Cell or Battery)는 화학적 반응에 따라 발생하는 화학에너지(Chemical energy)를 전기적에너지(Electrical energy)로 전환하는 것이다.

이러한 전지에는 화학전지, 연료전지, 물리전지 등이 있으며 화학전지에는 1차전지와 2차전지가 있다. 1차전지는 방전(放電)이 끝나면 폐기되지만 2차전지는 충전(充電)하여 다시 사용할 수 있다.

3. 1차전지

그림 8-4와 같이 묽은 황산(H_2SO_4)중에 구리(Cu)판과 아연(Zn)판을 마주보도록 놓고 외부에 꼬마전등과 전선으로 연결하여 놓으면 구리판으로부터 전선을 통해서 아연판 쪽으로 전기가 통해 꼬마전등에 불이 들어오게 된다.

그리고 내부에서는 다음과 같은 화학변화가 일어나 아연판으로부터 구리판 쪽으로 전류가 흐르게 된다.

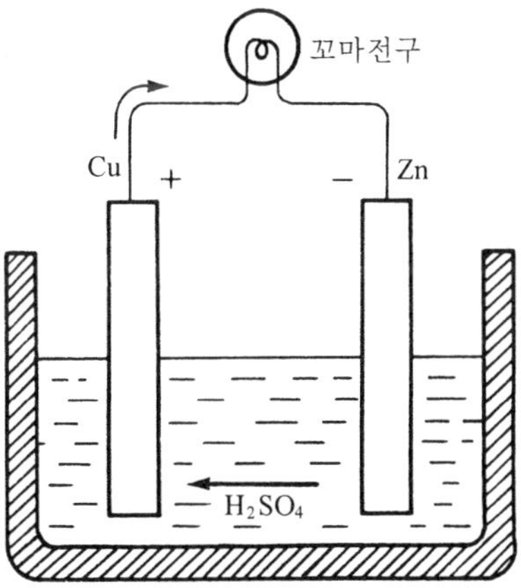

그림 8-4 | 1차전지의 원리

즉

$$구리판 : 2H^+ \rightarrow H_2\uparrow + 2(e^+) \quad (8-21)$$

$$아연판 : Zn+SO_4^{-2} \rightarrow ZnSO_4+2(e^-) \quad (8-22)$$

이다.

이것은 일명 볼타(Volta)전지라고 하는 1차전지(Primary battery)의 하나로서 화학적 에너지를 전기적에너지로 바꿔준다.

여기서 구리판과 아연판을 전극(電極; Electrode)이라 하고 높은 전위쪽인 구리판을 양극(Anode), 낮은 전위쪽인 아연판을 음극(Cathode)이라 하며 묽은 황산(H_2SO_4)을 전해액(電解液; Electrolyte)이라 한다.

주) ① 1차전지는 비가역적(非可逆的)이다.
② 전해액으로 황산 외에 질산이나 염화암모늄 등을 사용할 수 있다.

가. 분극작용

볼타전지를 잘 관찰해 보면 구리판 주위에 수소 이온(H^+)이 H_2로 변하면서 기포가 되어 구리판을 둘러싸며 이에 따라 구리판과 용액과의 접촉 면적이 적어져 전류는 줄어들고 전구의 불은 희미해지게 된다.

이같이 전지의 극판 표면이 다른 물질로 둘러싸여 전류의 흐름이 억제되는 현상을 분극작용(分極作用; Polarization)이라 한다. 이런 분극작용을 방지하기 위해서는 양극에서 석출되는 수소가스를 제거해야 한다. 분극작용을 막기 위해 넣는 물질을 감극제(Depolarizer)라 한다.

나. 내부저항

전지의 기전력은 전지 내부의 저항 성분에 따라 다소 떨어진다. 내부저항값은 전지의 종류, 구조, 전해액의 종류, 온도, 감극제의 종류 등에 따라 다르다.

다. 루구란제 전지와 건전지

루그란제 전지는 양극에 탄소봉, 음극에는 아연판을 사용하고, 전해액으로는 염화암모늄(NH_4Cl)을 사용하며, 감극제로는 이산화망간(MnO_2)을 사용한다.

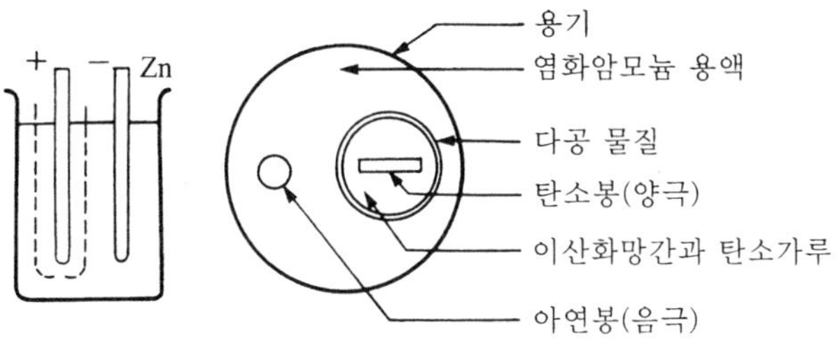

그림 8-5 | 루그란제 전지

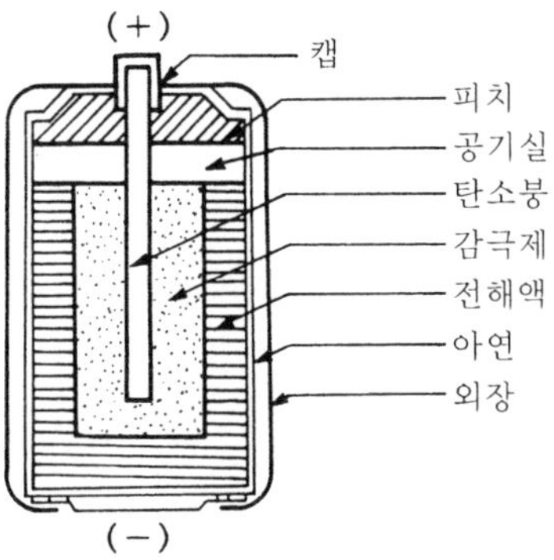

그림 8-6 | 건전지의 구조

그림 8-5는 루구란제 전지의 구조를 나타낸다. 지금까지 소개한 전지는 액상(液狀)의 전해액을 가지므로 휴대가 불편하다. 따라서 이를 개량한 것이 그림 8-6과 같은 건전지이다. 이것은 중앙에 양극의 탄소봉과 외측에 음극이 될 아연판으로 된 함으로 구성되어 있다.

4. 2차전기

전지 내에서 생기는 변화가 가역적(可逆的)이어서 전지를 사용하고 난 다음 외부로부터 전류를 공급하여 전기적에너지(Electrical energy)를 화학적에너지(Chemical energy)로 바꾸어 사용 이전의 상태로 회복시킬 수 있는 것을 **2차전지(二次電池; Secondary cell)**라 한다.

2차전지에는 연축전지(鉛蓄電池), 알칼리 축전지(Alkaline battery), 수은전지(水銀電池) 등이 있다.

가. 연축전지(鉛蓄電池)

(1) 구 조

1881년에 발명된 연(산) 축전지(Lead-acid battery)는 그림 8-7과 같이 양극판, 음극판, 격리판, 전해액, 케이스 등의 아주 간단한 구조로 되어 있으며 성능이 우수하여 널리 쓰이고 있다.

· 양극판(Positive plate, +극판)
과산화연(PbO_2)으로 되어 있다.

· 음극판(Negative plate, -극판)
순수한 연(鉛) (Pb)으로 되어 있다.

· 격리판(隔離板; Separator)
음극판과 양극판을 격리시키는 절연판이다.

· 전해액(電解液)
증류수에 황산(H_2SO_4)을 섞은 27~39% 정도의 유산(Sulfuric acid)이 사용된다.

· 케이스(Case)
극판, 격리판 및 전해액을 담은 그릇이다.

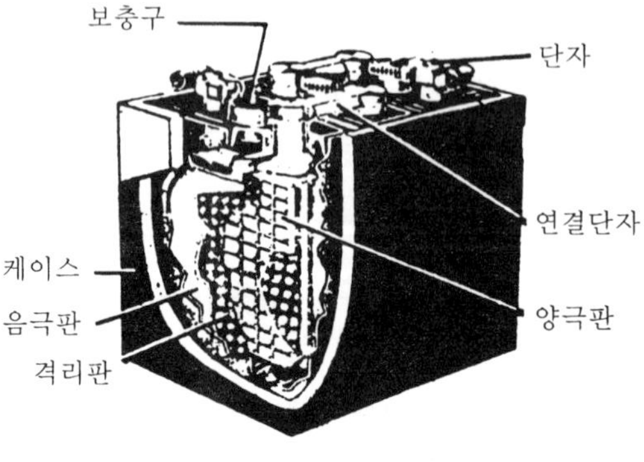

그림 8-7 | 연축전지의 구조

(2) 충전(充電) 및 방전(放電)시의 화학반응

연축전지는 다음과 같은 화학반응을 한다.

(가) 음극반응

$$Pb + SO_4^{-2} \underset{충전}{\overset{방전}{\rightleftarrows}} PbSO_4 + 2e \qquad (8\text{-}23)$$

(나) 양극반응

$$PbO_2 + 4H^+ + SO_4^{-2} + 2e \underset{충전}{\overset{방전}{\rightleftarrows}} PbSO_4 + 2H_2O \qquad (8\text{-}24)$$

따라서 기본 화학반응은

$$Pb + 2H_2SO_4 + SO_4 + PbO_2 \underset{충전}{\overset{방전}{\rightleftarrows}} 2PbSO_4 + 2H_2O \qquad (8\text{-}25)$$

가 된다.

그림 8-8과 그림 8-9는 각각 연축전지의 방전(放電; Discharge)과 충전(充電; Charge)을 나타낸다.

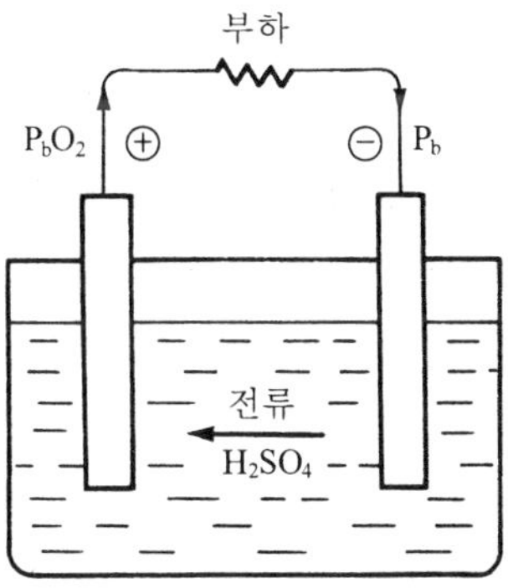

그림 8-8 | 연축전지의 방전

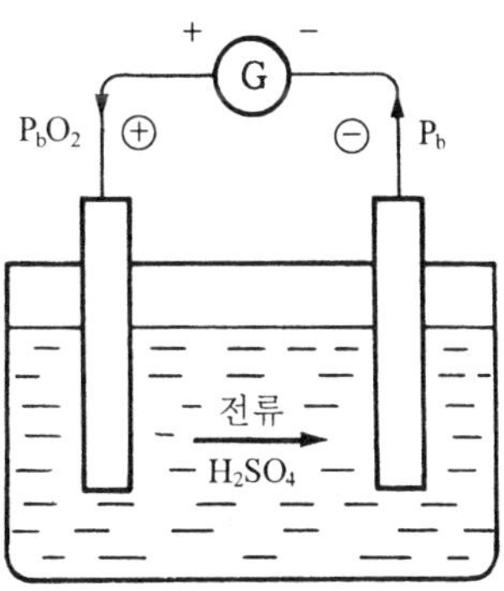

그림 8-9 | 연축전지의 충전

(3) 비중(比重; Specific gravity)

비중은 전해액(電解液)의 농도(濃度)를 나타내는 것으로 비중계(比重計; Hydrometer)에 의해서 측정된다. 축전지를 완전충전(完全充電)시켰을 때의 표준 비중은 1.210~1.220이며, 완전방전(完全放電) 상태의 비중은 1.060이다.

그리고 완전충전 시 기전력(起電力)은 상온에서 보통 2.1[V]이다. 일반적으로 비중이 1.180 이하가 되면 반드시 충전해야 한다.

(4) 축전지 용량

방전율(放電率) A에 방전시간(放電時間) H를 곱한 것이다.

$$C = AH \tag{8-26}$$

단, C : 축전지 용량

이다.

(5) 충전(充電)

축전지에 외부 전원으로부터의 전류를 흘려서 전하를 모으는 것이다.

즉 극판(極板)에 일어나는 화학반응 결과 화학적에너지(Chemical energy)가 발생되는 것을 말한다.

충전방법으로는 충전 시작부터 종료까지 일정한 전압을 공급해서 충전하는 정전압 충전법과 일정한 전류를 공급해서 충전하는 정전류 충전법이 있다.

그리고 충전의 종류에는 초충전, 평상충전, 부동충전, 평형충전, 비상충전 등이 있는데, 초충전(初充電)은 새 극판을 사용하기 위해 긴 시간동안 낮은 전류로 충전하는 것이고 평상충전은 명판에 쓰인 대로 주기적으로 행하는 것이며, 비상충전은 최단 시간 내에 가능한 최대량을 충전하기 위해 높은 전압률로 충전하는 것이다.

(6) 축전지 취급 안전수칙

① 음극(−)은 흑색, 양극(+)은 적색으로 표시해야 한다.

② 비중이 1.180 이하가 되면 충전한다. 너무 자주 충전하면 수명이 짧아진다. 축전지의 내구년한은 4년이다.

③ 축전지를 방전상태로 24시간 이상 방치해서는 안된다. 극판에 붙은 유산연

이 굳어져 풀리지 않아 못쓰게 되기 때문이다.

④ 축전지를 충전하는 동안 화기(담뱃불, 기타 스파크 등)를 엄금하고 통풍을 잘 해야 된다. 이유는 충전 시 수소가스가 발생하는데 공기 중에 4~8%가 섞이면 폭발 위험이 있기 때문이다.

⑤ 충전전류는 반드시 직류(DC)이어야 하고 충전 시 전압은 축전지의 자체 전압보다 약 20% 가량 높아야 한다.

⑥ 각 단자(Terminal)는 헐겁거나 녹슬지 않아야 된다. 헐거워진 연결은 작은 접촉점을 통하여 대전류가 흘러 과열되거나 스파크로 녹아버리기 때문이다.

⑦ 비중검사 시 전해액을 단자에 떨어뜨려서는 안된다.

⑧ 과충전(過充電)해서는 안된다.

나. 알칼리 축전지(Alkaline battery)

(1) 종류 및 구조

알칼리 축전지에는 에디슨 전지와 융그너 전지가 있다.

에디슨(Edison)전지는 수산화 제2니켈($Ni(OH)_3$)을 양극으로 하고, 철분(Fe 紛)을 음극으로 하며, 5[%]의 수산화 리듐(LiOH)을 함유한 수산화칼륨(KOH) 용액을 전해액으로 사용한 것이다.

그리고 융그너(Jüngner)전지의 경우 양극은 에디슨전지와 같으며, 음극은 카드뮴(Cd)분과 철분(Fe紛)을 섞은 것을 사용하며 전해액은 동일하다.

이들 전지의 기전력(起電力)은 어느 것이나 1.3~1.4[V]이며 비중(比重)은 1.20~1.25 정도이고 내부저항은 연축전지보다 크다.

(2) 에디슨 전지의 충·방전시의 화학작용은 다음과 같다.

$$2N_i(OH)_3+Fe \underset{\text{방전}}{\overset{\text{충전}}{\rightleftarrows}} 2N_i(OH)_2+F(OH)_2 \qquad (8\text{-}27)$$

충전 또는 방전시 전해액은 화학반응에 관계하지 않으므로 수산화칼륨(KOH)의 비중은 거의 변화하지 않는다.

신품 전지의 충전시에는 비중 1.23 정도의 전해액을 주입하고 5시간율의 전류로 12~!4시간 정도 초충전(初充電)하여 사용한다.

특히 융그너 전지는 과충전하여도 가스가 발생하지 않으며 밀폐형으로 취급할 수 있어 많이 사용되고 있다.

(3) 알칼리 축전지의 특징

연 축전지에 비해 다음과 같은 특징이 있다.

(가) 장점

① 견고하고 가볍다.

② 과충전이나 과방전에도 잘 견딘다.

③ 방전 종지전압은 없다. 따라서 방전상태가 바닥까지 떨어져도 된다.

④ 수명이 길다.

⑤ 방전상태로 방치해 두어도 고장이 없다.

(나) 단점

① 전압이 낮다.

② 내부저항이 크다.

③ 값이 비싸다.

④ 충전 완료시기를 분별하기 어렵다.

(4) 취급법

① 과전류를 흘려서는 안된다.

② 전해액의 높이를 일정하게 유지해야 한다.

③ 고온의 장소에 두면 나쁘다.

④ 장기간 보관시 에디슨 전지는 완전 방전상태(O[V])로, 융그너 전지는 반방전상태로 하여 각각 전해액을 충만 시킨 후 건냉소에 둔다. 재사용 시에는 초충전의 과정을 되풀이하면 된다.

다. 수은전지(水銀電池; Mercury Cell)

아말감으로 된 아연판을 주름지게 하여 격리판과 함께 감아 용기속에 넣은 것이 수은전지(水銀電池)이다.

이것은 소형 경량으로 전기 용량이 크고 자기방전(自己放電) 및 방전시 전압변동이 적으며 고온이나 충격에 강하고 소형이므로 휴대용 소형 전자기기에 많이 쓰이고 있다.

수은전지는 산화수은(HgO)을 담은 강철 또는 니켈을 용기와 겸해서 양극으로 하고 아연판을 음극으로 하며, 전해액(電解液)으로는 수산화칼륨(KOH)을 사용한다. 기전력은 1.3~1.4[V]이고 동일 용기의 보통 건전지에 비해 체적이 1/3 정도이나 값은 약간 비싼 편이다.

그리고 충·방전시의 화학반응은

$$Zn+H_2O+HgO \underset{\text{방전}}{\overset{\text{충전}}{\rightleftarrows}} ZnO+H_2O+Hg \tag{8-28}$$

이다.

라. 태양전지(太陽電池; Solar Cell)

4가(價)의 실리콘(Si)에 5가(價)의 비소(As)를 가하여 N형 합금으로 하고, 그 표면에 붕소(Boron)를 고체 확산하여 P형 층을 형성한 것으로 이 P-N 반도체의 접합부분에 태양광선(太陽光線)을 조사(照射)하여 태양광에너지를 직접 전기에너지로 변환하는 일종의 광전지(光電池; Photocell)이다.

태양에너지는 지상에서 $100mW/cm^2$이나 인공위성이 돌고 있는 상공에서는 $140mW/cm^2$ 정도로 손쉽게 얻을 수 있는 이점이 있다.

이 전지는 1955년 미국의 벨 연구소가 개발한 것으로 단자 개방시의 전압은 0.45[V]이고, 최적 부하시의 출력은 10[mW] 정도이다. 그리고 효율은 이론적으로 23%이나 실제로는 7~18% 정도이다. 인공위성의 전원이나 산간 벽지의 통신장치의 전원으로 쓰이고 있다. 또 태양광발전에 널리 이용되고 있다.

연습문제

문제 … 1 알칼리 축전지의 전해액은?

정답 수산화칼륨(KOH)

문제 … 2 축전지의 용량을 나타내는 단위는?

정답 AH(Ampere-hour)

문제 … 3 빛, 안개, 연기 중에 잘 통하는 등의 이름은?

정답 나트륨등

주) 나트륨등은 노란색깔을 띄며 터널이나 지하도에 많이 사용된다.

문제 … 4 전기기구나 기타 부하(負荷)를 전원에 연결하여 사용하는 일반적인 방법은?

정답 병렬연결

문제 … 5 고주파 유도가열에 사용하는 주파수의 범위는 얼마 정도인가?

정답 5~20[MHz]

문제 … 6 연 축전지의 완전충전 시 전해액의 비중은 얼마인가?

정답 1.270

문제 … 7 표면가열에 적합한 가열방식은?

정답 적외선 가열

문제 … 8 교번자계 중에 놓여 있는 도전성 물체 내에 발생하는 철손에 의한 가열방식을 무엇이라 하는가?

정답 유도가열

문제 … 9 연 축전지의 전해액은 증류수에 무엇을 혼합하여 만드는가?

정답 황산(H_2SO_4)

문제… 10 알카리 축전지의 충전상태를 검사하는데 사용하는 계기는?

정답 전압계

문제… 11 연 축전지의 방전상태를 알아내는데 가장 좋은 방법은?

정답 비중 또는 전압의 측정

주) 방전하면 비중과 전압이 내려가고 충전하면 반대로 된다.

문제… 12 고압 수은등의 점등에 소요되는 시간은 어느 정도인가?

정답 10분 정도

문제… 13 직류와 교류 모두에 사용할 수 있는 전동기는?

정답 직권전동기

주) 일명, 만능전동기(Universal motor)

문제… 14 유도가열방식은 대체로 어떤 용도에 사용되는가?

정답 금속의 열처리

문제… 15 축전지실은 통풍이 잘되어야 하는데 어떤 이유 때문인가?

정답 수소가스가 축적되어 폭발의 위험이 있기 때문이다.

문제… 16 완전 충전된 500[AH], 6[V]의 연축전지 두 개를 직렬로 연결했을 때의 합성전압과 용량은?

정답 전압 12[V], 용량 500[AH]

문제… 17 동일 전원에 수 개의 전등을 가장 밝게 연결하는 방법은?

정답 각 등을 병렬로 연결한다.

문제… 18 전동력의 응용에 사용되는 부하의 종류에는 어떤 것이 있는가?

정답 정토크부하, 정출력부하, 2승토크부하

문제 … 19 아아크 전류 200[A], 전극간의 전압 60[V]일 때 매 시간당 발열량을 계산하라.

풀이 $Q = 0.24I^2 \cdot R \cdot t \times 10^{-3}$

$= 0.24\,VIt \times 10^{-3}$

$= 0.24 \times 60 \times 200 \times 60 \times 60 \times 10^{-3}$

$= 10{,}368$[Kcal]

문제 … 20 저항 10[Ω]인 전열기에 5[A]의 전류가 흐를 때 3시간 동안의 총 발열량은 몇 칼로리인가?

풀이 총 발열량 : $Q = 0.24I^2 \cdot R \cdot t$

$= 0.24 \times 5^2 \times 10 \times 3 \times 60 \times 60$

$= 643$[Kcal]

단, t[sec]

참고문헌

김동식, 전자회로, 생능출판사, 2004.

대한전기학회, 전기공학편람, 광명인쇄공사, 1975.

대한전기학회, 전기용어집, 대한전기학회, 1981.

박민호, 전동기 제어공학, 동명사, 2003.

박병우 외 4명, 전자기학, 교보문고, 1997.

박이철, 특수반도체소자, 서울과학사, 1983.

송길영, 송배전공학, 동일출판사, 2003.

신철재 외 4명, 전자기학, 청문각, 1997.

오석주 외 1명, 기초반도체공학, 청문각, 1983.

유지윤, 전력전자공학, 생능출판사, 2006.

유춘식, 전기전자공학총론, 연경문화사, 1998.

이규철 외 4명, 현대전기전자공학의 기초, 도서출판 대웅, 1989.

이윤종, 신편전기기계, 동명사, 2008.

이준웅 외 1명, 회로이론, 동명사, 1998.

이해기 외 2명, 시이퀀스와 PLC제어, 도서출판 광명, 2003.

임달호 외 1명, 전자에너지변환공학, 동명사, 1997.

지철근 외 4명, 조명환경원론, 문운당, 2005.

황희융, 디지털논리와 컴퓨터설계, 동일출판사, 2004.

J.R. Cogdedll, Foundations of electrical engineering, Prentice-Hall, Inc., 1990.

Allen E. Durling, An introduction to electrical engineering, Macmillan, 1969.

Durney, Johnson, Introduction to modern electromagnetics, McGraw Hill Book Co., 1969.

J.A. Edminister, Electric circuits, MaGraw-Hill Book Co., 1983.

R.J. Smith, Circuits, Devices, and Systems, John Wiley & Sons, Inc., 1976.

부 록

1. 그리스 문자

대문자	소문자	발 음	대문자	소문자	발 음
A	α	알 파(alpha)	N	ν	뉴 우(nu)
B	β	베 에 타(beta)	Ξ	ξ	크 사 이(xi)
Γ	γ	감 마(gamma)	O	o	오미크론(omicron)
Δ	δ	델 타(delta)	Π	π	파 이(pi)
E	ε	이프실론(epsilon)	P	ρ	로 우(rho)
Z	ζ	제 에 타(zeta)	Σ	σ	시 그 마(sigma)
H	η	에 에 타(eta)	T	τ	타 우(tau)
Θ	θ	시 이 타(theta)	Υ	υ	유우프실론(upsilon)
I	ι	이 오 타(iota)	Φ	$\varphi\ \phi$	화 이(phi)
K	κ	카 파(kappa)	X	χ	카 이(chi)
Λ	λ	람 다(lambda)	Ψ	ψ	프 사 이(psi)
M	μ	뮤 우(mu)	Ω	ω	오 메 가(omega)

2. 원소명과 원소기호

원소명	원소 기호	원자 번호	원소명	원소 기호	원자 번호	원소명	원소 기호	원자 번호
Aluminium	Al	13	Cadmium	Cd	48	Dysprosium	Dy	66
Antimony	Sb	51	Calcium	Ca	20	Erbium	Er	68
Argon	Ar	18	Carbon	C	6	Europium	Eu	63
Arsenic	As	33	Cerium	Ce	58	Fluorine	F	9
Barium	Ba	56	Cesium	Ca	55	Gadolinium	Gd	64
Beryllium	Be	4	Chlorine	Cl	17	Gallium	Ga	31
Bismuth	Bi	83	Chromium	Cr	24	Germanium	Ge	32
Boron	B	5	Cobalt	Co	27	Gold	Au	79
Bromine	Br	35	Copper	Cu	29	Hafnium	Hf	72

원소명	원소 기호	원자 번호	원소명	원소 기호	원자 번호	원소명	원소 기호	원자 번호
Helium	He	2	Nioblum	Nb	41	Strontium	Sr	38
Holmium	Ho	67	Nitrogen	N	7	Sulfur	S	16
Hydrogen	H	1	Osmium	Os	76	Tantalum	Ta	73
Indium	In	49	Oxygen	O	8	Tellurium	Te	52
Iodine	I	53	Palladium	Pd	46	Terbium	Tb	65
Iridium	Ir	77	Phosphorus	P	15	Thallium	Tl	81
Iron	Fe	26	Platinum	Pt	78	Thorium	Th	90
Krypton	Kr	36	Potassium	K	19	Thulium	Tm	69
Lanthanum	La	57	Praseodymium	Pr	59	Tin	Sn	50
Lead	Pb	82	Rhenium	Re	75	Titanium	Ti	22
Lithium	Li	3	Rhodium	Rh	45	Tungsten	W	74
Lutetium	Lu	71	Rubidium	Rb	37	Uranium	U	92
Magnesium	Mg	12	Ruthenium	Ru	44	Vanadium	V	23
Manganese	Mn	25	Samarium	Sm	62	Xenon	Xe	54
Mercury	Hg	80	Scandium	Sc	21	Ytterbium	Yb	70
Molybdenum	Mo	42	Selenium	Se	34	Yttrium	Y	39
Neodymium	Nd	60	Silicon	Si	14	Zinc	Zn	30
Neon	Ne	10	Silver	Ag	47	Zirconium	Zr	40
Nickel	Ni	28	Sodium	Na	11			

3. 단위의 변환

구 분	단위의 변환	
길이(Length)	1 meter [m]	= 3.281 feet[ft]
		= 39.37 inches[in]
각(Angle)	1 radian[rad]	= 57.30 degrees[deg]
질량(Mass)	1 kilogram[kg]	= 0.0685 slugs
		= 2.205 pounds[lb]
힘(Force)	1 newton[N]	= 0.2248 punds[lbf]
		= 10^5 dynes
토크(Torque)	1 newton-meter[N-m]	= 0.738 pound-feet[lbf-ft]
		= 10^7 dyne-centimeter

구 분	단위의 변환	
관성 모우멘트 (Moment of inertia)	1 kilogram-meter^2[kg-m^2]	= 0.738 slung-feet^2
		= 23.7 pound-feet^2[lb-ft^2]
		= 10^7 gram-centimeter^2[g-cm^2]
에너지(Energy)	1 joule[J]	= 1 watt-second
		= 0.7376 foot-pounds[ft-lb]
		= 2.778×10^{-7} kilowatt-hours[kWh]
		= 0.2388 calorie[cal]
		= 9.48×10^{-4} British thermal units [Btu]
		= 10^7 ergs
전력(Power)	1 watt[W]	= 0.7376 foot-pounds/second
고유저항(Resistivity)	1 ohm-meter[Ω-m]	= 6.015×10^8 ohm-circular mil/foot
		= 10^8 micro-ohm/centimeter
자속(Magnetic flux)	1 weber[Wb]	= 10^8 maxwells or lines
		= 10^5 kilolines
자속밀도 (Magnetic flux density)	1 weber/meter^2[Wb/m^2]	= 10^4 gauss
		= 64.52 kilolines/in^2
기자력 (Magnetomotive force)	1 ampere-turn[AT]	= 1.257 gilberts
자계강도 (Magnetic field intensity)	1 ampere/meter[A/m]	= 2.54×10^{-2} ampere/in.
		= 1.257×10^{-2} oersted

4. 기호(Symbol)와 단위(Unit)

기호(Symbol)	양(Quantity)	단위(Unit)
A	면적(Area)	meter^2[m^2]
a	병렬회로수(Number of parallel paths)	
B	자속밀도(Magnetic flux density)	weber/meter^2[Wb/m^2]
C	커패시턴스(Capacitance)	farad[F]
D	전속밀도(Electric flux density)	coulomb/meter^2[C/m^2]
d	거리(Distance)	meter[m]
E, e	기전력(Electromotive force)	volt[V]
	전위차(Electric potential difference)	
ε	전계강도(Electric field intensity)	volt/meter[V/m]

기호(Symbol)	양 (Quantity)	단위(Unit)
$\mathcal{F}$	기자력(Magnetomotive force)	ampere·turn[AT]
f	힘(Force)	newton[N]
	주파수(Frequency)	cycle/second[Hz]
G	콘덕턴스(Conductance)	mho[℧]
g	공극의 길이(Length of air gap)	meter[m]
H	자계강도(Magnetic field intensity)	ampere/meter[A/m]
I, i	전류(Current)	ampere[A]
J	전류밀도(Current density)	ampere/meter^2[A/m^2]
	관성모우멘트(moment of inertia)	kilogram/meter^3[kg/m^3]
j	연산자(Operator) $j=\sqrt{-1}$	
K, k	상수(Constants)	
L	인덕턴스(Inductance)	henry[H]
l	길이(Length)	meter[m]
m	상수(Number of phases)	
N	권선수(Number of turns)	
n, a	권수비(Turns ratio)	
P, p	전력(Power)	watt[W]
	극수(Number of poles)	
Q, q	전하(Electric charge)	coulomb[C]
R	저항(Resistance)	ohm[Ω]
r	반경, 거리(Radius, distance)	meter[m]
$\mathbf{R}$	자기저항(Magnetic reluctance)	ampere/weber[A/Wb]
	실수부분(Real part of)	
s	슬립(Slip)	
T, τ	토크(Torque)	newton-meter[N-m]
t	시간(Time)	second[sec]
u	단위벡터(Unit vector)	
V	체적(Volume)	meter^3[m^3]
v	속도(Velocity)	meter/second[m/sec]
W	에너지, 일(Energy, work)	joule[J]
w	단위 체적당 에너지 (Energy per unit volume)	joule/meter^3[J/m^3]
X	리액턴스(Reactance)	ohm[Ω]

기호(Symbol)	양(Quantity)	단위(Unit)
x	거리(Distance)	meter[m]
Y	어드미턴스(Admittance)	mho[Ω]
Z	임피던스(Impedance)	ohm[Ω]
α	각도(Angle)	radian[rad]
β	각도(Angle)	radian[rad]
γ	각도(Angle)	radian[rad]
Δ	증분(Increment of …)	
δ	각도(Angle)	radian[rad]
ϵ_θ	자유공간의 유전율 (Permittivity of free space)	coulomb²/newton-meter² [C²/N-m²]
ϵ_r	상대유전율(Relative permittivity)	
η	효율(Efficiency)	
θ	각도(Angle)	radian[rad]
λ	자속쇄교수(Magnetic flux linkage)	weber[Wb]
μ_θ	자유공간의 투자율 (Permeability of free space)	newton/ampere²[N/A²]
ν	각속도(Angular velocity)	radian/second[rad/sec]
ρ	전기투자율(Electrical resistivity)	ohm-meter[Ω-m]
Σ	전체 합(Sum of …)	
τ	시정수(Time constant)	second[sec]
	시간간격(Time interval)	second[sec]
Φ, ϕ	자속(Magnetic flux)	weber[Wb]
ω	속도에 대한 각 주파수 (Angular frequency of velocity)	radian/second[rad/sec]

5. 수학공식

가. 지수(指數)

① $a^m \times a^n = a^{m+n}$

② $a^m \div a^n = a^{m-n}$

③ $a^0 = 1(a \fallingdotseq 1)$

④ $a^{m/n} = \sqrt[n]{a^m}$

⑤ $e^{\pm jx} = \cos x \pm j \sin x$

나. 대수(對數)

* $\log_a y = x$는 $a^x = y$인 x, y의 관계를 표시한다.

① $\log_a a = 1$

② $\log_a 1 = 0$

③ $\log_a xy = \log_a x + \log_a y$

④ $\log_a \dfrac{y}{x} = \log_a y - \log_a x$

⑤ $\log_a x^n = n \log_a x$

⑥ $\log_a \sqrt[n]{x} = \dfrac{1}{n} \log_a x$

⑦ In x를 자연대수(自然對數), $\log_{10} x$를 상용대수(常用對數)라 하면

⑧ $e = 1 + \dfrac{1}{1!} + \dfrac{1}{2!} + \dfrac{1}{3!} + \cdots\cdots + \dfrac{1}{n!} = 2.71828$

⑨ $\log_{10} x = \log x$

다. 3각함수

① $\tan x = \dfrac{\sin x}{\cos x}$

② $\sin(x \pm y) = \sin x \cos y \pm \cos x \sin y$

③ $\cos(x \pm y) = \cos x \cos y \mp \sin x \sin y$

④ $\tan(x \pm y) = \dfrac{\tan x \pm \tan y}{1 \mp \tan x \tan y}$

⑤ $\sin 2x = 2 \sin x \cos x$

⑥ $\cos 2x = \cos^2 x - \sin^2 x = 2\cos^2 x - 1 = 1 - 2\sin^2 x$

⑦ $\tan 2x = \dfrac{2 \tan x}{1 - \tan^2 x}$

⑧ $\sin(x+y) + \sin(x-y) = 2 \sin x \cos y$

⑨ $\cos(x+y) + \cos(x-y) = 2 \cos x \cos y$

⑩ $\sin(x+y) - \sin(x-y) = 2 \cos x \sin y$

⑪ $\cos(x+y) - \cos(x-y) = -2 \sin x \sin y$

⑫ $\sin x + \sin y = 2 \sin \dfrac{1}{2}(x+y) \cos \dfrac{1}{2}(x-y)$

⑬ $\sin x + \sin y = 2 \cos \dfrac{1}{2}(x+y) \sin \dfrac{1}{2}(x-y)$

⑭ $\cos x + \cos y = 2 \cos \dfrac{1}{2}(x+y) \cos \dfrac{1}{2}(x-y)$

⑮ $\cos x - \cos y = -2 \sin \dfrac{1}{2}(x+y) \sin \dfrac{1}{2}(x-y)$

⑯ $\sin^2 x + \cos^2 x = 1$

⑰ $\sec^2 x = 1 + \tan^2 x$

⑱ $\text{cosec}^2 x = 1 + \cot^2 x$

⑲ $1\,[\text{radian}] = \dfrac{360^\circ}{2\pi} = 57^\circ\ 17'\ 45''$

라. 미분공식

① $d(x+y) = dx + dy$

② $d(xy) = y\,dx + x\,dy$

③ $d(x^n) = n\,x^{n-1}\,dx$

④ $d\left(\dfrac{y}{x}\right) = \dfrac{x\,dy - y\,dx}{x^2}$

⑤ $d\sin x = \cos x\,dx$

⑥ $d\cos x = -\sin x\,dx$

⑦ $d\tan x = \sec^2 x\,dx$

⑧ $d\cot x = -\text{cosec}^2 x\,dx$

⑨ $d\sec x = \sec x \tan x\,dx$

⑩ $d\,\text{cosec}\,x = -\text{cosec}\,x \cot x\,dx$

⑪ $d\sin^{-1} x = -\dfrac{dx}{\sqrt{1-x^2}}$

⑫ $d\cos^{-1} x = -\dfrac{-dx}{\sqrt{1-x^2}}$

⑬ $d\tan^{-1} x = \dfrac{dx}{1+x^2}$

마. 적분공식(a와 c는 상수임)

① $\int dx = x + C$

② $\int a\,dx = ax + C$

③ $\int x^n\,dx = \dfrac{x^{n-1}}{n+1} + C\,(n \fallingdotseq 1)$

④ $\int \dfrac{1}{x}\,dx = \text{In}\ x + C$

⑤ $\int a^x\,dx = \dfrac{a^x}{\text{In}\ a} + C\begin{pmatrix} a>0 \\ a \fallingdotseq 1 \end{pmatrix}$

⑥ $\int e^x\,dx = e^x + c$

⑦ $\int \sin x\,dx = -\cos x + C$

⑧ $\int \cos x\,dx = \sin x + C$

⑨ $\int \sec^2 x\, dx = \tan x + C$

⑩ $\int \mathrm{cosec}^2 x\, dx = -\cot x + C$

⑪ $\int \tan x\, dx = \mathrm{In} \sec x + C$

⑫ $\int \cot x\, dx = \mathrm{In} \sin x + C$

⑬ $\int \sec x\, dx = \mathrm{In}(\sec x + \tan x) + C$

⑭ $\int \frac{dx}{\sqrt{a^2 - x^2}} = \sin^{-1} \frac{x}{a} + C$

⑮ $\int \frac{dx}{a^2 + x^2} = \frac{1}{a} \tan^{-1} \frac{x}{a} + C$

⑯ $\int \frac{dx}{a^2 - x^2} = \frac{1}{2a} \mathrm{In} \frac{a+x}{a-x} + C(x^2 < a^2)$

6. 사이리스터 소자의 품명 및 특성

품　　　명	기　호	특　성
SSS (silicon symmetrical switch) bidirectional diode	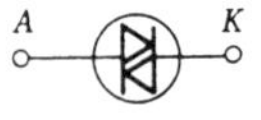	
SUS (silicon unilateral switch)	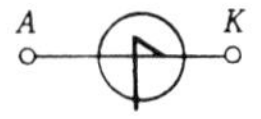	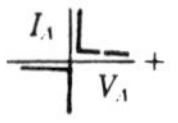
LAS (light activated switch)	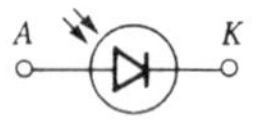	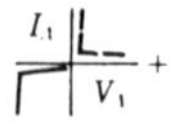
LASCR (light activated silicon semiconductor controlled switch)	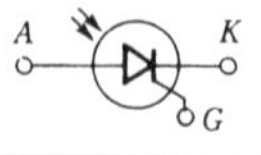	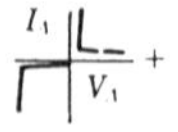
TRIAC (triode ac switch) bidirectional triode	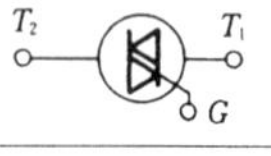	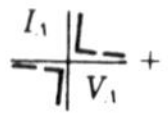
SCR (semiconductor controlled rectifier)	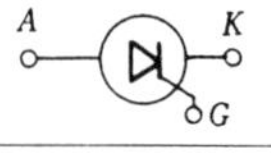	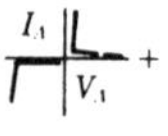
GTO (gate turn off thyristor)	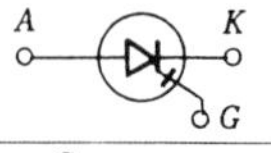	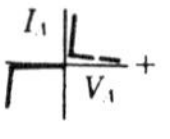
SCS (silicon controlled switch)	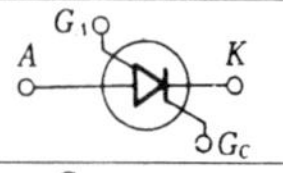	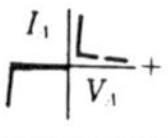
LASCS (light activated silicon controlled switch)	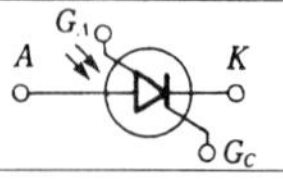	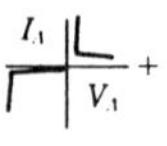

A=anode, K=cathode, G=gate

7. 저항기의 색코드(Color code)

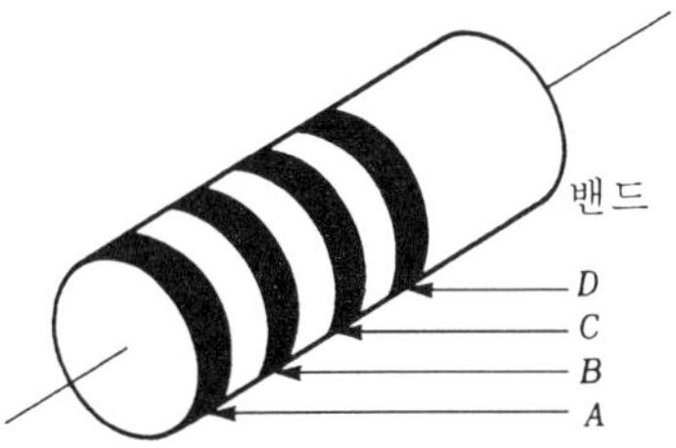

Color	첫째자리 A	둘째자리 B	승수 C	오차 D
흑색	0	0	1	–
갈색	1	1	10	±1%
적색	2	2	100	±2%
등색	3	3	1,000	±3%
황색	4	4	10,000	±4%
녹색	5	5	100,000	–
청색	6	6	1,000,000	–
자색	7	7	10,000,000	–
회색	8	8	100,000,000	–
백색	9	9	–	–
금색	–	–	0.1	±5%
은색	–	–	00.1	±10%
무색	–	–	–	±20%

주 밴드 A는 처음 숫자값, 밴드 B는 두 번째 숫자값, 밴드 C는 승수(multiplier)를 나타내며 밴드 D는 오차를 나타낸다. 이때 오차는 %로 표시된다.
오른쪽 표에는 색(color)과 그에 해당되는 숫자가 나타나 있다.

찾아보기

유춘식 (공학박사)

전 해군사관학교 전기공학과 교수
현 : 호남대학교 전기공학과 교수

어익수 (공학박사)

현 : 호남대학교 전기공학과 교수
건축전기설비기술사
전기안전기술사

전기전자의 이해

2008년 7월 10일 초판 인쇄
2008년 7월 21일 초판 발행

저　자 / 유춘식 · 어익수
발행자 / 오판근
발행처 / 교우사

주　소 / 서울 동대문구 제기2동 148-19
전　화 / 925-2861(대), 편집부 / 925-2825
팩　스 / 925-2860
E-mail / kw2861 @ chollian. net
http: // www.kyowoo.co.kr
등록 / 1994. 3. 24 제6-0256호

ISBN 978-89-8172-750-5 (93560)

값 **17,000**원

Ⓒ 2008. KyoWooSa
※ 이 책의 무단전재, 복제를 금합니다.